航空动力与新能源学科研究生系列教材

热线风速仪原理以及应用

楚武利　郭　涛　陈　燕　张皓光　编著

科学出版社

北　京

内 容 简 介

本书重点介绍了热线风速仪的基本工作原理,包括探针构造、工作方式以及热线的动态特性等。本书介绍了热线风速仪在叶轮机械中的一些典型流动测量,涵盖了压气机动态参数测量以及湍流参数的测量。另外,本书还介绍了微风速下热线测量技术、相关的动态测量技术以及测量结果的处理方法、热线探针的焊接及维修等内容。

本书可作为高等学校航空宇航推进理论与工程专业、动力工程专业、流体机械及工程等专业的研究生教材,同时也可供相关行业的工程技术人员参考。

图书在版编目(CIP)数据

热线风速仪原理以及应用/ 楚武利等编著.—北京:科学出版社,2024.3

航空动力与新能源学科研究生系列教材

ISBN 978-7-03-078314-1

Ⅰ.①热… Ⅱ.①楚… Ⅲ.①风速表—研究生—教材 Ⅳ.①TH765.4

中国国家版本馆 CIP 数据核字(2024)第 064797 号

责任编辑:胡文治 / 责任校对:谭宏宇

责任印制:黄晓鸣 / 封面设计:殷 靓

科学出版社 出版

北京东黄城根北街 16 号

邮政编码:100717

http://www.sciencep.com

南京展望文化发展有限公司排版

苏州市越洋印刷有限公司印刷

科学出版社发行 各地新华书店经销

*

2024 年 3 月第 一 版 开本:787×1092 1/16

2024 年 3 月第 1 次印刷 印张:10 1/4

字数:220 000

定价:60.00 元

(如有印装质量问题,我社负责调换)

航空动力与新能源学科研究生系列教材

专家委员会

丛书序 | Foreword

航空动力和能源是关系国家国防安全和能源安全的两大领域，在其百余年的发展历程中，催生了诸如流体力学、传热学、燃烧学、材料学和控制理论等学科知识的不断创新发展，同时上述学科技术的创新也加速了这两个领域的技术进步和产业升级进程。特别是进入21世纪以来，信息赋能、数字化和智能化等技术的全面应用，使得这两个传统领域又焕发出勃勃生机。可持续航空燃料、电动和氢能飞机等脱碳技术及其他新型高效推进技术正成为航空技术前沿方向，以核能、风能和太阳能等为标志的新能源不断推陈出新并延续至今，可以说新一轮航空动力和能源变革正在酝酿，未来前景充满期待。

科技是第一生产力、人才是第一资源，在科教兴国战略指导下，近年来我国综合国力和科技水平大幅提升，航空动力技术正在全面赶超国际先进水平，在新能源领域更是开展了富有成效的引领性探索。我国已建成全球规模最大的科技人才队伍，但在航空动力和能源领域的"高精尖缺"人才仍然急缺，战略科学家、领军人才数量待大幅提升，人才"金字塔"的"塔尖"与"塔基"比例存在失调，严重制约着我国航空动力系统的自主创新发展。

为此，西北工业大学动力与能源学院作为航空动力与新能源领域长期从事高水平科学研究和高层次人才培养的第一方阵责无旁贷，依托"航空宇航科学与技术"和"动力工程及工程热物理"两个学科的优势教学和科研资源，集大家之所长，聚教研之精华，联合科学出版社组织编写了这套"航空动力与新能源学科研究生系列教材"，系统梳理了气体动力学、燃烧学、传热学、结构力学和控制理论等专业前沿技术。该系列教材的编写发行，将对我国航空动力与新能源学科的发展，丰富相关学科专业的教学素材，服务研究生教育教学改革，促进我国航空动力与新能源领域高层次人才和卓越工程师的培养，具有重要的现实意义。

作为西北工业大学一名长期从事航空航天领域教学科研工作的教师，很荣幸受邀作序，希望这套研究生系列教材有所裨益，为加快建设教育强国、科技强国、人才强国，促进我国航空动力与新能源领域学科的发展和人才培养发挥积极的作用。

张卫红

2023年7月于西安

前言 | Preface

认识流体机械内部复杂的流动现象有助于人们改进流体机械的性能及稳定性，而实验研究是获得流体机械内部流动规律的重要手段之一。虽然实验成本高、周期相对长，但实验研究对了解流体机械内部基本流动现象具有重要意义。

在众多流体测试技术中，热线风速仪具有检测元件小、热惯性小、灵敏度及空间分辨率高、对流体干扰小等优点，广泛应用在航空叶轮机械、流体机械等行业中，热线风速仪技术为流动研究做出了巨大贡献，并且几乎垄断了湍流流场测量领域。

正是在这样的背景下，为了适应热线风速仪测试技术的发展对于人才培养的要求，编著者基于多年来从事流体机械及工程等专业的教学和科研工作经验，并在总结国内外热线风速仪应用及研究成果的基础上，吸收了近几年热线风速仪应用的最新成果，融进了一些新的应用以及测量方法，并将理论方法与实验应用结合起来，更加贴近工程实际，增加了读者学习和认知的维度，使原理性的知识变得更加生动形象，便于提高学习效率及质量。

编著者将此书定位在学习热线风速仪原理以及应用的一本入门教材，旨在使读者通过本书的学习，能够较好地掌握热线风速仪的基本原理及其应用方法。本教材的内容已在西北工业大学流体机械专业硕士研究生的“三维热线风速仪原理及应用”公共实验课上使用，因此本书也可作为流体机械及工程等专业的研究生的教材，同时对通风机、鼓风机及航空压气机等专业的流体测试研究人员具有一定的参考价值。

本书由楚武利、郭涛、陈燕及张皓光参编。全书共 6 章，第 1 章、第 2 章及第 3 章由楚武利编写，第 4 章由陈燕编写，第 5 章由张皓光编写，第 6 章由郭涛编写。在本书的编写过程中，得到了博士迟志东、刘文豪、晏松、罗波、姬田园以及硕士荆风玉、王浩等人的帮助，他们协助整理书稿、插图及校对，在此对所有在编写过程中付出辛勤劳动的人表示感谢。

由于知识水平有限，加之时间匆促，书中不妥之处在所难免，敬希专家及读者给予指正。

编著者

2023 年 10 月

目录 | Contents

第1章 绪论

1.1 动态测试技术在叶轮机械中的应用概述

实验研究是获得叶轮机械内部流动规律的重要手段之一。虽然实验成本高、周期相对长,但实验研究对了解叶轮机械内部基本流动现象具有重要意义;另外深入细致的实验研究结果,可以为数值模拟算法提供可靠且客观的验证依据。

压气机作为航空发动机的关键部件之一,其性能是影响整机性能的关键因素。为满足航空发动机推重比/功重比不断提高的要求,对压气机而言需要更高的压比、更高的效率和更宽的稳定工作范围。近年来,压气机的级压比和负荷朝着不断提高的方向发展,其中 GE90 发动机 10 级高压压气机压比达到 23,平均级压比接近 1.4;德国发动机及涡轮机联盟弗里的希哈芬股份有限公司(Motoren-und Turbinen-Union Friedrichshafen GmbH, MTU)已成功设计了 6 级跨声速高压压气机,压比达到 11,平均级压比接近 1.5,目前正在开展保持级数不变条件下将压比提高至 20 的研究;CFM 国际公司[CFM 国际公司的名称来源于两家母公司的商用发动机名称: GE 的 CF6 和 Snecma(斯奈克玛)的 M56(其第 56 个项目)]在 TECH56 计划的支持下研制的 6 级高压压气机压比已突破至 14.7,平均级压比超过 1.56[1]。随着级压比和负荷的不断提高,压气机内部流动逆压梯度增加,三维性更强,进一步加剧了压气机内部流动的复杂性。此外由于压气机叶片排之间的相对运动以及内部流动存在失稳现象,使得流动呈现出非常强的非定常性,其中压气机的喘振和失速现象与内部流动的非定常性具有密切关系,上述现象的存在会对发动机工作造成严重危害,如发动机熄火、压气机叶片剧烈振动甚至是损坏,因此上述问题一直是学术界和工业界关注的重点。

为了弄清楚压气机内部的非定常流动,尤其是喘振和失速现象,学术界通过数值仿真和先进的测试技术开展了大量的研究工作。其中计算流体力学的发展为研究人员进行流场细节分析提供了新的技术手段,借助数值模拟可大幅缩短设计周期,显著降低研制成本和技术风险。相关研究表明,采用先进的设计仿真工具,可使发动机总试验时数减少约 30%,研制经费降低幅度高达 50%[2]。美国国家航空航天局(National Aeronautics and Space Adminstration, NASA)经过调研分析认为: 到 2030 年雷诺平均纳维-斯托克斯(Reynolds averaged Navier - Stokes, RANS)方法可能仍是工程中主要的分析手段,大涡模拟及其基于近壁建模的简化方法将在工程中获得大规模应用,需要在物理模型、数值格式、求解算法、网格生成等一系列方向上开展大量研究，以形成完全自动化的高效分析工具，未来 10 年计算流体动力学(computational fluid dynamic, CFD)的重点研究方向应为高精度数值方法和高效求解算法、与物理现实尽量一致的高保真物理模型及仿真、误差评估、多学科/部件耦合分析及多目标优化等技术[3]。虽然数值模拟技术为研究人员认识压气机内部流动以及改进设计发挥了重要作用，但是数值方法在模拟的精度方面还存在一定偏差，图 1-1 给出了某四级高负荷轴流压气机试验特性和数值计算特性对比，图 1-2 给出了某压气机在近喘点工况内部流动的试验结果与计算结果对比，可以看出数值计算与试验结果仍存在偏差，对于压气机内部流动的研究仍离不开试验测试技术。

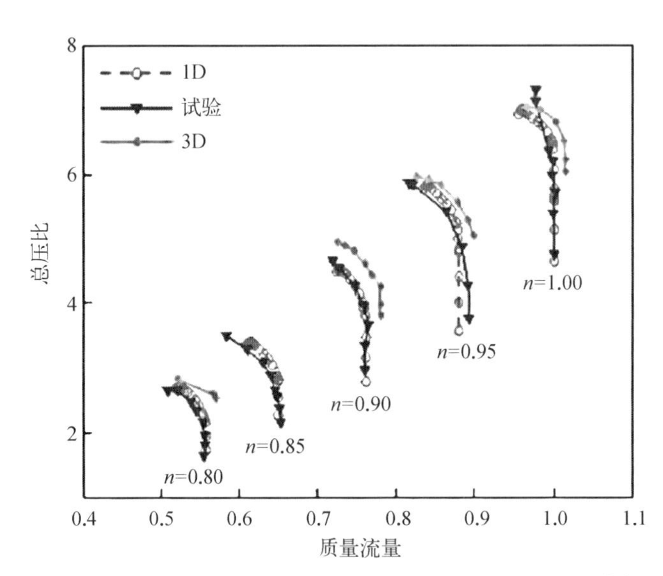

图 1-1　某高负荷压气机试验特性与数值计算特性对比[4]

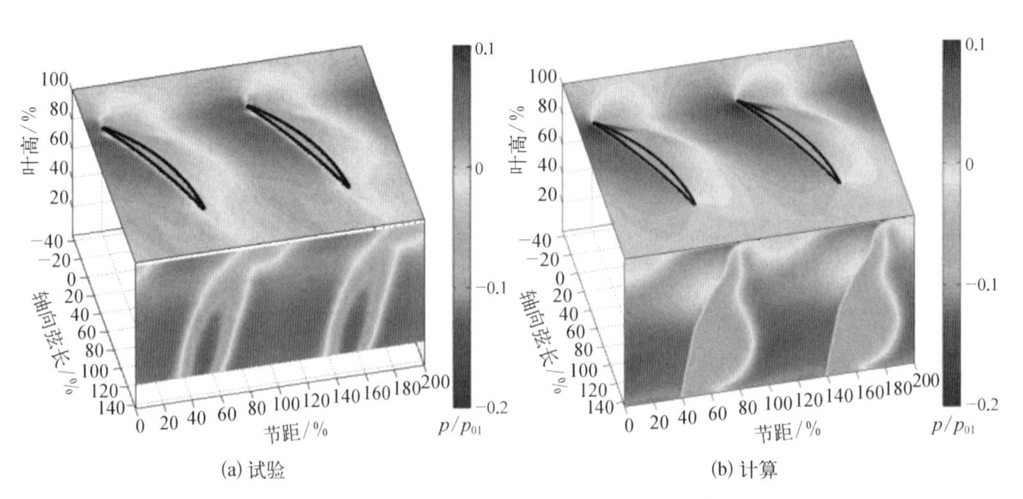

图 1-2　某压气机近喘点内部流场对比[5]

实验测量作为分析流动特征和验证数值计算结果的有效手段，具有不可代替的作用，目前随着热线风速仪(hot-wire anemometer, HWA)、粒子图像测速仪(particle image velocimetry, PIV)、激光多普勒测速仪(laser Doppler velocimetry, LDV)等先进测试设备和手段的发展,为研究人员认识压气机内部流动提供了新的技术手段,不断加深了对压气机内部叶尖泄漏、激波与边界层干扰、失速和喘振等非定常流动现象的认识,为高性能压气机设计奠定了重要基础。

目前对压气机内部流动的动态测量主要集中在速度场和压力场的测量,速度场的测量方式主要包括激光多普勒测速仪、粒子图像测速仪、热线风速仪等,而压力场的测量通常采用压力传感器、压力探针等进行。下面就叶轮机械中用到的主要测量仪器进行简单介绍。

1.2　激光多普勒测速技术

激光多普勒测速仪是伴随着激光器的诞生而产生的一种测量技术,利用激光的多普勒效应来对流体或固体速度进行测量,广泛应用于军事、航空、航天、机械、能源等领域。它具有线性特性与非接触测量的优点,并且精度高、动态响应快。

多普勒原理基于多普勒效应,根据测速方法可分为两类。一类是通过测量散射光信号多普勒频移得到待测点速度。相互平行的入射激光束通过聚焦透镜汇交到待测点,运动粒子从垂直激光束方向通过时向四周发出反射光。由于运动粒子与探测器之间存在相对速度,使接收频率与发射频率存在一定频移,该频移与运动粒子速度大小存在一定线性关系。另一类是把分子吸收线频移与荧光辐射线强度变化相结合,通过测荧光辐射强度实现待测点速度测量。激光多普勒测速仪属于非接触式测速技术,测速系统包括激光器、分光、聚焦光路系统、信号收集和检测系统、信号处理系统。

激光多普勒测速仪主要有以下特点:

(1) 激光多普勒测量仪结构紧凑、重量轻、容易安装操作、容易对光调校;

(2) 非接触测量,动态响应快;

(3) 分辨率高,测量范围广。

需要详细了解激光多普勒测速仪的读者,可以参阅文献[6]和[7]。

1.3　粒子图像测速技术

粒子图像测速技术是近几十年发展起来的一种新型非接触式流速测量技术,它是在流场显示技术的基础上发展而来的。流场显示是通过使流场的某些特性可视化,对流场进行直观的了解。传统的流场显示技术利用染色液、烟气和氢气泡等显示流场特性,只能用于定性的分析研究。PIV 技术得益于计算机图像处理技术和光学技术的发展,它将这两种技术融为一体,突破了空间单点测量技术的局限,结合了单点测量技术和流场显示技术的优点,既具备单点测试技术的精度与分辨率,又能够获得一个平面流场的整体信息和瞬态图像,已成为当前流体力学研究中流场测量的一种重要手段。PIV 技术可以记录下某一时刻整个测量平面的流体速度,从而获得所测平面的瞬时速度场、涡量场等信息。

PIV 技术对研究漩涡、湍流等复杂流动现象有重要意义。PIV 系统主要组成部分包括光源系统、图像拍摄系统、图像处理模块、示踪粒子和系统控制及数据采集软件。对于旋转叶轮机械内部流场的测量,还包括外触发装置,图 1－3 给出了利用 PIV 测量系统对压气机内部流动进行测量的布置示意图[8]。

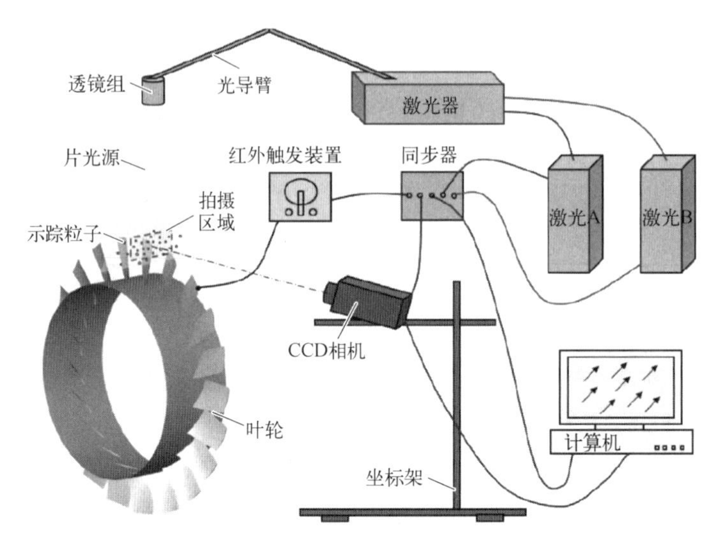

图 1－3　PIV 测量系统布置示意图

PIV 测速原理是在所测流场中添加跟随流体运动的密度合适的示踪粒子,从激光器产生的激光束经过透镜组形成片光源照亮测试区域,利用电荷耦合器件(charge coupled device, CCD)相机通过图像拍摄系统在一定时间间隔内拍摄两幅包含粒子空间位置信息的图像。通过计算机图像处理技术,根据图像拍摄的时间间隔及两幅图像的粒子的位移,即可计算出在这段时间间隔内流场内各点的平均速度。速度的定义式可以表示为

$$\begin{cases} u = \lim\limits_{\Delta t \to 0} \dfrac{\Delta x}{\Delta t} \\ v = \lim\limits_{\Delta t \to 0} \dfrac{\Delta y}{\Delta t} \end{cases} \tag{1-1}$$

式中,u 和 v 分别是粒子在 x 方向和 y 方向的分速度;Δt 是两次拍摄的时间间隔;$\Delta x = x_2 - x_1$ 和 $\Delta y = y_2 - y_1$ 分别是在时间间隔 Δt 内粒子在 x 方向和 y 方向的分位移。当 Δt 选择合适时,被测粒子在时间间隔内的位移足够小,粒子的运动轨迹接近直线,测得的粒子速度值就可以很好地逼近该处的真实速度,使测量结果具有足够的精度。图 1－4 给出了 PIV 测试技术原理的示意图。

PIV 测量系统的测速过程大致可分为三个步骤:

(1) 利用光源和摄像装置,短时间内连续拍摄两幅流场的粒子图像;

(2) 读取流场粒子图像,并对每幅图像进行处理分析;

(3) 通过对两个时刻粒子图像进行互相关处理,得到流场速度信息,并显示速度矢量场。

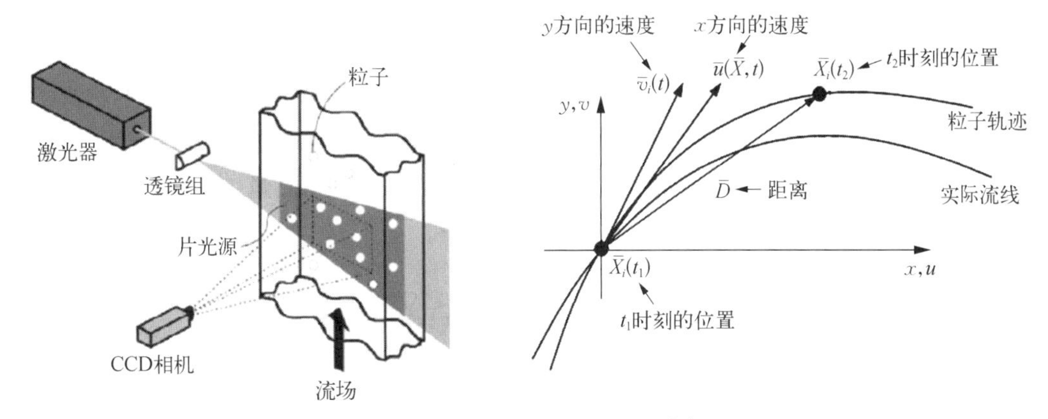

图 1-4　PIV 测量原理示意图[8]

1.4　动态压力测量技术

动态压力测量是指其测量的压力随着时间快速变化，因此要求传感器具备高频响特性，同时对数据采集系统和分析能力要求较高，其测量系统通常包括高频动态压力测量的传感器以及信号采集和放大调理器等。对于动态压力的测量所使用的压力传感器类型主要有压阻式压力传感器、压电式压力传感器、应变式压力传感器和谐振式压力传感器等。由于压阻式压力传感器具有体积小、灵敏度高、坚固、抗过载能力强、输出稳定性高和阻抗低等特点，使得它在叶轮机械流场测试及其他流体力学实验被广泛采用。图 1-5 给出了动态压力传感器和安装座。

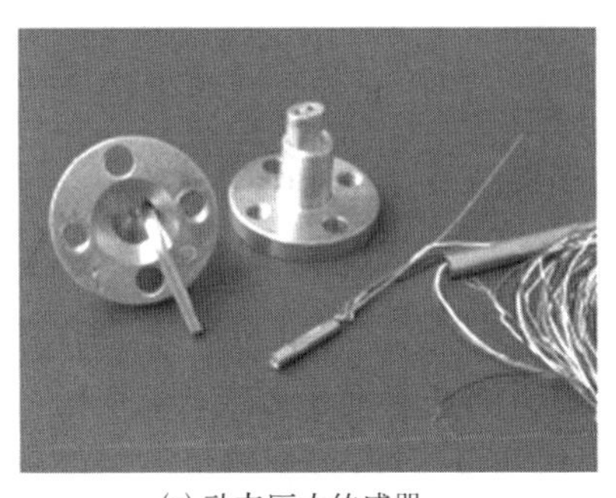

(a) 动态压力传感器

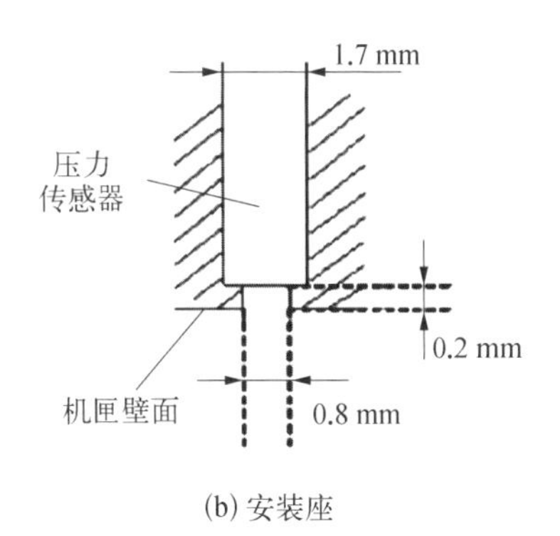

(b) 安装座

图 1-5　动态压力传感器和安装座[5]

下面以压阻式压力传感器为例，介绍其测量原理。压阻式压力传感器是 20 世纪 60 年代后期发展起来的一种传感器，它的核心部分是硅膜片，在膜片上采用集成电路工艺制造四个等值半导体电阻，组成一个平衡电桥，膜片既是弹性敏感元件，又是转换元件。当压力作用于膜片上时，膜片发生弯曲，由于存在压阻效应，电桥四个臂的电阻值发生变化，电桥失去平衡，产生输出电压，该电压的大小与膜片所受的压力及供桥电压成正比，利用输出电压就能够确定压力值。

Brouckaert 等[5]利用动态压力测量技术针对单级轴流压气机叶尖泄漏流及失速过程开展了研究,研究发现其压气机对应的是大尺度模态波失速先兆,而叶尖泄漏涡并非触发该压气机失速的原因,通过与数值计算结果对比发现,数值结果并未捕捉到角区分离现象。图 1-6 给出了机匣压力测点布置,图 1-7 给出了机匣压力测量结果,可以明显看出间隙泄漏流动的影响。

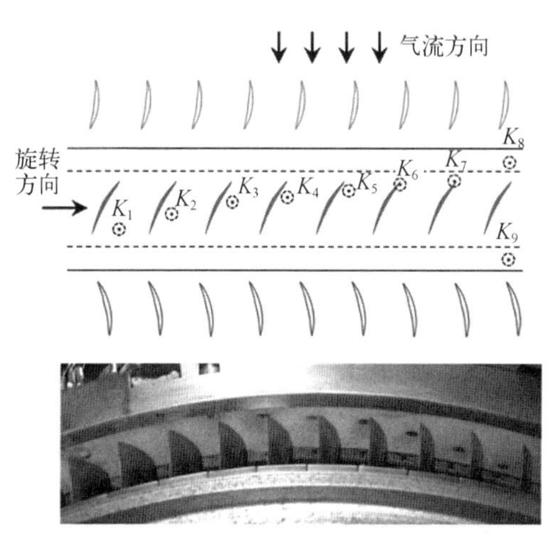

图 1-6　机匣压力测点布置[5]

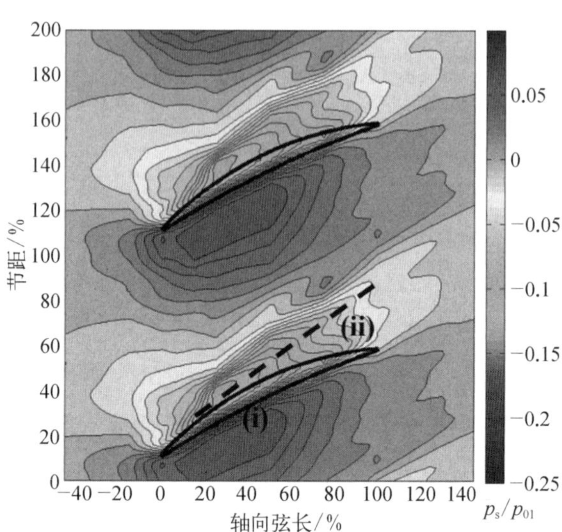

图 1-7　机匣压力测量结果[5]

1.5　热线风速仪测量技术及发展

简单而言,热线风速仪探针是置于流场中的一根极细金属丝,并在其上通以电流加热。当流速变化时,金属丝的温度也相应变化,这种变化导致金属丝电阻值发生变化,从而产生电信号。由于在电信号与流速之间可建立一一对应的关系,因此,测量出电信号就可求得流场的流速[9]。热线风速仪的检测元件小、热惯性小、灵敏度及空间分辨率高、对流体干扰小,其作为一种测量流体流速的精密设备,在流体流场的研究中具有不可或缺的作用。

热线风速仪能够实现连续测量,信噪比高,可以测量三维流场,测量的速度范围较大,而且能够非常准确地测量微风速,其灵敏度非常高[10]。热线风速仪动态响应频率高,时间和空间分辨率高,能够耐受高温、高速环境。鉴于这些优点,如今热线风速仪已被广泛应用于各个领域。文献[11]和[12]对热线风速仪的工作原理进行了系统总结及分析。

1.5.1　热线风速仪的早期发展

热线测速技术发展至今已有百年的历史,它为流场的测量做出了巨大的贡献。经过不断的发展,热线探针已在亚声速、跨声速和低超声速流场测量中得到了广泛应用,并且在 20 世纪 60 年代以后几乎垄断了湍流脉动测速领域。

Stainback 和 Nagabushana[13]对热线风速仪的早期研究进行了汇总，但热线测速技术的精确起源已无法确定[14]。已知的对加热导线传热的早期研究之一是由 1902 年 Shakepear 在伯明翰对热线风速仪进行的原理性实验，但由于当时技术条件的限制，相关实验被迫中止。1905 年，Boussinesq[15]将热传导理论应用到了热线风速仪的研究中。此后有很多学者对这一概念展开了一系列研究，1914 年，King[16]首次提出了“无限长圆柱体和流体之间的热对流理论”，为热线风速仪奠定了理论基础，并为热线风速仪的设计提供了依据。之后热线风速仪经历了以发展平均速度测量为主的阶段，其中包括对“恒温”“恒流”和“恒压”三种工作模式的探讨[17]。同时在探针类型和使用技术上也做了大量探讨，发展了二线探针、三线探针以及玻璃涂层保护技术、修正温度漂移的辅助线方法等。

1929 年，Dryden 和 Kuethe[18]首次将热线风速仪应用于测量气流速度的脉动值和湍流度，这是热线技术发展的一次重大飞跃。他们首先确定了恒流热线风速仪的热滞后效应，并发展了热滞后的电子补偿原理，在实践上实现了电子补偿线路。但是由于恒流热线风速仪的热滞后效应大，导致电子补偿困难，因此难以适应热线技术的使用要求。同时补偿本身也随着流速的改变而改变，因此在实际使用中存在诸多不便。虽然恒流热线风速仪的发展在实际应用上困难重重，发展速度缓慢，但在此之后，热线风速仪已被认定为测量风洞气流湍流度的标准设备。

1934 年，Ziegler[19]制成了恒温热线风速仪。恒温热线风速仪热滞后效应较小、频率响应宽、反应迅速，使热线风速仪进入了一个新的发展阶段。恒温热线风速仪的真正发展是在电子技术获得发展之后。1943 年，Weske[20]利用惠斯通电桥，将热线探针放在电桥的一个支路上，并利用负反馈电路使热线保持恒温、恒阻，建立了恒温热线风速仪模式，很大程度上解决了热线热惯性的问题。1952 年，Laurence 和 Landes[21]对恒温热线风速仪的附属设备及技术进行了研究，并分别对层流和湍流进行了测量。20 世纪 60 年代以后，很多学者对恒温热线风速仪的动态响应问题进行了一系列研究，提出了频率响应实现最佳化的理论以及实际的方波实验调节方法，其中 Freymuth[22]和 Fingerson[23]的研究形成了一套较为完整的理论和调节方法。

20 世纪 50 年代，Kovasznay[24, 25]将热线技术应用于超声速气流测量，对马赫数接近 2 的湍流进行了测量，并结合实验数据总结出了超声速领域热线对流换热公式，为后续理论研究提供了实验数据基础。20 世纪 70 年代，热线技术开始应用于跨声速流体的测量当中[26-38]。至此，热线测速技术的理论基础、实验设备、校准与测量方法、数据处理技术已基本成型[39-49]。目前，热线风速仪已应用到发动机内流、低温流动、液态金属流、两相流以及非牛顿流等特殊流动中。随着后续电子信息行业和制造业的发展，热线测速技术日趋完善，大大地扩展了热线风速仪的功能。通过信号分析，信号的自相关、互相关以及振幅概率密度分布等都可以比较容易地获得。

热线技术的另一个发展方向是对各种专门量的测量应用。首先是对温度、密度、浓度的测量,因为热线的"热损耗"效应并非仅与速度有关,而是质量流量的函数;其次是对极低速度的测量,因为极低速度情况下自然对流会干扰热线的正常工作;再次就是在可压缩流、超声速流、金属流、两相流、涡流中的应用研究。在这些特殊流动中遇到的问题远比常规流场中多,许多问题有待人们去研究解决。

1992 年,北京大学的盛森芝教授研究的预移相型热线风速仪研制成功[50, 51]。1994 年,美国 TSI 公司购买了这一原理的版权,并且利用这一原理制成了新的 IFA300 型研究用恒温热线风速仪。1990 年,六敏感元件涡量探针在德国问世,1999 年新的修改型六敏感元件探针的制成并投入使用,给热线风速仪技术在复杂流场中的应用又增添了新的前景。

1.5.2 热线风速仪的研究现状

20 世纪末,数字处理技术和计算机技术迅速发展,极大地扩展了热线风速仪的信号分析能力。关联、频谱、振幅概率密度分布、高阶矩等量都能很容易地得到,热线风速仪具有连续测量信号的特点得到了充分应用。

国外对热线风速仪的研究较早,研究的内容更为深入,在热线风速仪的使用技术上进行了大量探讨。美国宇航局风速研究中心的 Watmuff[52] 对热线风速仪在任意复杂条件下的传递函数进行了分析,探讨了偏置电压扰动和流速扰动对热线风速仪动态特性的影响,并构建了热线风速仪的反馈模型和数据处理模型,保证了其高频响和高稳定的优良性能。

Smits 和 Muck[53] 设计了一种用于测量湍流的相对廉价、简单可靠的热线风速仪反馈控制器,并对恒温式热线风速仪线性反馈控制理论做了总结。Ligeza[54] 研制了一种恒带宽的恒温热线风速仪,利用第二个反馈环节以保证热线风速仪在不同流速情况下其传递函数带宽不变,使得热线风速仪可以在很宽的流速范围内进行瞬变流速的测量,并保证良好的信噪比。

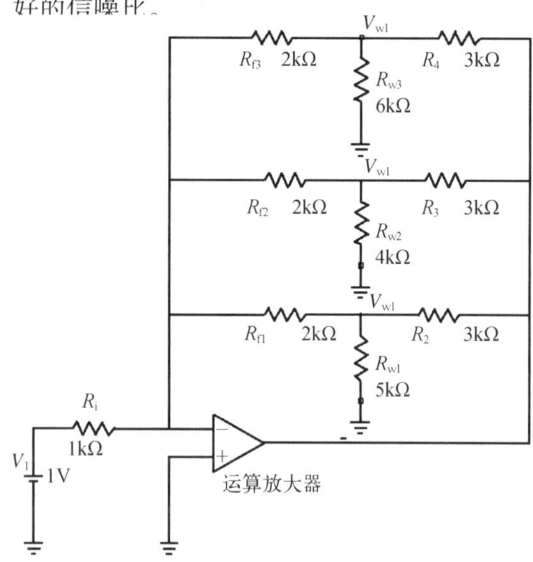

图 1-8 改进的恒压式热线风速仪电路模型[56]

2016 年,Britcher 等[55] 对热线风速仪中的传统惠斯通桥式电路进行了改进,并提出了"数字化电桥"的概念。相对于传统的热线风速仪,"数字化电桥"有两点根本性的改变。第一,将为传感器供电并确定工作点的基本电路安装到热线传感器附近;第二,最大限度地使用现代模拟-数字转换硬件。在此基础上,热线风速仪传递的数据将会以数字化的形式进行传输,因此不会受到环境变化或电子噪声的影响。

2019 年,为了使热线风速仪应用于流体整体速度和平均速度的测量,

Sivakami 和 Vasuki[56] 对恒压式热线风速仪进行了改进，提出将 T 型电阻网络中的单个热线风速仪替换为多个并联的热线风速仪，如图 1－8 所示。在此电路结构中 R_i 为输入电阻，R_{f1}、R_{f2} 和 R_{f3} 为反馈电阻，R_{w1}、R_{w2} 和 R_{w3} 为热线电阻。改进后的恒压式热线风速仪可以对气流的整体速度和平均速度进行测量，而且该电路结构简单，成本较低，这使得其应用范围较广，在研究和工业使用中具有很强的适用性。

2020 年，Inasawa 等[57] 为了提升流场测量过程中热线风速仪测量的信噪比，基于传递函数研制了一种小型低噪声的恒温热线风速仪。该恒温式热线风速仪电路结构很小，可以直接连接到支撑杆上，使传感器电缆的电抗最小，电磁屏蔽效果最大，简化了电路的传递函数。作者利用白噪声和方波对热线风速仪的动态响应进行了详细的分析，发现通过实验确定的传递函数可以很好地描述热线风速仪在 1 Hz～250 kHz 频率范围内的响应。同时，研究表明，对于风洞中的湍流，建立的传递函数可以将电噪声从测量数据中分离出来，提高了湍流能量测量的信噪比。同年，Daniel 等[58] 利用 3D 打印技术加工得到了热线传感器，并对该传感器加工方法的可行性进行了实验验证。由于这一加工过程可以按照需求对传感器进行定制，且可以与计算机结合进行集成制造，因此作者认为利用 3D 打印得到的热线传感器具有替代传统传感器的潜力。

2021 年，Ligeza 等[59] 为减少在测量速度快速变化的流场时，热线风速仪受到的来自外部电力网络和设备的电磁干扰，在风速传感器中增加了一个感应回路来补偿并减少电磁干扰，如图 1－9 所示。在干扰抑制系统中，电磁干扰补偿回路与测量热线丝串联。初步研究表明，这一方法在提高热线风速仪测量精确度的方向上具有很大的潜力。

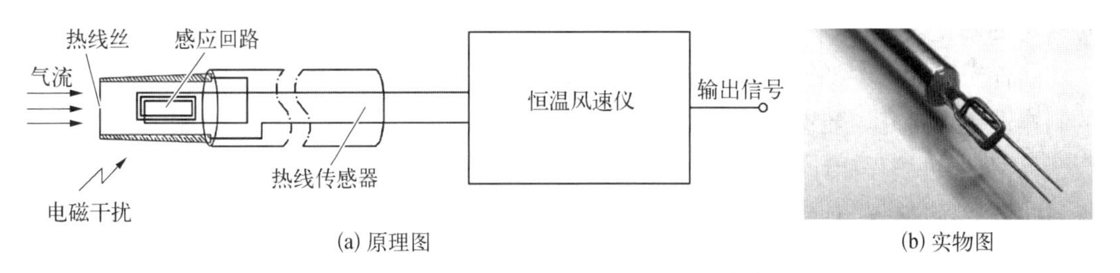

(a) 原理图　　(b) 实物图

图 1－9　带电磁回路的热线传感器[59]

2022 年，Ligeza 和 Jamróz[60] 为解决测量条件和测量系统结构对热线风速仪测量流场动态特性的影响，提高不同工况下热线风速仪的测量精度，通过在电阻桥的上点和接地点之间设置两个电位器，并利用算法来实现热线风速仪的自动调整，以确保获得最佳的输出波段。如图 1－10 所示，通过调整 P_1 电位器，可以使系统在初步优化的通频带范围内稳定运行；调整 P_2 电位器可以最终优化测量系统。基于这一概念，Ligeza 等开发了一种八通道测量系统，包括一个数字控制系统和八个测量通道，既可以在恒温工作模式下测量流速，也可以在恒流工作模式下测量温度。该测量系统中的数字控制电位器负责设置热线传感器的过热比，放大测量信号，控制热线风速仪电桥一个电路分支中产生的矩形电压波的频率和幅值。测试证实该系统完全有能力自动实现补偿各种与测量有关的因素对系统动态响应频率的影响。

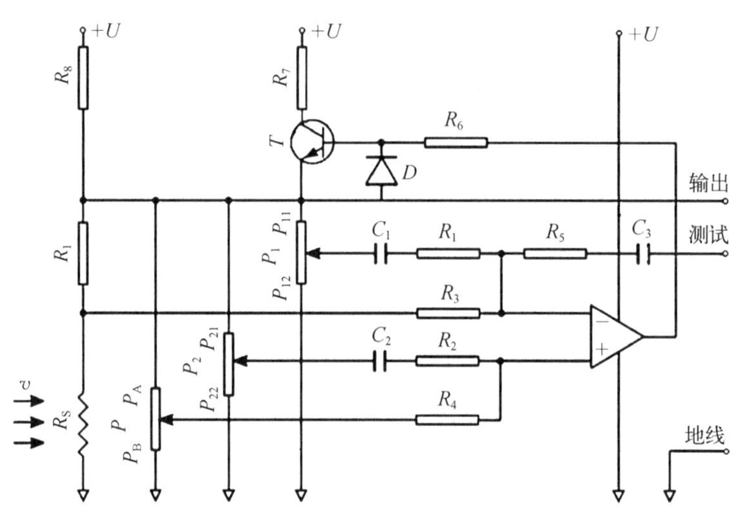

图 1-10 优化的热线风速计简化模型[60]

国内方面,南京理工大学的李庆等[61]采用先进的单片机控制和计算机处理技术,研制了脉冲热线风速仪。该风速仪可判别流速方向,解决了工程上流场测量中普遍存在的确定流速大小及方向的问题,具有较高的灵活性和简便性。在实际测量中,由于需要采集大量数据,因此往往不采用单片机单独控制的点动操作方式,而是将计算机和以外控方式工作的热线风速仪连接在一起,利用计算机来完成对实验数据的采集、传递、处理、打印、显示等多项功能。通过计算机的操作,可以自动完成对仪器探针的标定和对流场的测量。

陆青松和王元[62]在日本大学松本彰提供的热线工作原理图的基础上,对热线风速仪的制作进行了研究。陆青松和王元只对原电路中的电桥、放大电路以及控制电路部分进行了保留,通过编程让计算机完成大量的数据的处理,避免了电子线路处理数据带来的缺点,并将热线风速仪与计算机的连接进行了系统调试,在测试中表现出了良好的测量性能,使热线风速仪与计算机的组合具备了湍流流场测量的能力。

2004 年,张万路[63]为解决热线风速仪受被测介质压力和温度以及被测介质物性影响导致的变工况情况下超差严重、应用范围窄等问题,在分析了热线风速仪机理的基础上,提出了一种可以提升热线在不同工况下测量准确度,并能拓展热线用途的数学模型。利用计算机软件将该数学模型结合相应的物性条件,拓宽了热线风速仪的使用范围,使热线风速仪可以更方便地用于多组分介质的风速测量。

南京航空航天大学的韦青燕和张天宏[64, 65]基于 Multisim 针对恒温式热线探针控制回路的特性进行了仿真分析,提出了通过 PSpice 脚本建立恒温式热线探针控制回路模型的方法,并重点对偏置电压、流场流速、热线尺寸以及工作过热比对热线探针动静特性的影响进行了仿真研究,其仿真结果与已发表的数据结果具有很好的符合性。

2016 年,王鑫等[66]利用自加热设备、恒温式热线风速仪和二维探针,通过同步测量方法,进行了变温度流场的实验数据处理。发现在变温度流场中对温度、速度进行同步测量是非常有必要的，对应温度下速度的标定非常重要；另外在变温度流场测量时必须要进行瞬态同步标定工作，正确的标定工作对数据结果的准确分析至关重要。通过同步测量方法，可以快速有效地获得流场速度和温度分布。这一方法是一种应用热线风速仪原理、基于速度场和温度场定量测量的技术，在流场测量中有着巨大的应用潜力。

2017 年，杜钰锋等[67]、马护生等[68]在对流换热规律的基础上，从理论上对可压缩流中的热线金属丝热平衡关系式进行了推导，并在此基础上推导了恒温式热线风速仪的响应关系式，最终得到了质量流量和总温灵敏度系数之间的显式表达式，建立了可压缩流中湍流度的求解方法。这种方法使得变热线过热比测量湍流度时无须对热线风速仪进行校准，极大缩减了实验中热线探针的工作时间，增加了探针的实际使用寿命，并提高了湍流度实验的测量效率。

2021 年，朱博等[69]利用定过热比、变二过热比和变八过热比三种恒温热线测量方法，在 1.2 米暂冲式跨声速风洞内完成了马赫数 0.3~4.25 的跨声速流场湍流度测量。结果表明，变八过热比的测量精度最高，结果可靠性较高；而定过热比方法和变二过热比方法的测量速度更快，两者在马赫数 0.4~2 范围内与变八过热比测量结果偏差为 9%~18%。在此基础上，朱博等[70]又基于变热线过热比的测量方法，从理论上推导出了跨声速流场扰动的一般模态和三种特殊模态的特征方程。通过实验测量得到较高精度的湍流度值，并分析流场声模态的扰动机理，建立了一种跨声速可压流场扰动模态分析与低湍流度测量方法。

纵观热线风速仪技术的发展历程，可以看到，热线风速仪技术是湍流流场测试研究最为成功的仪器，它为流动研究做出了巨大贡献，并且几乎垄断了湍流流场测量领域[71-73]。即使在激光流速计迅速发展的今天，也仍然不失其重要地位。目前测试技术利用光纤技术、芯片技术、激光技术、数字信号处理技术、图形图像处理技术、人工智能技术以及计算机技术等手段，沿着集成化、智能化、数字化、精确化、光电一体化等思路迅速发展。

本书共 6 章，介绍了热线风速仪的工作原理以及相关应用。第 1 章介绍了叶轮机械中用到的主要测量技术，综述了热线风速仪测量技术的国内外研究现状；第 2 章介绍了热线风速仪的基本工作原理，包括探针构造、工作方式以及热线的动态特性等；第 3 章介绍了热线风速仪在叶轮机械中的一些典型流动测量，涵盖了压气机动态参数测量以及湍流参数的测量；第 4 章介绍了微风速下热线测量技术以及对应的校准技术；第 5 章介绍了频谱分析、相关分析、小波变换、方差分析等动态测量技术以及测量结果的处理方法；第 6 章介绍了热线探针的焊接及维修等内容，并设计了基础的测量实验。

思考题

1. 什么是动态量？什么是动态测量？
2. 目前常用的动态测量仪器有哪些？分别具有什么特点？
3. 简述热线风速仪在动态测量中的作用。

第2章

热线风速仪工作原理

2.1 热线风速仪的组成

热线风速仪一般由主机(图2-1)、探针(图2-2)以及连接电缆等组成。目前的主机一般采用模块化设计,测量一个速度需要一个模块,所以测量三维速度至少需要三个模块。

图2-1 热线主机

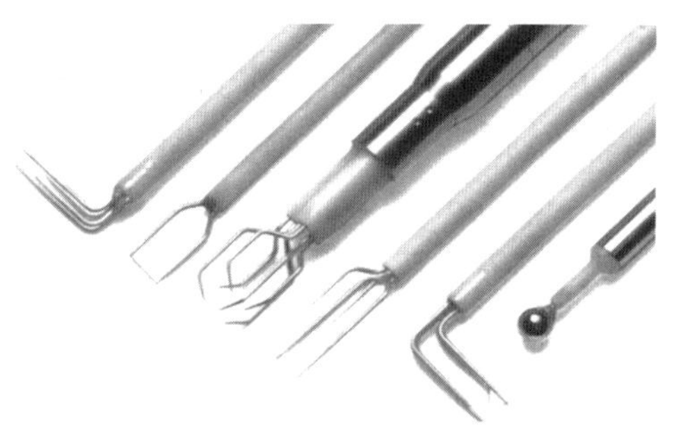

图2-2 各型热线探针

为了配合热线风速仪的使用,热线风速仪还有其他的辅助系统,如热线的校准系统,如图2-3所示,主要是用来校准速度与电压之间的关系。另外,热线风速仪还有焊接系统,可以对使用中损坏的热丝进行焊接,方便用户使用。关于校准系统以及焊接系统,后面章节会有较为详细的介绍。

图2-3 热线风速仪校准设备

热线风速仪主机通过电缆与热线探针连接,探针放在校准风洞系统的出口,热线输出信号连接到计算机采集系统,整个测试系统如图2-4所示。

实际热线组合在一起,整体如图2-5所示,该图显示了丹麦丹迪(Dantec)的恒温热线风速仪的内部主要组成,具体包括热线探针、惠斯通电桥、模数转换器、线化器以及数据分析模块等。后面的原理部分将分别对各个部分进行介绍及分析。

图 2-4　主机、探针、校准设备及计算机采集系统

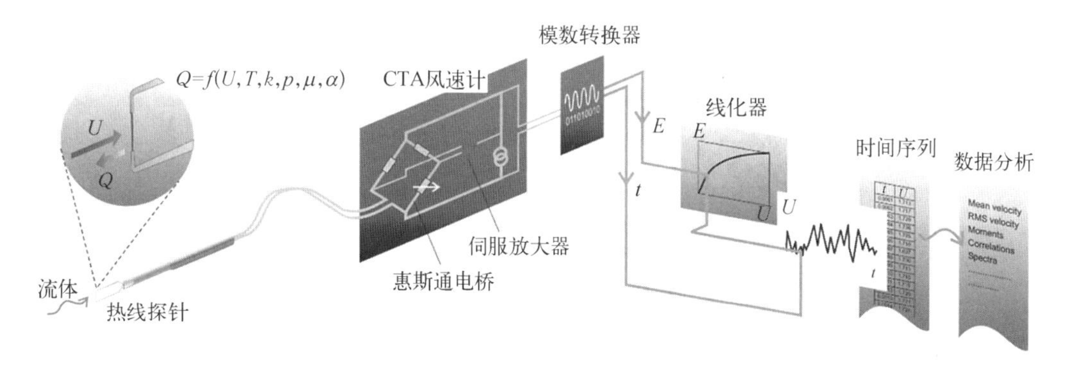

图 2-5　丹麦丹迪热线风速仪结构及原理示意

2.2　热线探针构造简介

图 2-6 所示是几种热线探针的构造。热线的材料一般为镀铂钨丝，热丝的直径为 5 μm，热线点焊在不锈钢支杆上，支杆嵌固在绝缘座上，绝缘座由陶瓷、尼龙或其他绝缘材料制成，通过绝缘座引出导线。

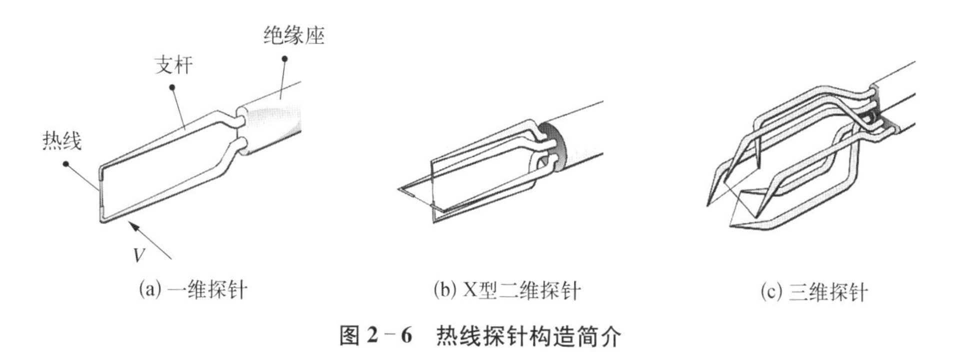

(a) 一维探针　(b) X型二维探针　(c) 三维探针

图 2-6　热线探针构造简介

图 2－7 所示是几种热膜探针的构造。用铂或镍沉积在衬底上形成厚度为 0.1～1 μm 的热膜，衬底通常为石英或硼硅玻璃。热膜外面涂有厚度为 0.5～2 μm 的石英绝缘层。因为与流体绝缘，所以它特别适用于液体中的流速测量。热膜探针同时也能用于气流测量。

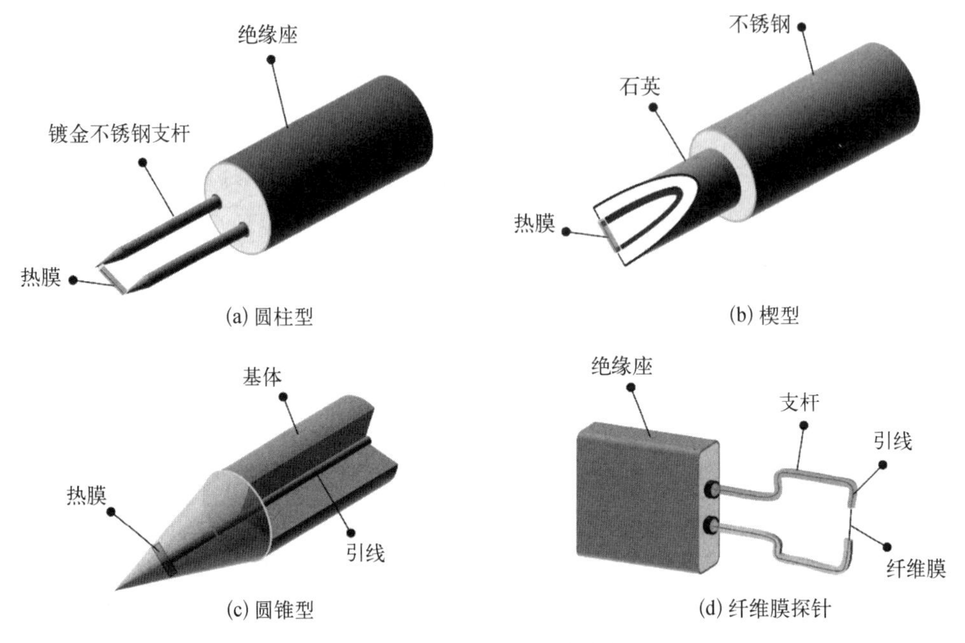

图 2－7　热膜探针构造简介

还有一种称为纤维膜探针，其外观很像热线探针。把镍膜沉积在直径为 70 μm 的石英纤维上。纤维丝长 3 mm，膜长 1.25 mm，两头涂覆铜、金引线，其构造如图 2－7(d) 所示。表 2－1 列出三种典型材料的有关性能。

表 2－1　三种典型材料的性能

材　　料	钨	铂	镍
成分/%	100	100	100
电阻温度系数/(Ω/℃)	0.003 5	0.003 8	0.006 5
最大可用温度/℃	300	800	200

热膜探针与热线相比较有如下特点：① 强度高；② 性能较稳定；③ 与流体绝缘。但工艺复杂、价格贵、工作温度低、频响低。

对热线的材料一般有如下的要求：

(1) 电阻温度系数要高；

(2) 机械强度要好；

(3) 电阻率要大,电阻率通常定义为某种材料制成的长 1 m、横截面积是 1 mm^2 的导线在常温下(20℃时)的电阻;

(4) 热传导率要小;

(5) 最大可用温度要高。

2.3　恒电阻工作方式的基本方程

以热线探针为例进行分析。图 2-8 给出了热线的热平衡示意图。给热线通以工作电流,热丝因电阻消耗电能发热而温度升高,相应的热丝电阻也随之增加,工作电流越大,热线的温度也就越高。

热线一般的换热方式包括热辐射、热对流、热传导,而对流换热又包括自然对流和强迫对流。

当气流绕过被加热的圆柱体作强迫对流时,随着气流速度的增加,圆柱体被带走的热量也增加,温度下降。显然,这一物理过程中,流速与圆柱体温度之间有一定的依赖关系。那么,能否根据这一关系,把一根加热丝置于流场中,来测量流体的流动参数呢?

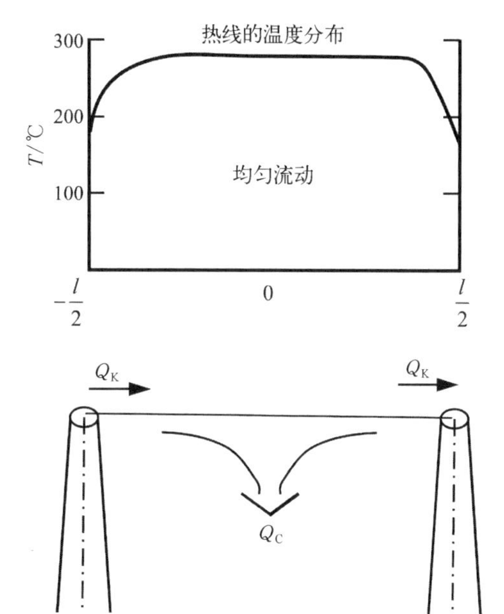

图 2-8　热线热平衡示意图

下面分析热线的静态响应问题,金属丝放在流体中的换热是一个复杂的现象,因为同一时刻产生了几个过程,包括热传导、热辐射、自然对流和强迫对流等过程。虽然热丝通常的长度只有 $L=2$ mm,热丝直径 $d=5$ μm,整体上热线探针的尺寸小,但热丝的长度与直径的比值大,$L/d=400$,所以热丝可以看成无限长的圆柱体。

对于无限长的热线,在稳定条件下的能量平衡方程为

$$Q_J = Q_C + 2Q_K + Q_R \tag{2-1}$$

式中,Q_J 为电流加热量;Q_C 为对流换热;Q_K 为导热换热;Q_R 为辐射换热。

恒温工作模式下热线的温度为 300℃左右,金属丝和外界的辐射热交换可以忽略。

对流换热方面包含了自然对流和强迫对流。决定哪种对流占据主要状态的因素是速度的大小。当 $Re < 2\sqrt[3]{Gr}$ (Re 为雷诺数;Gr 为格拉晓夫数)自然对流就不能忽略,这个条件对气体而言,流速在 0.5~1 m/s 之间。

目前通常恒温热线风速仪(constant temperature anemometer, CTA)测量的速度大于 1 m/s,自然对流可以忽略。而流速在 0.5~1 m/s 之间的测量在专门的章节介绍。因此,

常规热丝的测量中,可以忽略热辐射和自然对流。

热丝的换热过程可以简单地描述为,把热丝置于气流中,使热丝的轴线与气流方向垂直,热丝的温度高于气流的温度,就将发生热丝对气流的对流换热。在传热学上,这属于横跨圆柱的强迫对流。由于热丝直径很小,通常为 5 μm,因此,以热丝直径为特征尺寸的雷诺数就很小。即使在很高的流速下,如马赫数 $Ma=1$,仍有雷诺数 $Re<1\ 000$,因此属于层流对流换热。按传热学的经验公式,层流时:

$$0.1 < Re < 1\ 000,\ Nu = A + BRe_d^m \tag{2-2}$$

式中,Nu 为努赛特数;A、B 为与物性有关的常数;Re_d为以热丝直径为特征尺寸的雷诺数;m 为指数,可以通过校准得到,对于热丝为 0.5 左右。

由于:

$$Nu = \alpha d/\lambda_f \tag{2-3}$$

$$Re_d = vd/\boldsymbol{v} \tag{2-4}$$

式中,α 为对流换热系数;d 为热丝直径;λ_f 为流体的导热系数;v 为流速;$\boldsymbol{v}$ 为流体的运动黏性系数。

把式(2-3)、式(2-4)代入式(2-2)得

$$\frac{\alpha d}{\lambda_f} = A + B\left(\frac{vd}{\boldsymbol{v}}\right)^m \tag{2-5}$$

从中推导出:

$$\alpha = \frac{A\lambda_f}{d} + \frac{B\lambda_f}{d^{1-m}\boldsymbol{v}^m}v^m \tag{2-6}$$

热丝在单位时间内的发热量 Q 为

$$Q = I^2R \tag{2-7}$$

式中,I 为通过热丝的工作电流;R 为热丝的电阻值,它与热丝的温度有关:

$$R = R_0[1 + \beta(T - T_0)] \tag{2-8}$$

式中,T 为热丝工作温度;T_0为参考温度;R_0为温度 T_0热丝的电阻值;β 为热丝的电阻温度系数。

在达到稳定状态时,单位时间内热丝的发热量 Q 等于热丝对气流的放热量,也就是电流对热丝的加热量对于热丝的强迫对流换热量,即

$$I^2R = \alpha \cdot F \cdot (T - T_g) \tag{2-9}$$

式中,T_g 为流体的有效温度;F 为热丝的表面积。

把式(2-6)代入式(2-9),得

$$I^2R = \left(\frac{A\lambda_f}{d} + \frac{B\lambda_f v^m}{d^{1-m}\boldsymbol{v}^m}\right)F(T - T_g) \tag{2-10}$$

因为

$$I = \frac{U}{R} \tag{2-11}$$

式中，U 为加于热丝两端的电压。

把式(2－11)代入式(2－10)得

$$U^2 = \left(\frac{A\lambda_f}{d} + \frac{B\lambda_f}{d^{1-m}\boldsymbol{v}^m}v^m\right)F(T - T_g)R \tag{2-12}$$

从式(2－12)中可以看出，热线的输出电压除了与速度有关外，还与热丝的电阻和温度有关。为了建立电压与速度之间的唯一关系，希望热线工作过程中电阻不变，根据电阻与温度关系，也就是热丝温度不变，这样电压与速度之间建立了唯一关系，所以热线的工作方式通常有恒温方式，也称为恒温热线风速仪。当然也可以保持热线的工作电流不变，称为热线的恒流方式。

假设依靠热线风速仪，在使用中保持热线的电阻值 R 恒定（即恒电阻工作方式），这相当于热丝工作温度 T 亦保持不变[见式(2－8)]，于是从式(2－10)可见电压 U 与流速 v 保持一定的函数关系，从而可以作为 v 的度量。

对于特定的流体，其物性一定，即 A、B、λ_f、$\boldsymbol{v}$ 为常数。对于特定的探针，其尺寸已定，即 d、F 为常数。若选定热线的工作电阻，即 R、T 为常数。那么，对于一定的流体状态（T_g 为常数）则有

$$U^2 = a + bv^m \tag{2-13}$$

式中，a、b 为常数。实际上 a 就是速度为零时的电压 U_0 的平方。因为，让 $v=0$ 代入式(2－13)，得

$$U_0^2 = a \tag{2-14}$$

于是

$$U^2 = U_0^2 + bv^m \tag{2-15}$$

式(2－15)称为热线的校准特性。可见电压 U 与速度 v 之间为非线性关系，如图 2－9 所示。

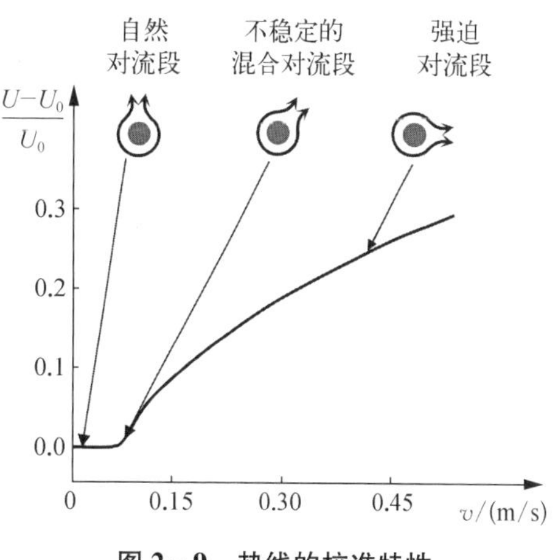

图 2－9　热线的校准特性

把 U_0^2 移至左边，两边再同除 U_0^2，然后取对数，式(2－15)即成为

$$\lg\left(\frac{U^2}{U_0^2} - 1\right) = \lg\frac{b}{U_0^2} + m\lg v \tag{2-16}$$

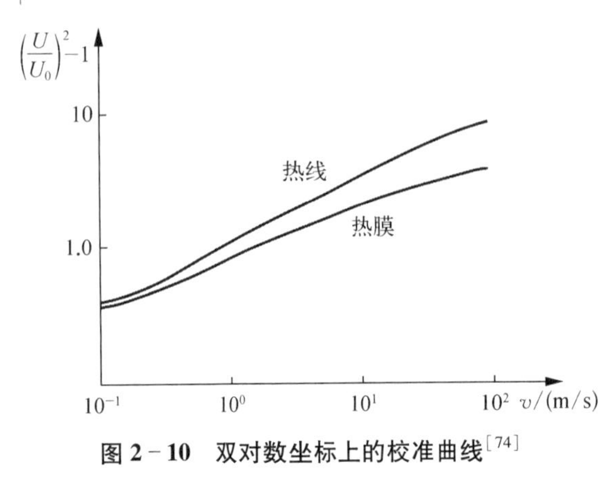

图 2-10　双对数坐标上的校准曲线[74]

可见，在双对数坐标上，校准特性为直线，指数 m 即双对数坐标上直线的斜率。图 2-10 给出了双对数坐标上的典型校准曲线。

事实上，校准特性不可能从式(2-12)算得。因为丝的直径及其表面积不可能准确获得；实际的探针其热丝并非无限长，故支杆的导热不容忽略（图 2-8）；除了强迫对流，在低速时还应考虑自然对流（图 2-9），因此式（2-12）只有定性的意义。一切探针的特性只有通过风洞吹风实验校准获得，图 2-9、图 2-10所示即实验吹风获得的校准曲线。从图 2-10 可见，m 不是常数。在 1~10 m/s 段，热线的 m 为 0.47 左右，而热膜仅为 0.37 左右。

2.4　恒温、恒流及恒压热线风速仪工作原理

2.4.1　恒温热线风速仪工作原理

由于电阻是温度的函数，通常恒温就意味着恒电阻。前面提到，恒电阻方式下可以建立热线电压与速度之间的对应关系，具体如何实现恒电阻工作方式将在本节给出。

图 2-11 示出了恒电阻工作方式的电路原理图[74]。热线本身就是一个电阻，热线的工作电阻（与热丝的工作温度对应）用可变电阻 R_d 选择。对于热线 $R_d \leqslant 1.8R_0$，对于热膜 $R_d \leqslant 1.6R_0$（R_0 为热线的冷电阻，或在参考温度 T_0时的受感部电阻）。R_d 越大，灵敏度虽然越高，但热线的工作温度高，寿命越短。特别是在发动机部件试验中，气流不像风洞那样纯净，R_d 太大热线很容易被粒子撞断，一般取 $R_d = 1.3R_0$ 为宜；而热膜则取 $R_d = 1.2R_0$。

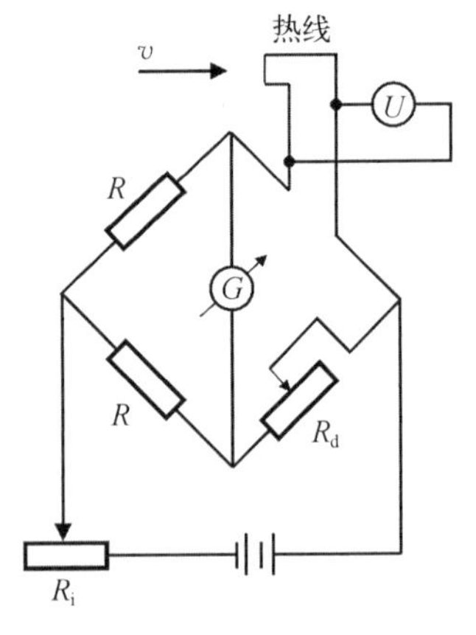

图 2-11　恒电阻工作原理电路

当 R_d 选好后，接通电源，由于 R_d 大于 R_0，电桥不平衡，检流计 G 偏转。调整减小 R_i 以增大供桥电压，通过热线的电流就增大，热线受热电阻就上升，一直减小 R_i 直到电桥达到平衡。此时，热线的工作电阻就是 R_d，热线就工作在与 R_d 相应的温度下，电压表所指示的电压，即零风速下的电压 U。

然后，将热线探针插入气流中，热线受气流冷却，电阻减小，电桥平衡又被破坏。此时再减小 R_i 以增大供桥电压，使流过热线的电流再增大，电阻随着增大，直到电桥又重新平衡，热线电阻又恢复到 R_d，但热线工作在更高的工作电流和更高的电压下，此电压即气流速度的度量。电压与流速的关系如图 2-9 校准曲线所示。

需要进一步说明的是电桥中的电阻 R、R_d 均应采用电阻温度系数很小的锰铜材料制造，它才能在工作电流变化时保持电阻值不变，从而保证热线恒电阻方式时，电桥能恢复到原来的平衡状态。电桥电路中，一般认为只有热丝的电阻随温度变化，而其他电阻不随温度变化。

通常为了分析方便，认为恒电阻就是恒温。实际上恒电阻并不意味着热线恒温，虽然通常把它称为恒温热线风速仪。因为热丝很短，一般长度 2 mm，因此支杆散热的影响不可忽略，沿细丝全长温度并不相同。风速不同时，温度沿丝长方向的分布也并不能保证不变。

前面提到，热线的电桥平衡是通过调整 R_i 来实现的，这在静态条件下是可行的，只要来流速度恒定，总可以通过人工的方式调节 R_i 使电桥平衡。而热线风速仪目前广泛应用于动态测量中，由于动态信号变化快，无法靠人工调节方式实现。目前广泛采用的热线风速仪靠使用伺服放大器反馈供桥来自动维持恒电阻，图 2－12 给出其线路方框图。流速变化时，电桥的不平衡信号经伺服放大器放大，然后给电桥反馈供电。流速越大，反馈供桥电压越高，直到热线电阻基本维持原值，电桥重新平衡。

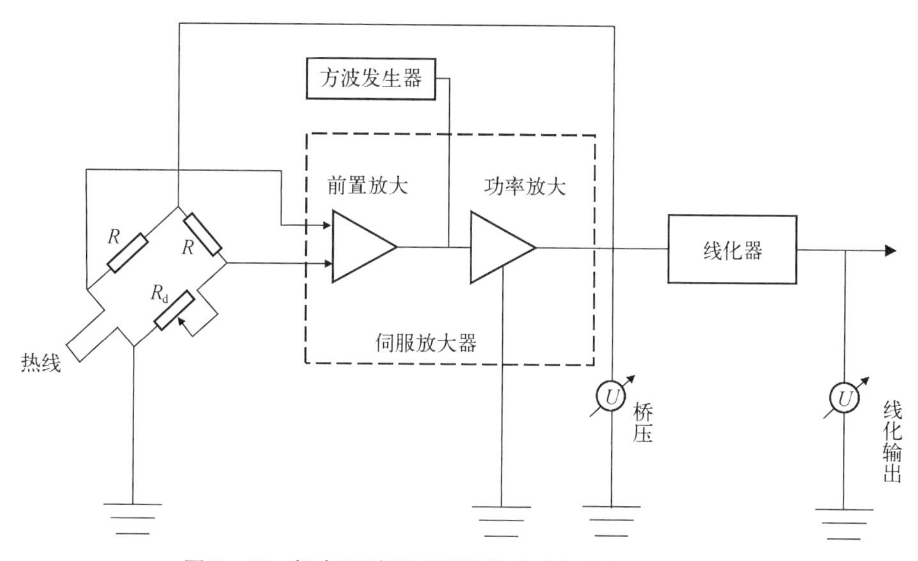

图 2－12　恒电阻（恒温）型热线风速仪线路原理方框图

2.4.2　恒流热线风速仪工作原理

恒电流热线风速仪（constant current anemometer，CCA）指的是在热线工作过程中，通过热线的电流恒定。从前面推导的热线工作方程（2－10）可以看出，电流恒定后，在探针尺寸及物性参数一定时，速度是电阻的函数，电流恒定后，电压可以反映电阻的变化。

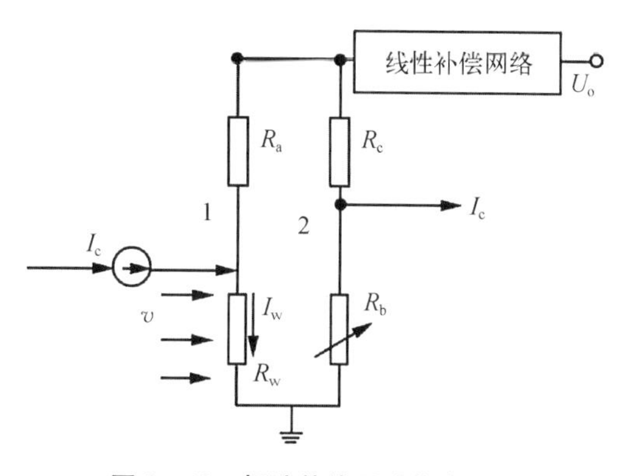

图 2－13　恒流热线风速仪电路图

恒电流电路的主要元件包括惠斯通电桥和线性补偿网络，其电路原理如图 2－13 所示[64]，流经热线的电流 I_w 保持不变，当风速变化时，热线电阻 R_w 改变，热线两端电压变化，通过测得热线工作温度 T_w 可以实现风速的测量。

恒流热线风速仪的校准曲线如图 2-14 所示，从图上可以明显看出，其校准曲线与恒温型变化趋势相反，随速度增加，输出电压减小，因此在低速下的测量精度高。

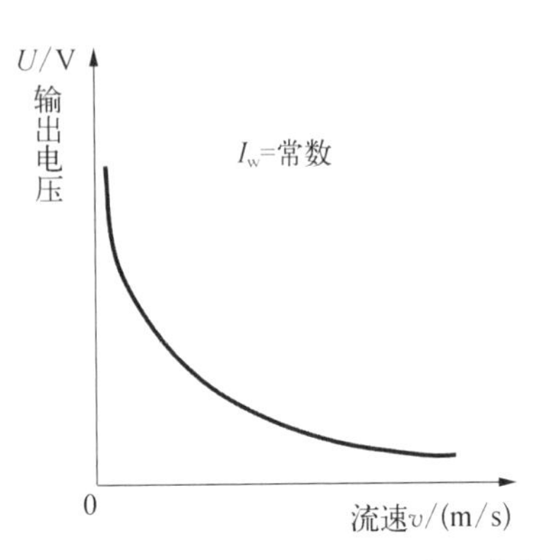

图 2-14　恒流热线风速仪静态校准曲线

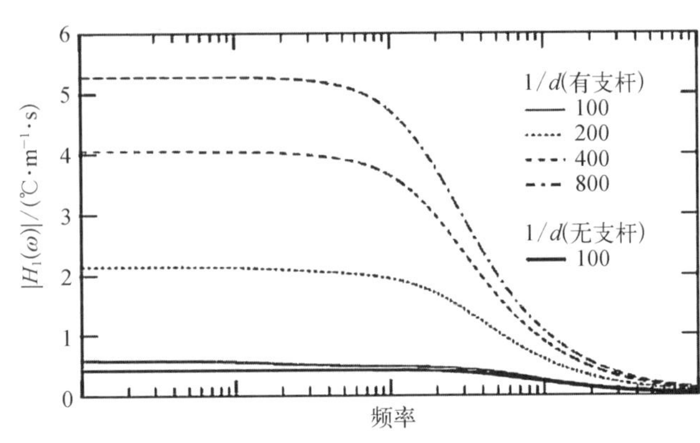

图 2-15　恒流热线风速仪频响

文献[75]研究了 CCA 的频率响应特性，分析了热线长度对频率响应的影响，结果如图 2-15 所示。从图可以看出，随着导线长度的增加，增益显著增加，因为随着导线长度的减小，由于传导引起的热损失占主导地位。在导线最短的情况下，增益自然是最低的。

2.4.3　恒压热线风速仪工作原理

恒压热线风速仪(constant voltage anemometer, CVA)指的是热线工作过程中，热丝的电压保持恒定。针对恒温热线风速仪在带宽、灵敏度及信噪比方面的不足，1991 年 Sarma[76] 提出了恒压热线风速仪，其原理电路如图 2-16 所示。从中可以得到热线电压为

$$U_w = -(R_1/R_i) \times U_i \tag{2-17}$$

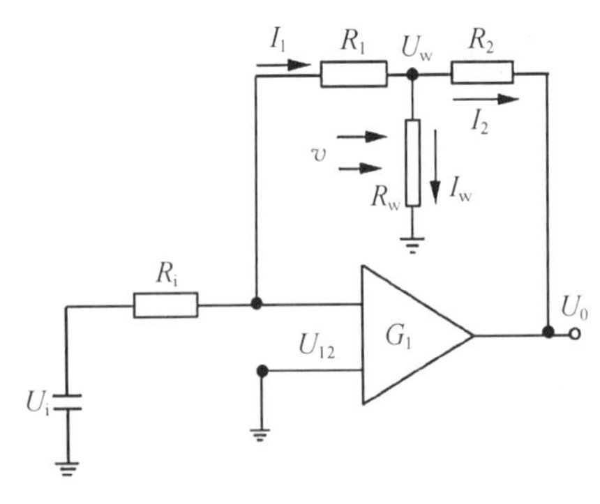

图 2-16　恒压热线风速仪电路原理

式中，U_i 为直流输入电压；当 U_i、R_1 和 R_i 的值保持不变时，则热线电压 U_w 就是一常数。由图 2-16 可知，流过 R_2 的电流 I_2 为电流 I_1 与 I_w 之差，所以 I_2 也相应地发生变化，因为 $U_0=U_w+I_2R_2$，所以就可以将输出电压与风速的变化建立对应关系，测出了输出电压 U_0 的大小，就得到了流场的速度。

恒压热线风速仪的工作原理为，在热线电压 U_w 恒定的条件下，如果系统处于平衡状态，即热丝产生的热量等于气流换热带走的热量，当流体的速度发生变化时，热线不再平衡，例如速度增加，对流换热加强，热线的温度就会降低，电阻相应地降低，由于恒压热线风速仪热线的电压恒定，因此流过热丝的电流上升，电流增加后，热丝加热量增加，系统重新建立平衡。流经 R_2 的电流升高，从而输出电压升高，因此

可以得到流速与电压 U_0的对应关系。速度减小的分析过程与此类似。

试验研究表明恒压热线风速仪时间常数小,噪声抑制能力强;在较大过热比范围内频率带宽高,更适合于高超声速流场测量。

文献[77]和[78]对恒压型热线风速仪的静态响应及动态响应进行了详细的分析,图 2-17 给出了恒压及恒温型热线风速仪过热比随速度的变化,恒温型过热比为常数,恒压型过热比随速度及电压发生变化,速度增加,过热比减小,电压增大,过热比增大。其他静态参数的影响以及动态响应可以参考具体文献,这里不再详述。

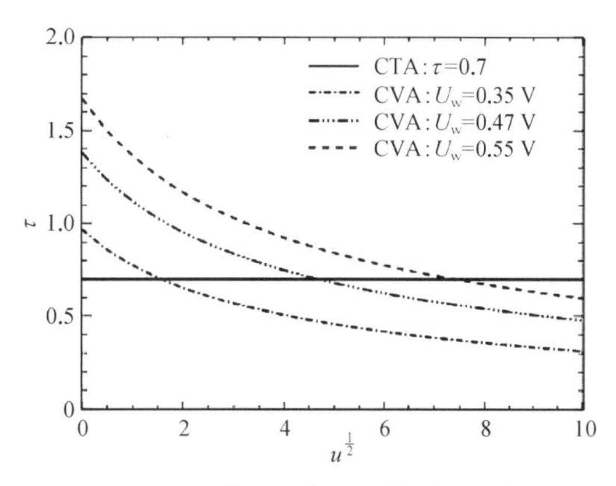

图 2-17 恒压及恒温型热线风速仪过热比随速度的变化

2.5 热线的方向特性与频率特性

2.5.1 热线的方向特性

热线的工作原理是基于气流的强迫对流换热,那么它的输出就与气流流过热线的方向有关,以上的讨论都是指气流方向垂直于热丝而言的。但是,在气流有一偏角 φ 的情况下,如图 2-18 所示,真正的有效速度是其垂直分量 $v\sin\varphi$,因此热线的输出随 φ 而变。图 2-18 表示出某热线的方向特性,上面的虚线为正弦曲线,从中可以看出,实验曲线与正弦曲线大体一致,但是在两端有较大差异。这是因为当气流方向沿着热线轴线时,对流换热并不趋于零的缘故。

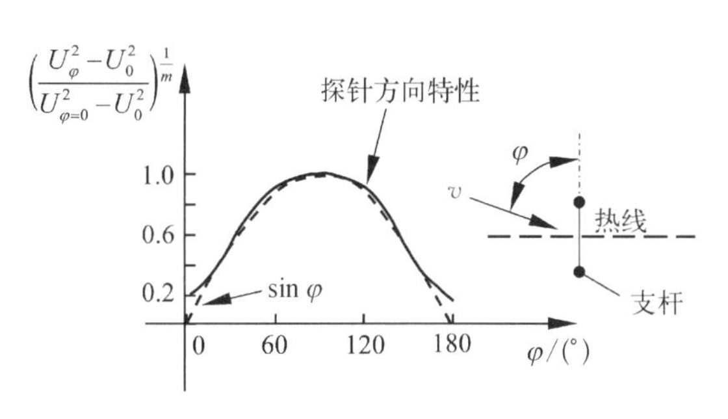

图 2-18 恒电阻工作时热线的方向特性

单就热线本身而言,虽然热丝已很细,但热惯性仍然相当大,其截止频率做到 500 Hz 已是上限。而采用了图 2-12 所示的反馈电路后,由于伺服放大器有很高的频响,同时伺服系统有很高的增益,所以使整个测量系统的动态特性大为改善,整个系统的上限频率有望达到 1.2 MHz。伺服系统的增益越高,放大器的响应越好,则补偿热线电阻变化所需的不平衡桥压越低,热线的热惯性就被克服得越彻底。

2.5.2 热线的频响

热线风速仪用于动态测量时,确定其频响很重要。最理想的检验整个热线风速仪系统的动态特性的办法是给热线一个突增(或突减)的风速阶跃,然后从其输出响应曲线求

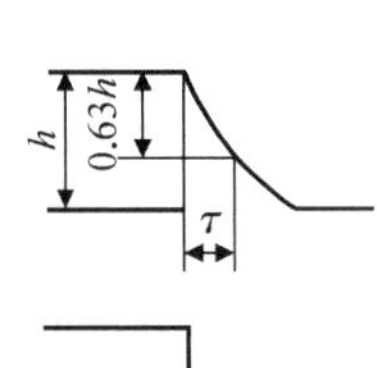

图 2-19 恒电阻热线风速仪的方波响应

得时间常数。但是目前要实现各种风速的阶跃还很困难,激波管只能造成超声速时的风速阶跃。因此,转而采用模拟的方法,给电桥供一方波信号,方波发生器的位置如图 2-12 所示。方波通过功率放大供给电桥,热线被方波阶跃加热,电桥突然不平衡,这相当于一个风速突减。伺服放大器就得到突变的不平衡信号,于是迅速减少其输出,直到使电桥又重新平衡。图 2-19 示出了热线风速仪的方波响应,从这个响应曲线就可测出整个系统的时间常数 τ。

系统的截止频率 f_c 定义为

$$f_c = \frac{1}{2\pi\tau} \tag{2-18}$$

式中,τ 为时间常数,对应 0.63 h 处的时间间隔。因为 τ 与 f_c 属于整个系统,因此它既取决于探针的工作状态,也决定于伺服放大器参数的选择,即

$$\tau = f(R/R_0,\ v,\ Q,\ L) \tag{2-19}$$

式中,R/R_0 为热线的过热比,由使用者决定;v 为被测的流速;Q、L 为电桥的补偿网络参数。

R/R_0 越大,τ 越小;流速 v 越高,τ 越小。一般应该在选定 R/R_0 之后,使热线处于测量的速度 v 值下,细致调节 Q、L 使 τ 满足测量要求。一般使用时按 10 倍频原则选用就已足够,即

$$f_c = 10f_q \tag{2-20}$$

式中,f_c 为采样频率;f_q 为待测信号的基频。采样频率理论上满足采样定理即可,工程上取 10 倍足够,因为对于周期信号,按傅里叶级数展开,能取到第 10 次谐波就已是相当准确。

2.6 热线的校准

2.6.1 校准原因

热线探针的特性与制造工艺、测量条件和性能退化等因素息息相关。从制造上看,热线探针的性能是随制造工艺、探针尺寸和金属丝的材料等变化的,即便是同种材料、相同的工艺、一样的尺寸,探针的性能也不能做到完全一样;对待测流场而言,热线探针的性能与流体的温度、密度、气压及流速范围等因素有关;探针也会随着长时间使用而老化,包括烧蚀、氧化及电阻温度系数等因素均会造成探针的综合性能改变;此外,由于测试环境导致的积灰、液滴污染以及油雾污染等因素也会使热线的性能发生变化。

一般来说，任何测量都必须与校准相联系，具体到所使用的热线探针，为了获得其真实的响应关系，就必须根据使用情况和被测流场进行有针对性的、定期的、重复的校准与标定。

2.6.2　校准风洞

原则上，一切速度已知并且可调的气源均可作为校准风洞。图 2－20 所示为某型校准风洞的工作原理，它利用自由射流的核心区校准热线探针。

按照气体动力学：

$$v = \lambda \alpha_{kp} \tag{2-21}$$

$$\alpha_{kp} = 18.3\sqrt{T^*} \tag{2-22}$$

$$\frac{p}{p^*} = \left(1 - \frac{k-1}{k+1}\lambda^2\right)^{\frac{k}{k-1}} \tag{2-23}$$

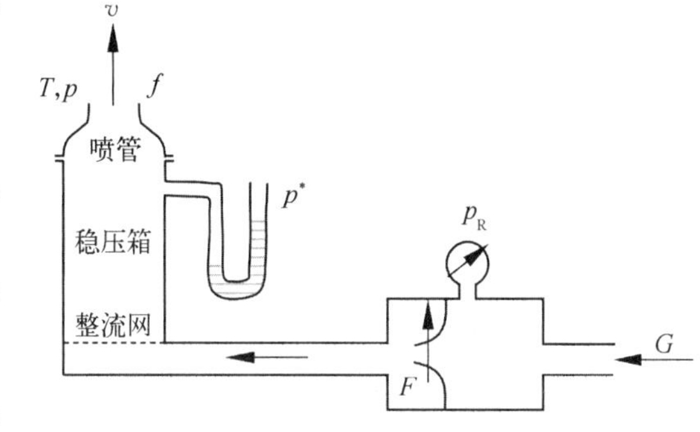

图 2－20　某型校准风洞工作原理

式中，v 为气流速度；λ 为速度系数；α_{kp} 为临界声速；k 为绝热指数；p 为气流静压；p^*为气流总压；T^*为气流总温。

从式(2－21)～式(2－23)可见，只要测出气流的总压、总温及大气压，气流的速度即可算出。而供气流量与出口参数的关系为

$$G = fv\rho \tag{2-24}$$

$$\rho = \frac{p}{RT} \tag{2-25}$$

式中，G 为气体流量；ρ 为气体比重；T 为气流静温；R 为气体常数；f 为喷管出口面积。

若 T 在速度变化范围不大时近似看成常数，而 f 不变，则 v 在校准过程中就与 G 成正比。于是可以用改变供气流量的办法来改变速度。

实际上是 T^* 始终不变，但因为

$$\frac{T}{T^*} = 1 - \frac{k-1}{k+1}\lambda^2 \tag{2-26}$$

对于 $\lambda < 0.2$ 时，$T/T^* \approx 0.993$。因此这种近似只带来千分之七的误差，对于校准热线已是足够精确。

图 2－20 中给出了改变供气流量的方法。在喷管稳压箱进口前，装一个可调面积的收敛喷管，其面积为 F。当此喷管前的压力 p_R 始终超过临界值时，因 $\lambda = 1$，$q(\lambda) = 1$，所以

$$G = m\frac{p_{\mathrm{R}}F}{\sqrt{T^*}} \tag{2-27}$$

因此，在 p_{R} 不变时可采用调 F 的办法调速。也可以在 F 不变的情况下，调 p_{R} 来调速。前者 v 正比于 F，后者 v 正比于 p_{R}。当然这都必须在 p_{R} 超临界的条件下，即 $p_{\mathrm{R}} > 2$ bar（0.2 MPa）。因为 p_{R} 易于测得，并易于转换成电量输出，所以用来指示、记录速度的相对变化比较方便。

当需要在极低的流速下校热线时，因 p^* 极小，水柱差极小，用斜管微压计也已很难读准。此时应该用保持 G 而更换大 f 喷管的办法，把速度范围降低。

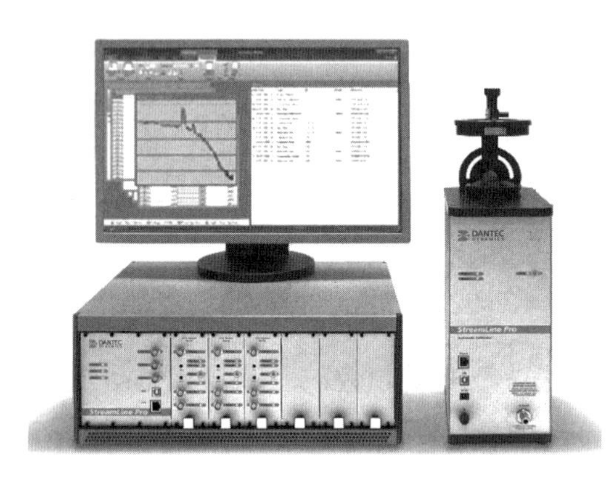

图 2－21　StreamLine Pro 全自动标定器系统

为了方便快捷地对热线探针进行标定，丹麦丹迪公司开发了 StreamLine Pro 全自动标定器，可在较大的速度范围（0.02～300 m/s）内实现快速、准确的探针校准。校准操作需要外接高压气源以提供清洁、干燥的空气。标定器可通过 USB 或以太网连接计算机，支持 StreamWare Pro 运行控制。图 2－21 给出了标定器的微型风洞和计算机组件图。

相比于常规的校准风洞，全自动方向标定器极大地简化了标定过程，好处主要有三方面：

（1）全自动标定器可降低绝对速度误差；

（2）整个过程完全是自动化的，用户不必专注于严格的校准过程，而只专注于实验本身；

（3）角度可以精准快速地被设置，大大节省了标定过程的时间。

2.6.3　热线校准

1. 单丝热线速度及方向特性

热线校准方程建立了热线输出电压 U 和气流速度 v 之间的关系，校准方程形式众多，最常用的是 King 公式：

$$U^2 = a + bv^m \tag{2-28}$$

式中，系数 a、b 和指数 m 均由热线校准确定。

校准时，将热丝垂直于校准气流，在所选的速度范围内，通过改变气流速度大小，得到一组不同速度值和对应输出电压值的数据（U_i, v_i），由于只有 a、b、m 三个未知数，理论上有三组电压与速度关系就可以求出系数 a、b、m，实际校准中为了提高精度，往往给出三组以上的数据，例如 10 组数据，通过最小二乘拟合数据求得 King 公其中的待求系数。

以标准偏差 ε_v 最小为评判原则：

$$\varepsilon_v = \left[\frac{1}{N}\sum_{i=1}^{N}\left(1 - \frac{v_{ci}}{v_i}\right)^2\right]^{\frac{1}{2}} \tag{2-29}$$

式中，v_{ci} 为校准后的计算值；v_i 为校准时的测量值；N 为校准测量点个数。

实际测量中，热丝往往与来流成一定角度，而非完全垂直，如图 2-22 所示。图中 α 为来流与热丝法平面之间的夹角，θ 为分速度与 x 方向夹角。实践表明，对有限长的热丝，终端热损耗效应对来流方向非常敏感。考虑到来流倾角及热线探杆的影响，通过引入偏航系数 k 和俯仰系数 h，Jorgensen 提出了如下计算有效冷却速度 v_e 的公式：

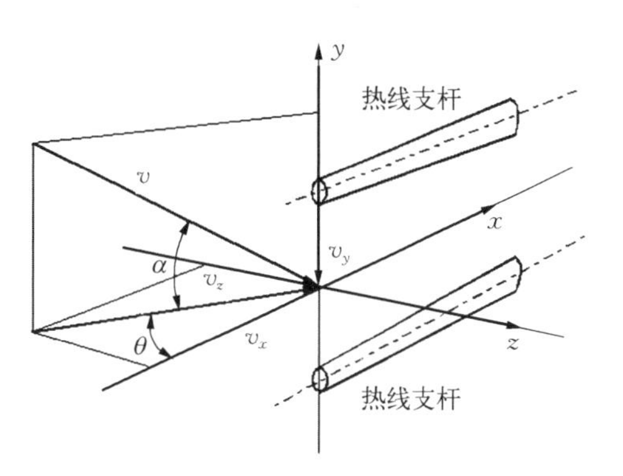

图 2-22　三维空间中的单丝热线

$$v_e^2 = v_x^2 + k^2 v_y^2 + h^2 v_z^2 \tag{2-30}$$

式中，v_x、v_y、v_z 分别为来流速度的直角坐标系分量。

将式(2-30)代入式(2-28)，得到考虑单丝方向敏感系数的 King 公式如下：

$$U^2 = a + b\left(v_x^2 + k^2 v_y^2 + h^2 v_z^2\right)^{\frac{m}{2}} \tag{2-31}$$

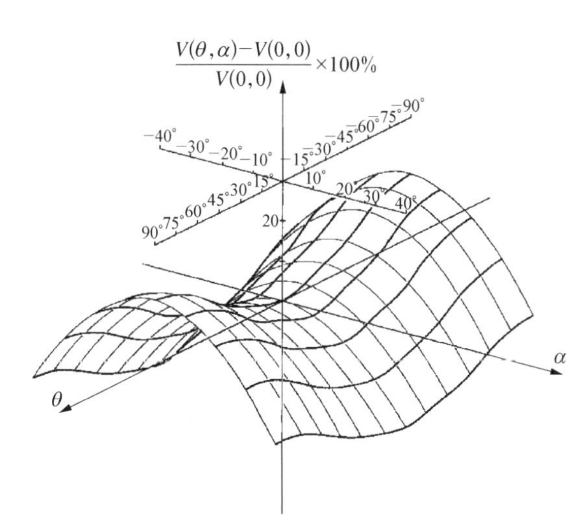

图 2-23　典型单丝热线方向响应特性图

为了得到单丝热线的方向敏感系数，热丝校准可分两步进行。首先，假设系数 a、b 以及指数 m 与气流偏斜角 α、θ 无关。令 $\alpha = 0$, $\theta = 0$, 测量一组速度及电压数据，求得 a、b 及 m；随后，令 $\theta = 0$，将热线探针绕 x 轴转动，求得偏航系数 k 与 α 的关系；再令 $\alpha = 0$，将热线探针绕 y 轴转动，求得俯仰系数 h 与 θ 的关系。图 2　23 给出了典型单丝热线方向响应特性图[79]。

根据大量研究经验，对铂金热线来说，当 $L/d = 200$ 时，k 约为 0.2；随着 L/d 不断增加，k 值逐渐减小；当 $L/d = 600 \sim 800$ 时，k 值几乎为零。而对单丝热线而言，俯仰系数 h 取值一般在 1.0 和 1.1 之间。

2. X 型热线探针的校准

X 型探针由两根相互垂直的热线组成，两根热线之间的距离在 1 mm 左右，一般与平

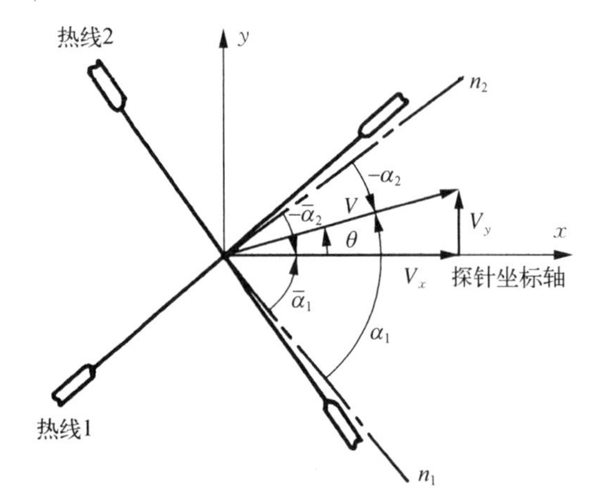

图 2-24　X 型探针测量时速度分量及角度符号

均速度来流成±45°放置,可以同时测量两个速度分量。图 2-24 给出了 X 型探针测量时速度分量及角度符号,其中 n_1 和 n_2 分别代表两个热线探针的法线方向[10]。

根据热线工作原理,X 型探针的两个热线的电压响应可以表达如下:

$$U_1 = F_1(V_x,\ V_y) \tag{2-32}$$

$$U_2 = F_2(V_x,\ V_y) \tag{2-33}$$

分速度 V_x 和 V_y 可采用绝对速度大小 $\bar{V}$ 和气流角 θ 表示:

$$U_1 = F_3(\bar{V},\ \theta) \tag{2-34}$$

$$U_2 = F_4(\bar{V},\ -\theta) \tag{2-35}$$

$$V_x = \bar{V}\cos\theta \tag{2-36}$$

$$V_y = \bar{V}\sin\theta \tag{2-37}$$

若采用热丝与分速度夹角表示,输出电压和速度响应关系也可表达如下:

$$U_1 = F_3(\bar{V},\ \alpha_1,\ \bar{\alpha}_1) \tag{2-38}$$

$$U_2 = F_4(\bar{V},\ -\alpha_2,\ -\bar{\alpha}_2) \tag{2-39}$$

$$\alpha_1 = \bar{\alpha}_1 + \theta \tag{2-40}$$

$$-\alpha_2 = -\bar{\alpha}_2 + \theta \tag{2-41}$$

根据以上关系式可知,在进行 X 型探针校准时,需要得到 $(U_1,\ U_2)$ 与 $(\bar{V},\ \theta)$ 或 $(V_x,\ V_y)$ 的响应关系。校准是在一定的速度范围和角度范围内开展的,对于平均气流角为 $\bar{\alpha}_1$ 和 $-\bar{\alpha}_2$ 的 X 型探针,合适的校准角度范围应为 $-90° + \bar{\alpha}_2 \leqslant \theta \leqslant 90° - \bar{\alpha}_1$。当 $\bar{\alpha}_1 = \bar{\alpha}_2 = 45°$ 时,校准范围变为 $-45° \leqslant \theta \leqslant 45°$。因此,在一定的速度范围内,通过改变校准角度 θ,即可求得两个热丝输出电压与速度之间的关系如下:

$$U_1^2 = a_1(\theta) + b_1^*(\theta)\ \bar{V}^{n_1(\theta)} \tag{2-42}$$

$$U_2^2 = a_2(-\theta) + b_2^*(-\theta)\ \bar{V}^{n_2(-\theta)} \tag{2-43}$$

典型的 X 型探针校准曲线如图 2-25 所示,结合式(2-42)和式(2-43)可知,对一个具体的 X 型探针而言,$(U_1,\ U_2)$ 和 $(\bar{V},\ \theta)$ 之间存在唯一确定的关系式。

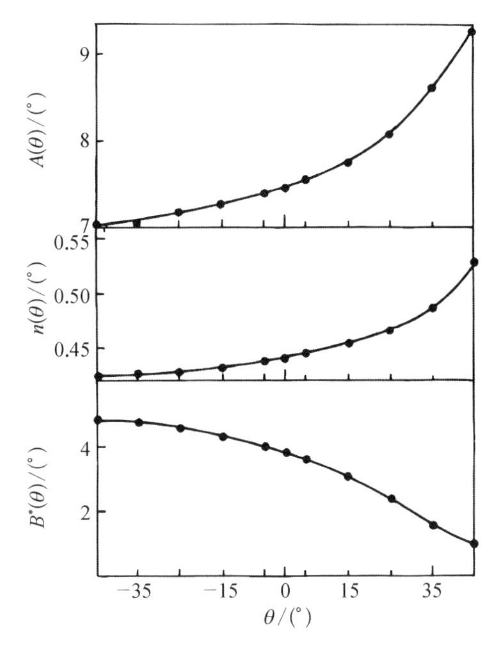

图 2－25　典型 X 型探针校准曲线

2.7　热线特性的线化

热线风速仪的输出电压与风速不是线性关系，如式(2－28)所示。求湍流度时，对式(2－28)两边求微分，得

$$2U\mathrm{d}U = bmv^{m-1}\mathrm{d}v \tag{2-44}$$

所以速度湍流度为

$$\frac{\sqrt{\overline{\mathrm{d}v^2}}}{\bar{v}} = \frac{2}{m\left(1 - \dfrac{U_0^2}{\bar{U}^2}\right)} \cdot \frac{\sqrt{\overline{\mathrm{d}U^2}}}{\bar{U}} \tag{2-45}$$

式中，$\sqrt{\overline{\mathrm{d}v^2}}$ 为速度脉动的均方根值；$\bar{v}$ 为速度的均值；$\sqrt{\overline{\mathrm{d}U^2}}$ 为电压脉动的均方根值；$\bar{U}$ 为电压的均值。

非线性关系虽然并不妨碍平均速度及湍流度的获得。但有许多不便和缺点，例如在动态测量中，电压波形由于非线性而不能直观地反映速度波形。又如在湍流的相关参数测量中，由于非线性也给数据处理带来很多的麻烦。因此一般要用线化器加以线化。

线化器就是一种专用的计算电路。只要线化器的输出 U_{lin} 与其输入 U(即热线风速仪的输出)有如下关系：

$$U_{\text{lin}} = K_1 \left(U^2 - U_0^2\right)^{\frac{1}{m}} \tag{2-46}$$

式中，U_{lin} 为线化器输出电压；U 为热线风速仪输出电压，即线化器输入电压；U_0 为热线风速仪零风速输出电压；K_1 为比例常数。

把式(2－28)代入式(2－46)，则

$$U_{\text{lin}} = K_1 \left(b_2 v^m\right)^{\frac{1}{m}} \tag{2-47}$$

即

$$U_{\text{lin}} = K_2 v \tag{2-48}$$

于是线化器的输出电压与风速成正比，在图2－5及图2－12中示出了线化器在系统中所处的位置。当然，实际的线化器，其功能应该更复杂些，要有变指数的功能，以便在热线的指数 m 随风速变化时，也能加以线化，丹麦丹迪的热线风速仪就带有线化器模块。

2.8 热线的动态特性

前面介绍了热线的静态特性，静态条件下热线可以达到平衡状态，静态方程解决了定常状态下的平均速度测量。而在动态条件下，热线的输入始终处于变化过程中，热线就无法达到平衡状态。金属丝向周围介质传递热量的速率往往跟不上流体介质速度的变化率，也就是说热丝产生的热量并不等于耗散的热量，热丝与周围介质热交换处于不平衡状态。这种现象通常称为热滞后，反映在热线的输出信号上将引起振幅的衰减和相位滞后。

2.8.1 热线风速仪的动态方程

根据能量守恒定理，如果我们忽略热辐射、自然对流和热传导，单位时间内热线中能量的变化应该等于单位时间内热线中产生的热量减去单位时间内热线被流体带走的热量。不平衡状态下的能量方程可用下面的公式表示：

$$\frac{\mathrm{d}E}{\mathrm{d}t} = I_{\mathrm{w}}^2 R_{\mathrm{w}} - \left(T_{\mathrm{w}} - T_{\mathrm{f}}\right)\left(A + B\sqrt{V}\right) \tag{2-49}$$

等式左边表示热线在单位时间内热量的变化，等式右边第一项表示热线受电流加热产生的热量，第二项是流体强迫对流换热带走的热量。很显然，在稳态条件下左端项为零，又变为静态方程。

因为热线存储的能量可表示为

$$E = mc\left(T_{\mathrm{w}} - T_{\mathrm{f}}\right) \tag{2-50}$$

式中，m 和 c 分别代表热线的质量和比热。所以

$$\frac{\mathrm{d}E}{\mathrm{d}t} = mc\frac{\mathrm{d}T_{\mathrm{w}}}{\mathrm{d}t} \tag{2-51}$$

又因为

$$R_w = R_f[1 + \alpha_f(T_w - T_f)] \tag{2-52}$$

所以

$$\frac{dT_w}{dt} = \frac{1}{\alpha_f R_f}\frac{dR_w}{dt} \tag{2-53}$$

将温度变化代入可得

$$\frac{mc}{\alpha_f R_f}\frac{dR_w}{dt} = I_w^2 R_w - \frac{1}{\alpha_f R_f}(R_w - R_f)(A + B\sqrt{V}) \tag{2-54}$$

和流体力学中的分析方法类似，假设随时间变化的量可以分解为平均量加上脉动量，并且脉动量与平均量相比为小量，具体参数的时间变化量可以表示为 $H = A + B\sqrt{V}$，$H(t) = \overline{H} + h(t)$，$I_w(t) = \overline{I}_w + i_w(t)$，$R_w(t) = \overline{R}_w + r_w(t)$，$R_f(t) = \overline{R}_f + r_f(t)$，$V(t) = \overline{V} + v(t)$。

将动态参数分解为平均量加脉动量，并且平均量也满足热线方程 $\overline{H} = A + B\sqrt{\overline{V}}$，脉动量与平均量相比为小量，则有如下关系：$\frac{h(t)}{\overline{H}} \ll 1$，$\frac{r_w(t)}{\overline{R}_w} \ll 1$，$\frac{i_w(t)}{\overline{I}_w} \ll 1$，$\frac{r_f(t)}{\overline{R}_f} \ll 1$，$h(t) \approx \frac{Bv(t)}{2\sqrt{\overline{V}}}$，$\frac{d\overline{R}_w}{dt} = 0$，$\overline{I}_w^2\overline{R}_w - \frac{\overline{H}}{\alpha_f\overline{R}_f}(\overline{R}_w - \overline{R}_f) = 0$。

将以上的变化量代入式(2-54)得

$$\begin{aligned}&\frac{mcR}{\overline{H}}\frac{d}{dt}\left(\frac{r_w}{\overline{R}_w}\right) + \frac{mcR}{\overline{H}}\left(\frac{r_f}{\overline{R}_f}\right)\frac{d}{dt}\left(\frac{r_w}{\overline{R}_w}\right) + \frac{r_w}{\overline{R}_w}\\ &= 2(R-1)\frac{i_w}{\overline{I}_w} - (R-1)\frac{h}{\overline{H}} + R\left(\frac{r_f}{\overline{R}_f}\right)\end{aligned} \tag{2-55}$$

式中，$R = \overline{R}_w/\overline{R}_0$，称为过热比，$\overline{R}_0$ 为环境温度下热线的电阻。

通常热线的冷态电阻 r_f 的变化很小，$r_f = 0$，方程(2-55)简化为

$$\frac{mcR}{\overline{H}}\frac{d}{dt}\left(\frac{r_w}{\overline{R}_w}\right) + \frac{r_w}{\overline{R}_w} = 2(R-1)\frac{i_w}{\overline{I}_w} - (R-1)\frac{h}{\overline{H}} \tag{2-56}$$

式(2-56)反映了热丝电阻随时间变化与电流以及流动参数之间的关系，实际上代表了热线的动态响应关系。

热线的工作模式分为恒电流和恒电阻工作模式，下面分别针对这两种模式讨论热线的动态响应。

2.8.2 恒流式工作时热线的动态特性

恒流条件下满足：

$$\bar{I}_w = \text{const}, \ i_w = 0 \tag{2-57}$$

$$\frac{mcR}{\bar{H}} \frac{\mathrm{d}}{\mathrm{d}t}\left(\frac{r_w}{\bar{R}_w}\right) + \frac{r_w}{\bar{R}_w} = -(R-1)\frac{h}{H} \tag{2-58}$$

无量纲方程：

$$\frac{mcR}{\bar{H}} \frac{\mathrm{d}}{\mathrm{d}t}\left(\frac{r_w}{\bar{R}_w}\right) + \frac{r_w}{\bar{R}_w} = -(R-1)\frac{bv(t)}{(A+B\sqrt{\bar{V}})2\sqrt{\bar{V}}} \tag{2-59}$$

式中，$\frac{mcR}{\bar{H}} = M_{cc}$ 称为恒流热线的热滞后时间常数。

进一步得到：

$$M_{cc} = \frac{mcR}{\bar{H}} = \left(\frac{1}{4}\pi d_w^2 L_w \rho c\right)\frac{R}{A+B\sqrt{\bar{V}}} \tag{2-60}$$

可以看出，恒流式热线的时间常数不仅仅与热线的物理性质(ρ, c)有关，而且与几何尺寸(L_w, d_w)和工作条件(R, H)也有关。

假定：

$$\phi(t) = -(R-1)\frac{Bv(t)}{2\sqrt{\bar{V}}(A+B\sqrt{\bar{V}})} \tag{2-61}$$

则有

$$\frac{mcR}{\bar{H}} \frac{\mathrm{d}}{\mathrm{d}t}\left(\frac{r_w}{\bar{R}_w}\right) + \frac{r_w}{\bar{R}_w} = \phi(t) \tag{2-62}$$

式(2-62)为线性微分方程，假设：

$$\phi(t) = \phi_0 \exp(\mathrm{i}\omega t) \tag{2-63}$$

式中，ω 是脉动角频率；$\mathrm{i} = \sqrt{-1}$；根据微分方程理论，式(2-63)的通解为

$$\frac{r_w}{\bar{R}_w} = A_1 \mathrm{e}^{-\frac{t}{M_{cc}}} + A_2 \mathrm{e}^{\mathrm{i}(\omega t - \psi)} \tag{2-64}$$

方程右边第一项随时间衰减，只要时间足够长，一定趋近零；方程右边第二项对动态响应起着决定性作用。

当时间足够长方程(2－64)简化为

$$\frac{r_w}{\bar{R}_w} = A_2 e^{i(\omega t - \psi)} \tag{2-65}$$

输入为 $\phi(t) = \phi_0 \exp(i\omega t)$，输出的幅值和相位分别为 $A_2 = \frac{\phi_0}{\sqrt{1 + M_{cc}^2 \omega^2}}$ 和 $\psi = \mathrm{arth}(\omega M_{cc})$。

在热惯性作用下，与流体的脉动速度 $v(t)$ 相比，脉动电阻 r_w 在振幅上有某些衰减，相位有滞后。振幅衰减的程度和相位滞后的大小都和热线的时间常数 M_{cc} 有关。M_{cc} 越小，振幅衰减和相位滞后的程度就小。

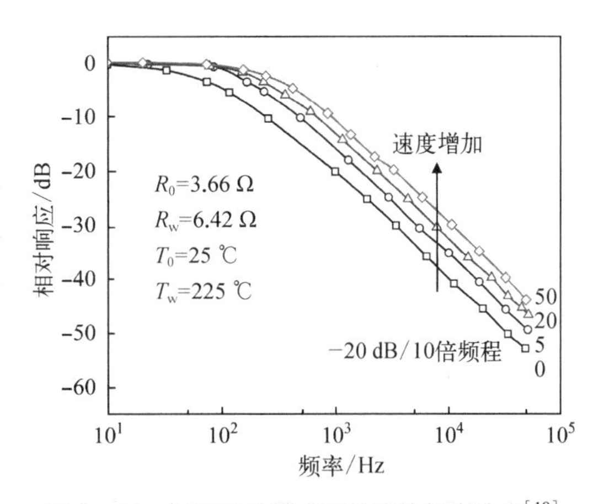

图 2－26　恒流工作模式下热线的频率响应[10]

图 2－26 是 5 μm 直径、1 mm 长度热丝探头在恒流工作模式下工作时的频率响应，从图 2－26 中可以看出，当 ω＝100 以后，滞后就开始影响，该影响随速度的增加而减少。

关于恒温模式工作时热线的动态特性问题，要比恒流复杂一些，涉及热线部分、电桥部分及放大器部分，最终经过推导及简化后的动态方程为

$$\frac{M_{cc}}{2g(R-1)}\left[\sigma^2 \frac{d^3}{dt^3} + \tau \frac{d^2}{dt^2} + K\frac{d}{dt}\right]\left(\frac{i_w}{\bar{I}_w}\right) + \left(\frac{i_w}{\bar{I}_w}\right) = \frac{h}{2\bar{U}} \tag{2-66}$$

上述方程也是无量纲形式，和恒流热线风速仪的动态方程类似，定义：

$$M_{CT} = \frac{M_{cc}}{2g(R-1)} \tag{2-67}$$

M_{CT} 是恒温热线的时间常数。可见恒温热线的时间常数比恒流热线时间常数小 $2g(R-1)$ 倍，因此恒温热线的热滞后效应比恒流式小。

对恒温模式动态响应推导感兴趣的，可以参考中国科学技术大学刘明侯的流动测量，文献[9]和[11]中也有详细的论述。

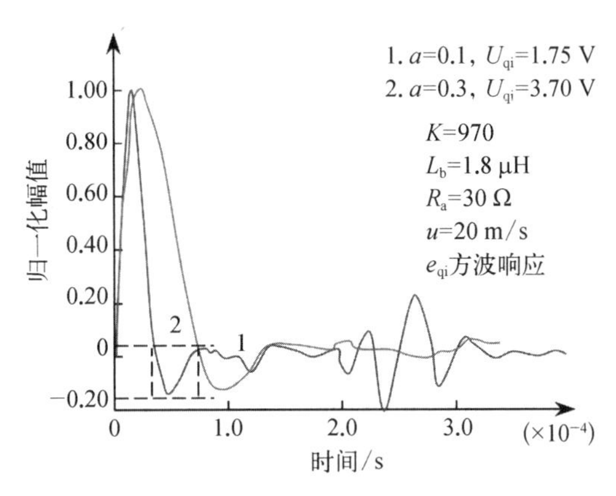

图 2－27　热线过热比 a 对系统响应的影响

南京航空航天大学韦青燕等[80]对恒温型热线风速测量系统动态特性进行了详细分析以及试验验证。热线工作过热比 a 的影响规律如图 2－27 所示，分别给出了 a 为 0.1 和

0.3 情况下系统方波响应，试验结果表明，a 增大时，t 减小，系统响应加快、动态频响提高，因此，在保证热线探针安全的前提下，过热比取值尽量大。另外还详细研究了放大器增益的影响规律、惠斯通桥臂电阻 R_a 的影响规律、流速的影响规律、补偿电感的影响规律以及基于偏置电压的动态频响控制规律，给出了与过热比类似的动态响应图，该研究获得了定量提高恒温型热线风速测量系统动态特性的参量调节规律，简化了系统的调节过程。

2.9 预移相型恒温热线风速仪

现行恒温热线风速仪的调节使用很不方便，其频率响应范围也难以适应高速、高频脉动的测量需要，特别是在要求同相位的相关分析中，该缺点就显得更为突出。为解决传统热线风速仪在使用中遇到的问题，庄永基和盛森芝[50, 51, 81]等学者提出了新型预移相型恒温热线流速计。

2.9.1 新型预移相型恒温热线风速仪

传统恒温热线风速仪是由流体热交换、电子线路共同构成的混合系统，图 2－28 是传统恒温热线风速仪的核心结构模型图。由于探针引线电缆具有分布电容（C_c）和分布电感（L_c），放大器具有时间滞后，主电桥元件也存在电感等分布参数，所以用图 2－28 研制的传统恒温热线风速仪，在高增益、宽频带、深反馈的条件之下，整个系统极易发生自激振荡。

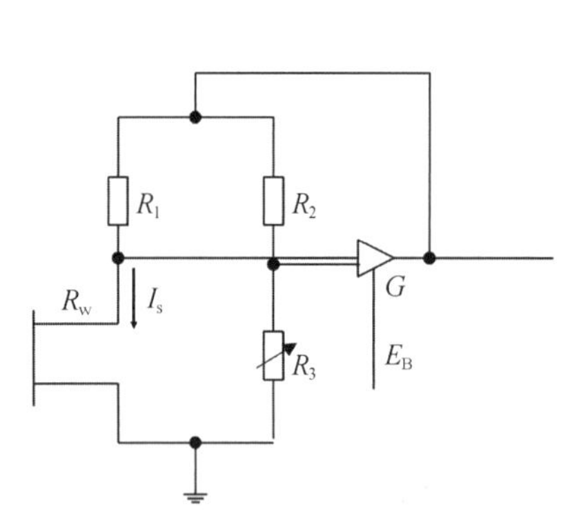

图 2－28　传统恒温热线流速计的核心结构模型图

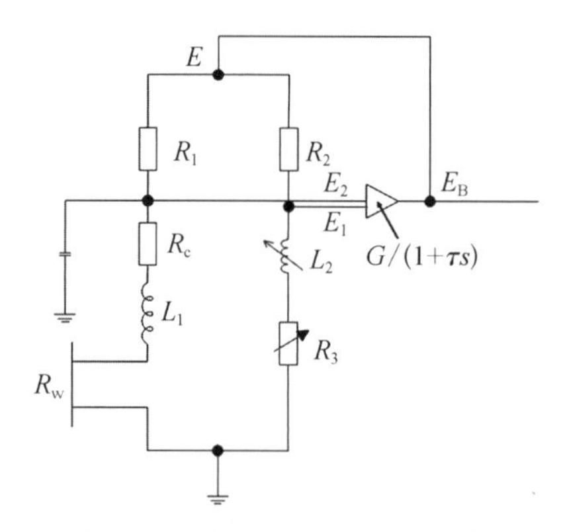

图 2－29　新型预移相型恒温热线风速仪的核心结构

考虑电缆相关分布参数对传统恒温热线风速仪的影响，庄永基、盛森芝等研究学者以传统恒温热线风速仪的核心结构模型图为基础，提出了新型预移相型恒温热线风速仪，图 2－29 是新型预移相型恒温热线风速仪的核心结构模型图。新的模型使用 L_2 作为唯一的调节补偿元件，L_1 为与探针臂串接的固定电感。增加 L_2 后，新的模型有以下两个优点：一是在改变 R_3 设置时不需要改变 L_2；二是对桥路电压 E 有微分作用，对放大器时间滞后有补偿作用。该线路模型的主要特点是人为增加电感对桥路的移相量，称其为电桥预移相方案。

2.9.2　新型预移相型恒温热线风速仪的动态方程

系统的动态响应方程是由热线的动态方程、桥路方程和放大器方程共同形成的。用一阶系统来描述放大器，其传递函数为 $G/(1+\tau s)$，其中 G 为静态增益，τ 为放大器时间常数。图 2－29 所示系统的电平衡方程为

$$\left(1+\tau\frac{\mathrm{d}}{\mathrm{d}t}\right)(E-E_{\mathrm{B}})=(E_1-E_2)G \tag{2-68}$$

$$\left(L_2\frac{\mathrm{d}}{\mathrm{d}t}+R_3\right)(E-E_1)/R_2=E_1 \tag{2-69}$$

$$\left(L_3\frac{\mathrm{d}}{\mathrm{d}t}+R_{\mathrm{C}}+R_{\mathrm{w}}\right)(E-E_2)/R_1=E_2 \tag{2-70}$$

式中，E_{B} 为 $E_1=E_2$ 时放大器的输出，称为放大器的偏置；$E_{\mathrm{B}}=\overline{E}_{\mathrm{B}}+e_{\mathrm{B}}$，$\overline{E}_{\mathrm{B}}$ 为静偏置，e_{B} 可视为动态试验时的试验电压或放大器的噪声。消除掉 E_1 和 E_2 可得

$$\begin{aligned}&\left(1+\tau\frac{\mathrm{d}}{\mathrm{d}t}\right)\left(1+\frac{R_{\mathrm{C}}+R_{\mathrm{w}}}{R_1}+\frac{L_1}{R_1}\frac{\mathrm{d}}{\mathrm{d}t}\right)\left(1+\frac{R_3}{R_2}+\frac{L_2}{R_2}\frac{\mathrm{d}}{\mathrm{d}t}\right)(E-E_{\mathrm{B}})\\&=\left[\frac{R_3}{R_2}-\frac{R_{\mathrm{C}}+R_{\mathrm{w}}}{R_1}+\left(\frac{L_2}{R_2}-\frac{L_1}{R_1}\right)\frac{\mathrm{d}}{\mathrm{d}t}\right]GE\end{aligned} \tag{2-71}$$

考虑小扰动的条件，略去 e_{B} 等高阶小量，且 $G\gg 1\,000$，$\overline{E}_{\mathrm{B}}\approx E$，可导出：

$$\begin{aligned}\frac{r_{\mathrm{w}}}{\overline{R}_{\mathrm{w}}}=&\frac{e_{\mathrm{B}}}{\overline{E}G}\left(1+\tau\frac{\mathrm{d}}{\mathrm{d}t}\right)\left(1+\frac{R_1+R_{\mathrm{c}}}{\overline{R}_{\mathrm{w}}}+\frac{L_1}{\overline{R}_{\mathrm{w}}}\frac{\mathrm{d}}{\mathrm{d}t}\right)\left(1+\frac{R_3}{R_2}+\frac{L_2}{R_2}\frac{\mathrm{d}}{\mathrm{d}t}\right)\\&-\frac{e}{\overline{E}}\left\{\frac{\overline{E}_{\mathrm{B}}}{\overline{E}G}\left(1+\frac{R_1+R_{\mathrm{c}}}{\overline{R}_{\mathrm{w}}}\right)\left(1+\frac{R_3}{R_2}\right)+\left[\frac{L_1}{\overline{R}_{\mathrm{w}}}-\frac{R_1L_2}{R_2\overline{R}_{\mathrm{w}}}\right.\right.\\&+\frac{1}{G}\left(1+\frac{R_1+R_{\mathrm{c}}}{\overline{R}_{\mathrm{w}}}\right)\left(1+\frac{R_3}{R_2}\right)\tau+\frac{L_1}{\overline{R}_{\mathrm{w}}}\left(1+\frac{R_3}{R_2}\right)\frac{1}{G}\\&\left.+\frac{1}{G}\frac{L_2}{R_2}\left(1+\frac{R_1+R_{\mathrm{c}}}{\overline{R}_{\mathrm{w}}}\right)\right]\frac{\mathrm{d}}{\mathrm{d}t}+\frac{1}{G}\left[\left(1+\frac{R_3}{R_2}\right)\tau\frac{L_1}{R_{\mathrm{w}}}\right.\\&\left.\left.+\left(1+\frac{R_1+R_{\mathrm{c}}}{\overline{R}_{\mathrm{w}}}\right)\tau\frac{L_2}{R_2}+\frac{R_1L_2}{R_2\overline{R}_{\mathrm{w}}}\right]\frac{\mathrm{d}^2}{\mathrm{d}t^2}+\frac{\tau}{G}\frac{L_1L_2}{R_2\overline{R}_{\mathrm{w}}}\frac{\mathrm{d}^3}{\mathrm{d}t^3}\right\}\end{aligned} \tag{2-72}$$

其次引进热线在流动介质中的动态热交换方程：

$$\frac{r_{\mathrm{w}}}{\overline{R}_{\mathrm{w}}}\left(1+M_{\mathrm{cc}}\frac{\mathrm{d}}{\mathrm{d}t}\right)=2(L-1)\frac{i_{\mathrm{w}}}{\overline{R}_{\mathrm{w}}}-(L-1)\frac{h}{\overline{H}} \tag{2-73}$$

式中，$i_{\mathrm{w}}=I_{\mathrm{w}}-\overline{I}_{\mathrm{w}}$，$I_{\mathrm{w}}$ 为探针电流。

$$H = A + B\sqrt{U} = A + B\sqrt{\bar{U} + u} \cong \bar{H} + \frac{Bu}{2\sqrt{\bar{U}}} = \bar{H} + h \tag{2-74}$$

引进桥路的电路方程：

$$i_w\left(R_1 + R_c + \bar{R}_w + L_1\frac{d}{dt}\right) = e \tag{2-75}$$

$$I_w(R_1 + R_c + \bar{R}_w) = \bar{E} \tag{2-76}$$

引进如下符号：

$$\Delta_1 = \frac{L_1}{R_1 + R_c + \bar{R}_w} \tag{2-77}$$

$$\Delta_2 = \frac{L_2}{R_2 + R_3} \tag{2-78}$$

$$\Delta_3 = \frac{L_1 - \frac{R_1}{R_2}L_2}{R_1 + R_c + \bar{R}_w} \tag{2-79}$$

$$g_1 = \frac{2(L-1)G}{(1 + R_3/R_2)\left(1 + \frac{R_1 + R_c}{\bar{R}_w}\right)} \tag{2-80}$$

$$M'_{CT} = \frac{M_{CC}}{g_1} = M_{CT}(1 + R_3/R_2) \tag{2-81}$$

式中，M_{CT} 为恒温时间常数，而 M'_{CT} 可看作是新模型探针的恒温时间常数。在真实的条件下，M_{CC}/G、$L_1/\bar{R}_w$、L_2/R_2、τ 为微分小量，G 远大于1，忽略方程中的高阶小量，得到动态方程如下：

$$\begin{aligned}
&\frac{e}{\bar{E}}\Bigg\{1 + \left(\frac{G}{g_1}\Delta_s + M_{CT}\frac{\bar{E}_B}{\bar{E}}\right)\frac{d}{dt} + \Bigg[\left(\frac{\Delta_1}{g_1} + M_{CT}\right)G\Delta_s \\
&+ M'_{CT}\left(\Delta_1 + \frac{\bar{E}_B}{\bar{E}}\Delta_1 + \tau + \Delta_2\right)\Bigg]\frac{d^2}{dt^2} + M'_{CT}\Bigg[2\tau\Delta_1 + 2\Delta_1\Delta_2 \\
&+ \Delta_1^2 + \tau\Delta_2 + \frac{G\Delta_1\Delta_3}{1 + R_3/R_2}\Bigg]\frac{d^3}{dt^3} + M'_{CT}\left[2\tau\Delta_1\Delta_2 + \tau\Delta_1^2 + \Delta_2\Delta_1^2\right]\frac{d^4}{dt^4} \\
&+ M'_{CT}\Delta_1^2\Delta_2\tau\frac{d^5}{dt^5}\Bigg\} = \frac{h}{2\bar{H}}\left(1 + \Delta_1\frac{d}{dt}\right) + \frac{e_B}{\bar{E}g}\left(1 + \Delta_1\frac{d}{dt}\right) \\
&\Bigg\{1 + M_{CC}\frac{d}{dt} + M_{CC}(\tau + \Delta_1 + \Delta_2)\frac{d^2}{dt^2} + M_{CC}(\Delta_1\Delta_2 + \tau\Delta_1 \\
&+ \tau\Delta_2)\frac{d^3}{dt^3} + M_{CC}\tau\Delta_1\Delta_2\frac{d^4}{dt^4}\Bigg\}
\end{aligned} \tag{2-82}$$

通过预移相型恒温热线风速仪的动态方程可以发现：

(1) 动态方程是五阶常系数线性方程，在特定的条件下可以是四阶方程。$L_2 = 0$ 就相当于考虑了放大器的时间滞后和探针引线电缆分布电感但不采取补偿措施的模型，由此可见预移相线路模型比传统恒温热线风速仪模型更精确且更接近实际情况；

(2) 动态方程符合实际且具有精确解析解，能够就理论解进行实际的补偿参数分析和调节元的参数选择，因此使得新的模型具有很高的稳定性和很宽的通频带，能适应高速、高频脉动的需要，对要求更高通频带的相关分析有着极大的优越性。

关于预移相线路模型的更多叙述，读者可以参考相关科研文献[50]、[51]和[81]。

2.10　热线测量结果的修正

前面讲了理想情况下热线的测量结果，实际使用时环境温度会变化，气流方向会变化，热线会受到污染等，这些因素需要根据实际情况进行相应的修正。下面分别就各种具体情况下的修正进行介绍。

2.10.1　气流方向的影响和修正

实际测量时，热线与来流成一定角度。前面讲过，热线的输出主要与热线垂直的速度分量有关，当热线不满足无限长假设时，两端的热交换对气流方向敏感，需要对气流倾角的影响进行修正。

在无限长热线条件下(L/d>1 000)，如果沿线方向均匀加热，并假定过热比不大，那么由传热方向就可看出每单位长度的热损失仅仅与垂直速度分量有关。实验证明，只要 L/d 足够大(例如 L/d>300)，并且 $\alpha < 60°$，那么实验结果与计算结果基本一致。图 2－30 给出了速度沿热线坐标的分解。热线坐标由热线支杆和热丝确定一个平面，速度 v_1 在热线平面内垂直于热丝，速度 v_2 平行于热丝，速度 v_3 垂直于热丝，且三个速度分量相互垂直，真实速度为 v_∞。

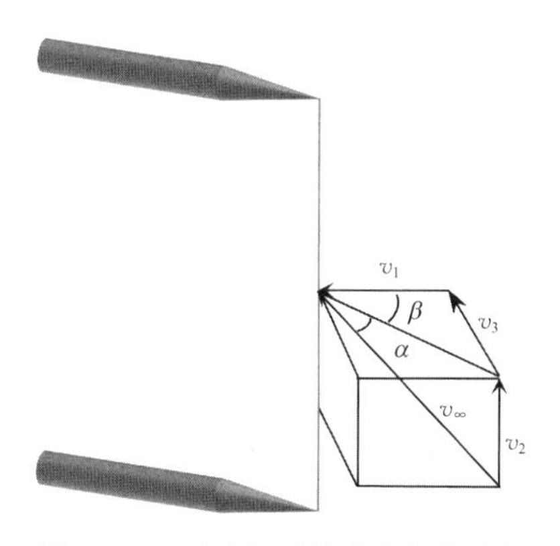

图 2－30　速度相对热线坐标的分解

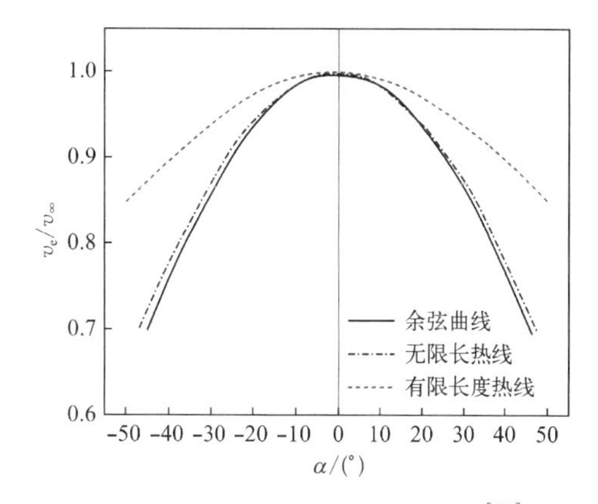

图 2－31　热线气流方向影响修正[82]

图 2－31 给出了无限长及有限长热线的方向特性，虚线表示有限长热线，点画线表示

无限长热线。无限长热线与来流方向之间的关系接近余弦曲线,有限长热线对来流方向敏感,需要进行修正。

对于有限长度的热线,Hinze 建议引进偏航因子,因而有效冷却速度公式变成:

$$v_{\text{eff}} = \bar{v}\ (\cos^2\alpha + k_1^2 \sin^2\alpha)^{1/2} \tag{2-83}$$

这说明倾斜热线热耗散要比正常热线在同样法线方向速度分量情况下更大些,说明沿热线沿轴向速度分量也对热交换起作用。

Champagne 等[83]指出了切向冷却速度修正的重要性,并且实验证明了对于 $25° < \alpha < 60°$,k_1是 L/d 的函数,当 $L/d = 200$ 时,$k_1 = 0.2$,当增加到 $L/d = 600$ 时,k_1减少到零。这个实验也指出,k_1与来流速度无关。

Jorgensen[84]对此作了更进一步的详细的研究,为了能估计支杆干扰,提出下列关系式:

$$v_e^2 = v_1^2 + k_2^2 v_2^2 + k_3^3 v_3^3 \tag{2-84}$$

式(2-84)中的速度分量在图 2-30 上已注明。系数 k_2 和 k_3 值主要取决于气流的偏斜角,热线的长度直径比 L/d 和支杆数量。

Chew 和 Ha[85]进一步仔细研究了有效冷却速度的影响因素。其研究主要针对双丝热线及三丝热线,结果表明 k_2 和 k_3 的值不能由测量具有相同热线的单丝热线得到。探针支杆几何的差异对 k_2 和 k_3 有显著影响。

2.10.2 固体壁面影响及其修正

热线靠近固体壁面时,距离小于 50 倍热线直径时,固体壁面会对传热产生相应的影响,使得热线的热损耗增加,从而使得测量的速度偏高,影响测量结果的准确性。

为了研究固体壁面对热线换热的影响,文献[86]考察了零风速下热线测速的结果,如图 2-32 所示,当距离壁面小于 1 mm 后,热线的输出电压随着与壁面距离的减小急剧增加,表明固壁对热线的散热量影响很大。

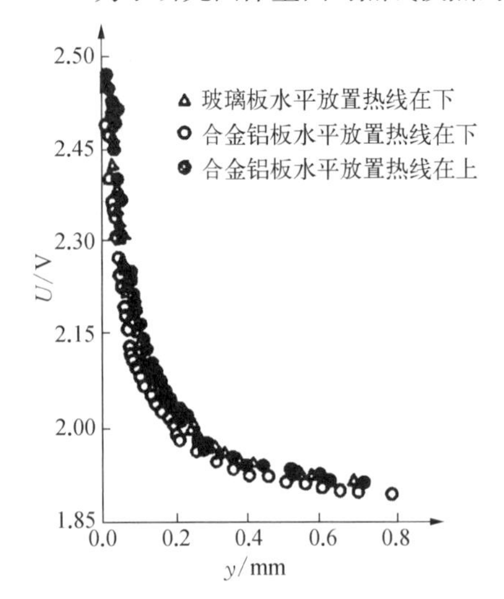

图 2-32 热线与固壁距离对测量结果的影响

图 2-33 给出了不同风速下的影响,结果表明不论风速如何,热线离壁面越近,则热线输出电压越大,表明热线除了风速影响外,还有其他影响因素,风速越大,影响区域越窄,对黏性层的速度测量需要注意这一点。

文献[87]给出了端壁影响区域,如图 2-34 所示,从中可以看出距离壁面 0.4 mm 后,影响显著。图 2-35显示了不同来流速度近壁区域速度分布,图 2-36 显示了无量纲结果,从中可以看出,如果不进行修正,端部测量结果偏大。

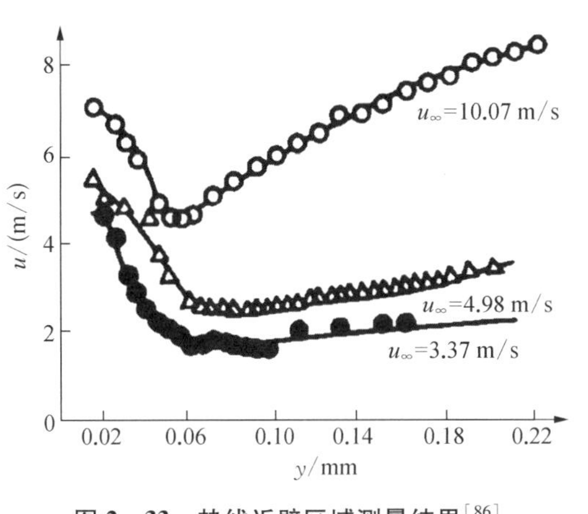

图 2－33　热线近壁区域测量结果[86]

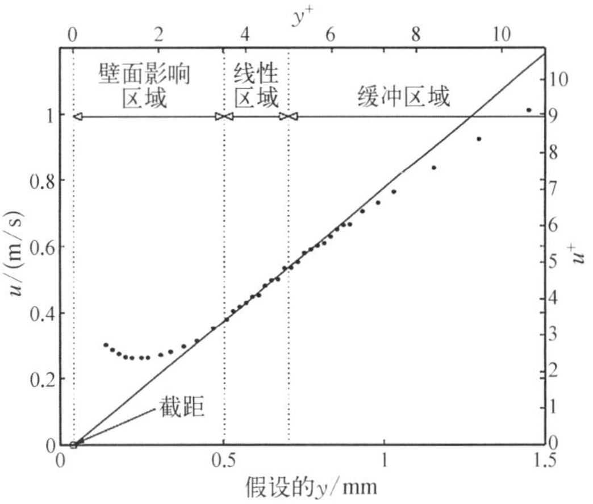

图 2－34　壁面影响区域[87]

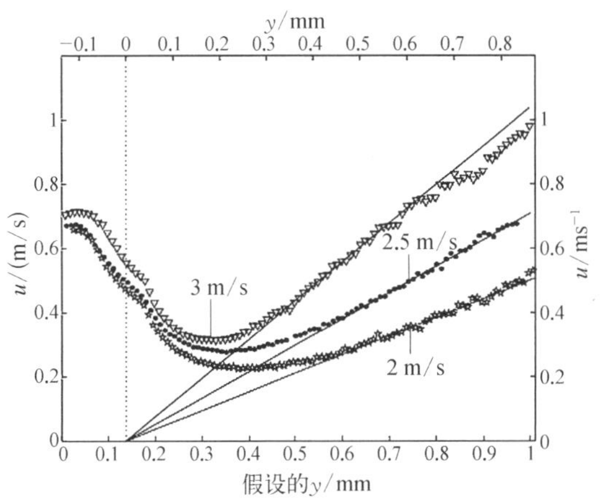

图 2－35　不同来流速度近壁区域速度分布[87]

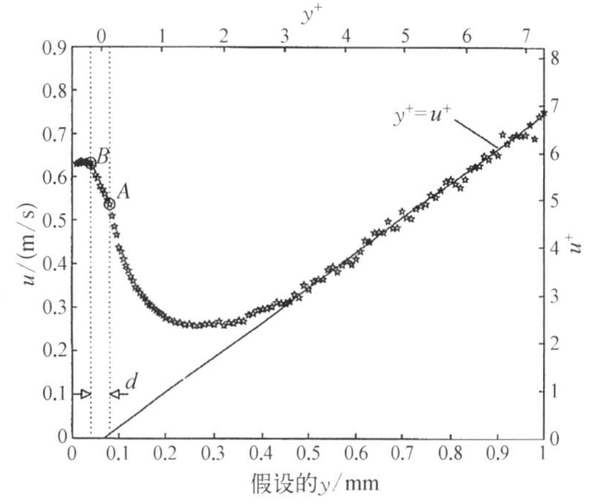

图 2－36　无量纲近壁区域速度分布[87]

固体壁面的影响不仅仅与热线与壁面之间的距离有关,而且也与流体速度相关。有学者提出了以下的修正公式:

$$\left(\frac{v_{\text{act}}}{v_\infty}\right)^{0.45}=\left(\frac{v_{\text{meas}}}{v_\infty}\right)^{0.45}-\frac{K_{\text{u}}}{v_\infty^{0.45}}\tag{2-85}$$

式中,K_{u}为经验参数;v_{act}为实际速度;v_{meas}为测量速度,在层流附面层中,$K_{\text{u层流}}=3.88\times10^{-6}\times b^{-1.14}$;$b$为热线距壁面距离,单位为 m。

在湍流附面层中有$K_{\text{u湍流}}=K_{Re}K_{\text{u层流}}$,在 $2<Re<6$ 的范围内,修正因子 K_{Re} 从 0.5~1 呈线性变化,而 $Re=v_{\text{真实}}l/\boldsymbol{v}$。

从图 2－37 中可以看出修正后的结果接近于理论结果,未修正的结果大于实际速度。近壁的速度修正量可以达到实际速度的 20%~30%。

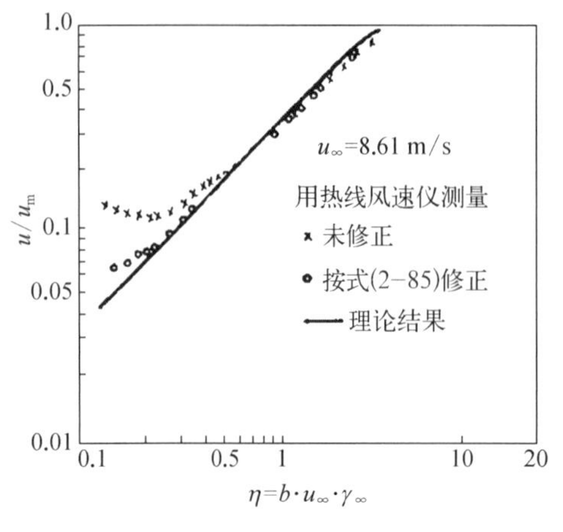

图 2-37 端壁影响修正的速度分布[11]

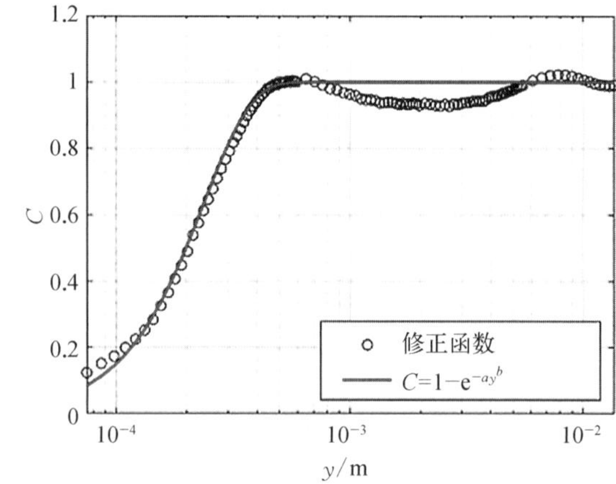

图 2-38 端壁影响的修正系数[88]

文献[88]提出了一种端壁修正函数,表达式如式(2-86)所示,函数图形如图 2-38 所示,从图中可以明显看出,靠近壁面修正量大。在一定的热线直径与过热比下,速度修正系数仅与离壁面的距离有关。

$$C_u = 1 - e^{-ay^b} \tag{2-86}$$

式中,y 为与壁面距离;C_u 为修正系数。

该修正方法是依靠下面的测量结果建立的,用热线风速仪对端壁流动进行了测量,不同热线直径及过热比下,测量结果如图 2-39 所示,靠近端壁明显偏离了线性速度分布。

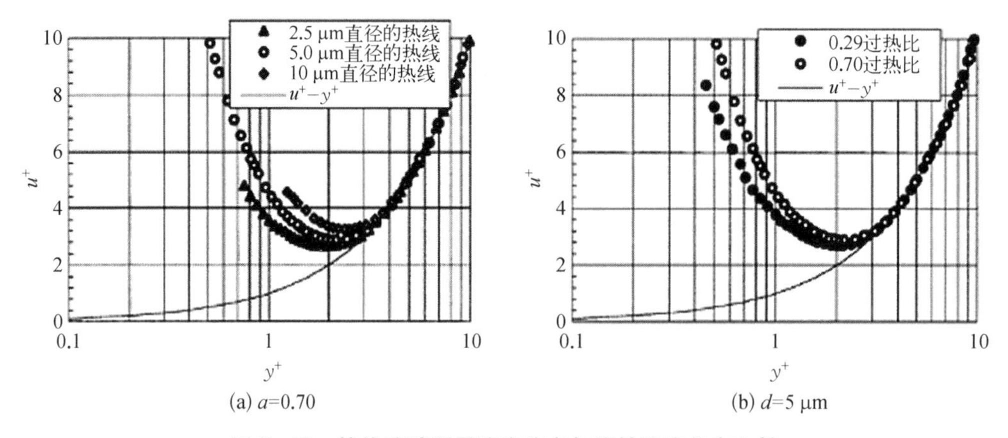

图 2-39 热线端壁测量速度分布与线性速度分布比较

图 2-40 给出了不同文献热线端壁测量结果,其分布规律基本类似。图 2-41 给出了用激光多普勒测速仪测量出的端壁速度分布,并与层流附面层的理论解进行了对比,吻合良好。

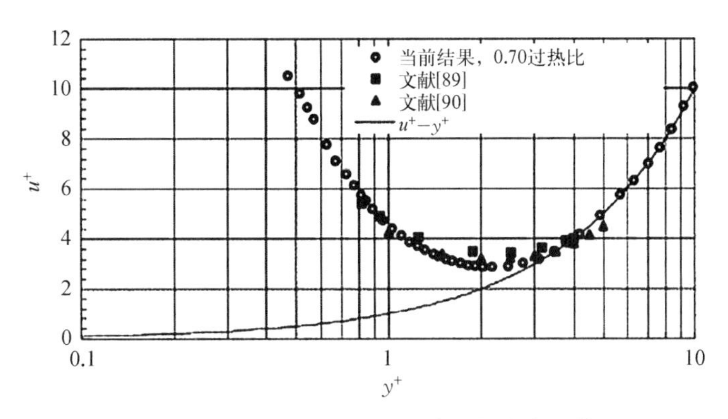

图 2－40　不同文献热线端壁测量速度比较

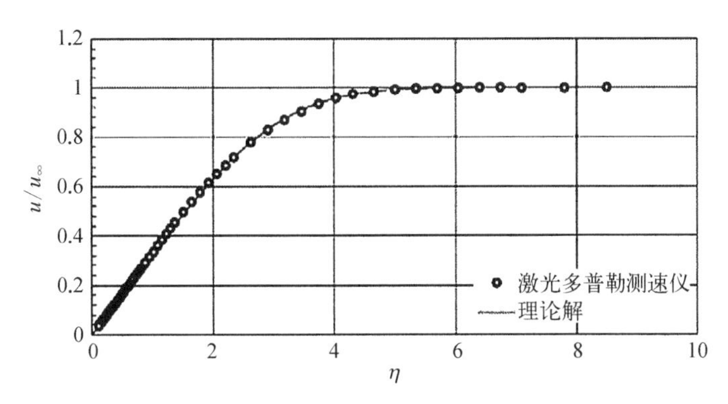

图 2－41　激光测速仪端壁速度测量结果与层流附面层分析结果对比

图 2－42 给出了激光测速仪端壁速度测量结果与线性速度比较，两者吻合良好。以激光多普勒测速仪的结果及层流边界层理论解为基础，建立热线测量结果的修正方法，如式(2－84)所示，修正后的结果如图 2－43 所示，与线性速度分布吻合良好。

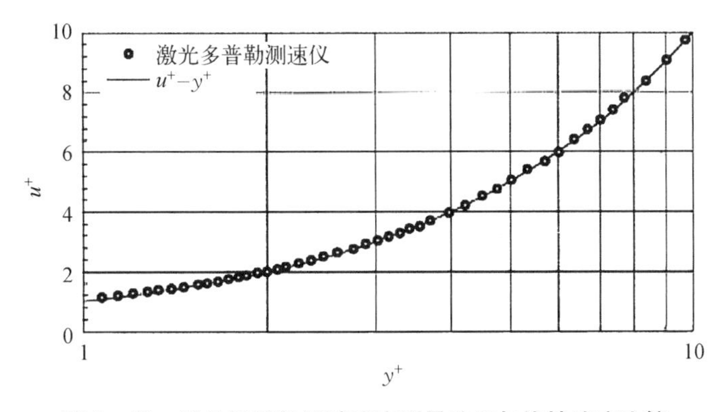

图 2－42　激光测速仪端壁速度测量结果与线性速度比较

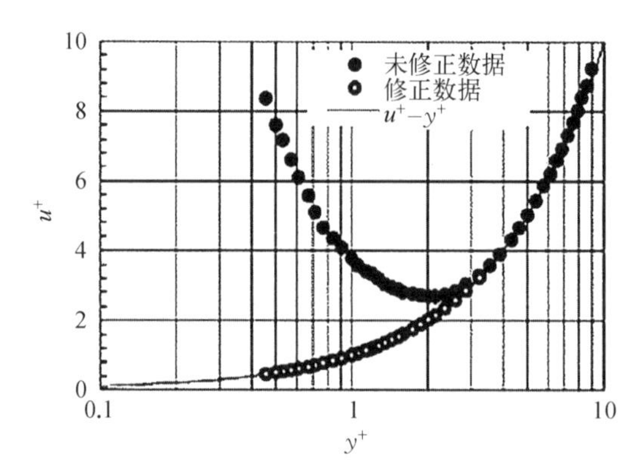

图 2-43 热线修正前后测量结果比较

2.10.3 流体温度变化的影响及修正

从热线输出电压的表达式(2-87)可以看出,其输出电压与气流温度 T_f 有关,如果气流的温度不同,那么输出结果会有所差异,需要对气流温度的影响进行修正:

$$e^2 = (a + b\sqrt{v})(T_w - T_f) \tag{2-87}$$

因此如果测量时的气流温度与校准时不一致,就需要对测量结果进行修正。

Bruun[11] 提出了一种环境温度修正方法:

$$U_{wc} = U_w \left(\frac{T_w - T_r}{T_w - T_a}\right)^{0.5} \tag{2-88}$$

式中,U_{wc}、U_w 分别为修正后的测量结果及原始测量结果;T_w、T_r、T_a 分别为热线温度、测量时的环境温度及校准时的环境温度,该修正方法适合环境温度变化在±5℃范围。

在温度变化范围较大时,中国空气动力研究与发展中心张军等[91] 提出了一种很有效的温度修正方法,并进行了验证。该修正方法中,不仅考虑环境温度变化对热线输出电压的直接影响,而且考虑了温度变化对物性的影响。具体修正公式如式(2-89),物性参数如式(2-90)。

$$\left(\frac{E^2}{k\Delta T}\right) = a + b\left[\left(\frac{\rho u_\infty}{\mu}\right)\sqrt{\cos^2\theta + k\sin^2\theta}\right]^m \tag{2-89}$$

$$\rho(T) = \frac{p}{287.058T},\ k(T) = \frac{2.334 \times 10^{-3} T^{\frac{3}{2}}}{164.54 + T},\ \mu(T) = \frac{1.458 \times 10^{-6} T^{\frac{3}{2}}}{110.4 + T} \tag{2-90}$$

式中,p 为大气压力;T 为热线周围气体的温度。当环境温度变化小于 4℃时,所提出的方法与 Bruun[11] 的方法均满足精度要求,如图 2-44 所示,图上的温度表示校准时的温度分别为 21℃和 25℃,可见两种修正方法均有较高的精度。

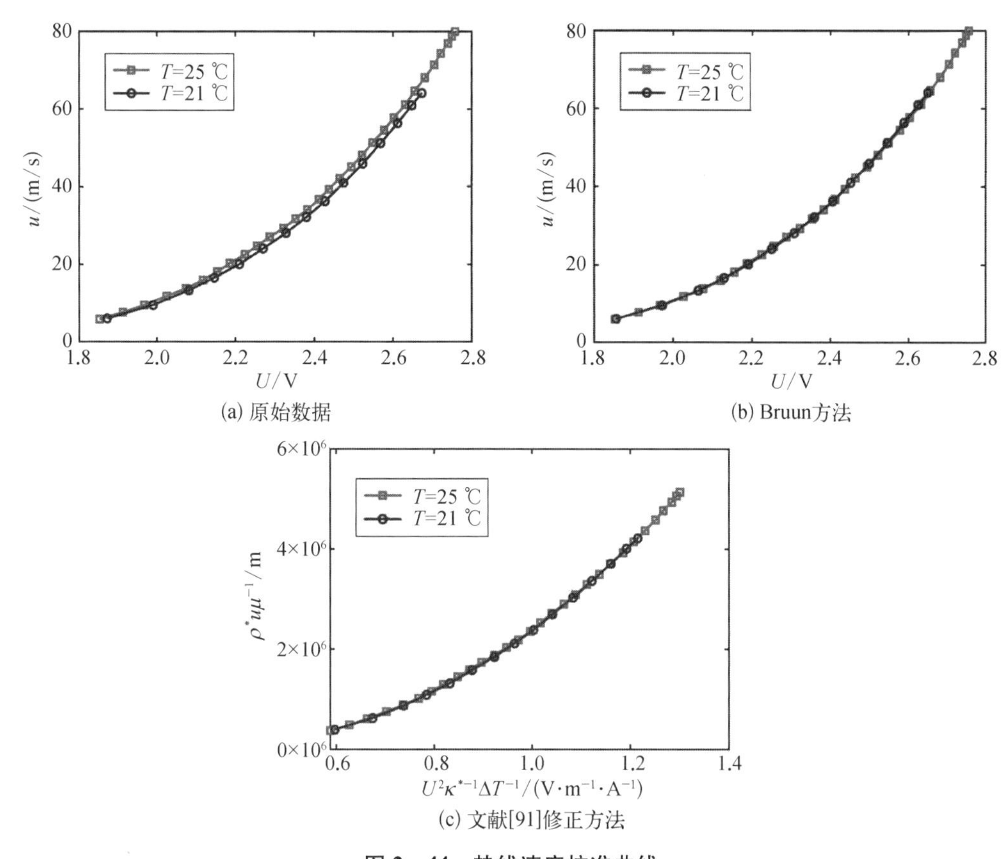

图 2-44　热线速度校准曲线

当环境温度变化大于 4℃时，文献[91]方法的修正精度明显高于 Bruun 方法，结果见图 2-45，图中的温度表示校准温度。精度提高的原因主要是考虑了温度变化对物性参数的影响，采用这种修正方法可以减少热线测量过程中的校准次数，提高实验效率。

文献[92]在 2021 年提出了一种温度修正方法，见式(2-91)：

$$\frac{u}{(T_S + T_A)^{1.78}} = f\left[\frac{U_2}{(T_S + T_A)^{0.84}(T_S - T_A)}\right] \tag{2-91}$$

式中，T_S、T_A分别为热线温度及环境温度，数据整理结果见图 2-46。

该校准方法证实了在空气温度和传感器温度之间的平均温度下，流体性能的评估是一致的。这种新的用于实际风速测量的标定函数中仅包含空气和传感器温度，速度校准只需要在一个空气温度下，因为温度对电导率和黏度的依赖被纳入校准函数。

2.10.4　污染对热线测量结果的影响

热线在实际环境下使用会受到污染，例如：对于高速旋转的叶轮机械，需要润滑轴承，润滑油会在较高温度下雾化，产生油雾，油雾在热线表面会对热线测量结果产生影响。

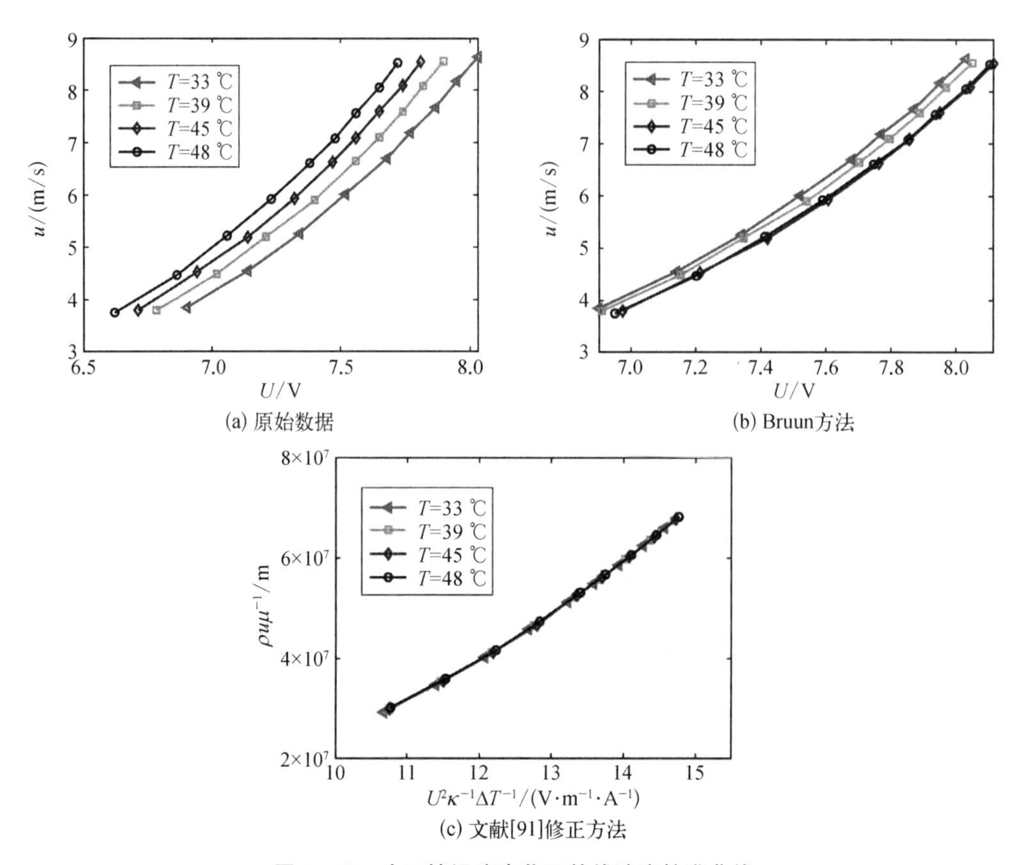

图 2-45 大环境温度变化下热线速度校准曲线

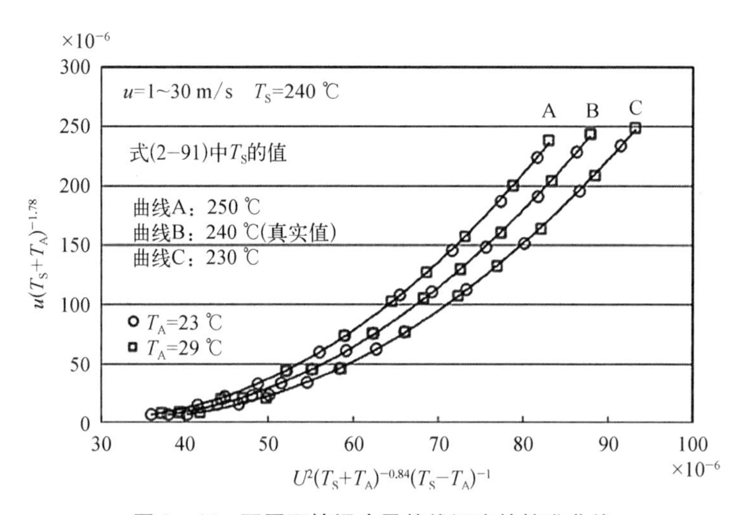

图 2-46 不同环境温度及热线温度的校准曲线

另外空气中有悬浮灰尘,堆积到热线上会影响热线的换热。对叶轮机械实际流场测量的热线探针,通常会遇到滑油油雾和灰尘混合污染。对于热线探针,其冷电阻没有明显变化,校准曲线发生变化很可能由污染引起。

污染会改变热线的几何形状、热传导率、热线的频率响应,热线指数随污染发展而下降。污染的影响和污染物的堆积状态紧密相关,目前这方面的研究较少,没有可靠的修正公式,另外污染本身是一个渐变的工程,这给修正带来困难。目前只有根据热线工作条件作相应的定期清洁。

Kawashima 和 Nakanishi[93]对污染影响做了实验,使用的是 5 μm 钨丝热线探针。测量的空气速度为 20 m/s,空气温度为 22℃。实验分别在空气中含灰尘、灰尘和淡烟以及灰尘和浓烟的三种情况下进行。而热线的温度分别为 150℃、100℃及 50℃,研究给出了不同污染物情况下热线输出电压随热线直径比的变化,可以明显看出污染对热线性能的影响。

西北工业大学林其勋等[94]在涡喷部件非定常流动测量中,也分析了灰尘的影响,实验条件下有灰尘和油雾,图 2-47 给出了具体的结果。李亚平等[95]针对叶轮机械中常见的滑油油雾及尘埃混合污染开发了一种热线流场实测标定法,借此方法可将测量结果的污染误差减小到可用程度。

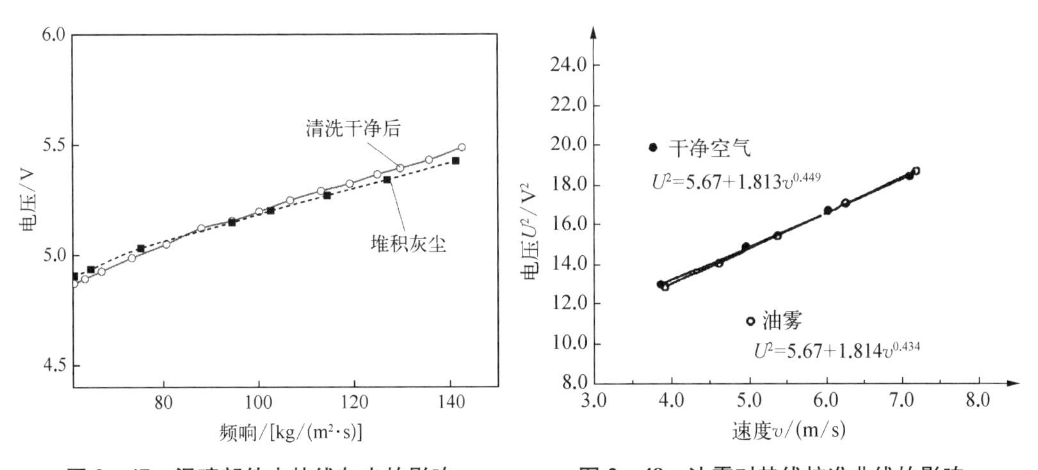

图 2-47 涡喷部件中热线灰尘的影响　　**图 2-48 油雾对热线校准曲线的影响**

文献[96]分析了油雾对热线校准曲线的影响,结果如图 2-48 所示,图上显示了热线过热比为 1.8 时的结果,该研究指出油雾对输出结果的影响与过热比有很大关系

2.10.5 污染热线的清洗

对叶轮机械中的油雾污染,主要采用丙酮溶液清洗,将热线放在丙酮溶液中,会溶解热线上的油雾;对灰尘和烟雾产生的污染,可以采用超声波清洗,把热线放入酒精溶液中,因为高频振动污染物被清除;灰尘、烟雾的堆积随流体速度的增加而增加,因此清洗时间根据测速范围而定。

污染是一个渐进的过程,虽然可以在测试前后分别校准热线,采用平均方法近似处理,但准确的修正仍然缺乏。

2.11 三维热线测量的不确定度

2.11.1 不确定度评估的意义和定义

由于实验测量中具有误差,得到的测量值并不能够完全反映所测量的真值。表征测量值不可确定的分散性参数被称为测量的不确定度,测量不确定度是从概率意义上表示被测量的真值落在某个量值范围内的一个客观表述,可以用来评价测量结果符合真值的程度。不确定度越小,测量结果越可靠[8]。

根据误差类型可将不确定度分为两类[97],即系统误差和随机误差。

(1) 系统误差 Δx_{sys}: 系统误差传播是基于以前的测量数据、相关仪器特性的经验资料、制造厂的技术说明书以及校准或技术文件提供的数据等。因此,根据相关经验资料等可事先给出某些直接测量值的不确定度,例如电压和压力。当 x 是 y_i 的函数时, x 的系统误差可由式(2-92)表示:

$$\Delta x_{sys} = \sum_{i=1}^{N} \left| \frac{\partial x}{\partial y_i} \right| \Delta y_{i,\ sys} \tag{2-92}$$

式中, N 为 x 所依赖的变量的个数。

(2) 随机误差 Δx_{rand}: 随机误差传播的概率分布是从实验数据的统计分析中获得的,并且假设随机部分是正态分布的。对于随机误差 Δx_{rand},还必须考虑变量之间相关性的协方差 $cov(y_i,\ y_j)$,从而 x 的随机误差可由式(2-93)表示:

$$\begin{aligned} \Delta x_{rand}^2 &= \sum_{i=1}^{N} \left(\frac{\partial x}{\partial y_i} \Delta y_{i,\ rand} \right)^2 + 2\sum_{i=1}^{N} \sum_{j=i+1}^{N} \frac{\partial x}{\partial y_i} \frac{\partial x}{\partial y_j} cov(y_i,\ y_j) \\ cov(y_i,\ y_j) &= \sum_{k=1}^{M} \frac{\partial y_i}{\partial z_k} \frac{\partial y_j}{\partial z_k} \Delta z_k^2 \end{aligned} \tag{2-93}$$

式中, y_i、y_j 是 z_i 的函数; M 为 y_i、y_j 所依赖的变量的个数。

分别得到系统误差 Δx_{sys} 和随机误差 Δx_{rand} 之后,可通过式(2-94)得到变量 x 的总不确定度:

$$\Delta x = \Delta x_{sys} + \frac{t_p(N-1)}{N} \Delta x_{rand} \tag{2-94}$$

式中, t_p 为霍特林密度系数。

2.11.2 三维热线测量的不确定度来源及其评估

本节将从测量设备、探针校准和试验台测量三个方面来讲述三维热线测量的不确定度来源[95]。

1. 测量设备中的不确定度来源

对于测量设备来说,其不确定度主要来源于热线探针电压信号的误差。由于三个热线探针的三个电压信号分别由不同的定温测速电桥驱动,因此三个电压信号之间是不相关的。同时,校准和测量过程中使用相同的测量设备和配置,所以认为三个热线探针电压信号的不确定度是相同的。

图 2－49 给出了测量设备中不确定度的来源,主要表现为热线探针电压信号的误差。测量设备中引起热线探针电压信号误差的主要位置在定温测速电桥和模拟数字转换器。通过定温测速电桥可得到最原始的热线电压信号数据,其中,电压的误差主要是由噪声干扰和测量过程中的温度偏移导致的。随后,定温测速电桥产生的电压信号将通过集成在测量计算机中的模拟数字转换器从模拟信号转换为数字信号,在转换过程中将引入量化误差、增益误差、偏置误差、微分非线性误差和积分非线性误差,这些误差很大程度上都取决于模拟数字转换器的特性。其中,增益误差和偏置误差可通过模拟数字转换器的校准来校正。通过式(2－95)可评估校准和测量过程中电压读数的不确定度。

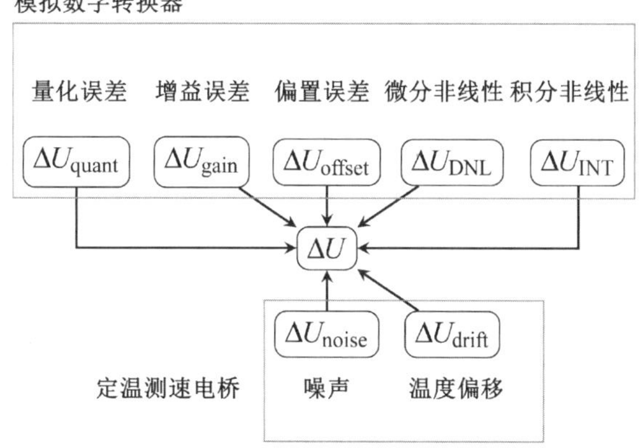

图 2－49　测量设备中不确定度的来源

$$
\begin{aligned}
\Delta U_{\text{sys}} &= \Delta U_{\text{quant}} + \Delta U_{\text{DNL}} + \Delta U_{\text{INT}} + \Delta U_{\text{offset}} + \Delta U_{\text{gain}} + \Delta U_{\text{drift}} \\
\Delta U_{\text{rand}}^2 &= \Delta U_{\text{noise}}^2 \\
\Delta U &= \Delta U_{\text{sys}} + \frac{t_{\text{p}}(N-1)}{N}\Delta U_{\text{rand}}
\end{aligned}
\tag{2-95}
$$

式中, t_{p} 为霍特林密度系数; ΔU_{quant} 为电压的量化误差; ΔU_{gain} 为电压的增益误差; ΔU_{offset} 为电压的偏置误差; ΔU_{DNL} 为电压的微分非线性误差; ΔU_{INT} 为电压的积分非线性误差; ΔU_{noise} 为电压的噪声干扰误差; ΔU_{drift} 为电压的温度偏移误差。

2. 探针校准过程中的不确定度来源

三维热线探针的校准过程主要是针对偏航角 α 、俯仰角 γ 和密流 mfd (mass flow density, 是气流速度和密度的乘积,表示通过单位面积上的质量流量)这三个参数进行的,在校准过程中规定以上三个参数的准确性是至关重要的。图 2－50 给出了校准过程中上述三个参数的不确定度来源及其传播过程。从图中可以看到,校准过程中的误差来源主要分为四个部分: ① 多项式评估不确定性;② 运行工况点不确定性;③ 探针安装/对准和位移系统误差;④ 多项式拟合误差。

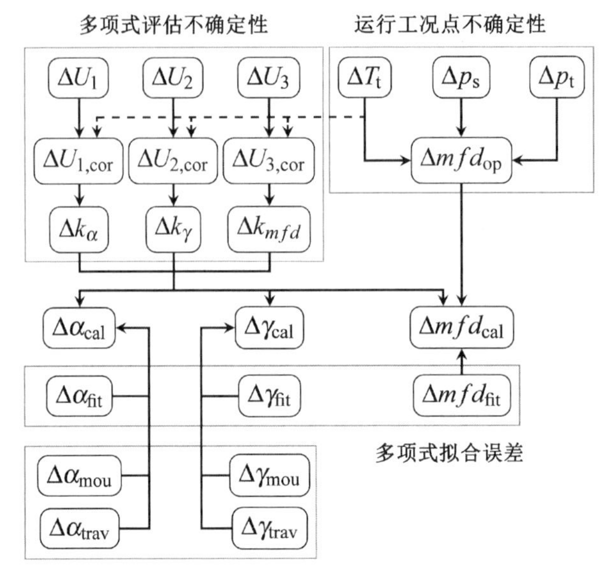

图 2-50 探针校准过程中的不确定度来源

对于密流 mfd，其不确定度 Δmfd_{cal} 主要来源于以下三个方面。

一是由不确定的压力和温度读数导致的运行工况点的不确定度 Δmfd_{op}，可通过式(2-96)进行计算:

$$
\begin{aligned}
\Delta mfd_{\text{op, sys}} &= \sum_{i=1}^{3}\left|\frac{\partial mfd}{\partial x_i}\right|\Delta x_{i.\text{sys}} \\
\Delta mfd_{\text{op, rand}}^{2} &= \sum_{i=1}^{3}\left(\frac{\partial mfd}{\partial x_i}\Delta x_{i,\text{ rand}}\right)^2 \\
\Delta mfd &= \Delta mfd_{\text{sys}} + \frac{t_{\text{p}}(N-1)}{N}\Delta mfd_{\text{rand}}
\end{aligned}
\tag{2-96}
$$

式中，$x = T_{\text{t}}, p_{\text{s}}, p_{\text{t}}$；$T_{\text{t}}$ 为总温；p_{s} 为静压；p_{t} 为总压。

二是由校准图导致的多项式评估不确定性 Δx_{eval}，可由式(2-97)计算，同时由于电压读数经过温度修正，所以必须考虑温度误差的传播:

$$
\begin{aligned}
\Delta x_{\text{eval, sys}} &= \sum_{i=1}^{n}\left|\frac{\partial x}{\partial U_i}\right|\Delta U_{i,\text{ sys}} + \left|\frac{\partial x}{\partial T_t}\right|\Delta T_{\text{t, sys}} \\
\Delta x_{\text{eval, rand}}^{2} &= \sum_{i=1}^{n}\left(\frac{\partial x}{\partial U_i}\Delta U_{i,\text{ rand}}\right)^2 + \left(\frac{\partial x}{\partial T_{\text{t}}}\Delta T_{\text{t, rand}}\right)^2
\end{aligned}
\tag{2-97}
$$

式中，$x = \alpha, \gamma, mfd$。

三是由多项式拟合误差引起的不确定度 Δx_{fit}，如式(2-98):

$$\Delta x_{\mathrm{fit}} = x_{\mathrm{calibration}} - x_{\mathrm{approx}} \tag{2-98}$$

式中，$x = \alpha, \gamma, mfd$。

对于偏航角 α 和俯仰角 γ，其不确定度来源不包括上述三种中的运行工况点的不确定度，另外还需考虑热线探针的安装/对准和位移系统误差带来的不确定度。

通过分析校准过程中的各类不确定度的来源，偏航角 α、俯仰角 γ 和质量流密度 mfd 在校准过程中的总不确定度 Δx_{cal} 可进一步通过式(2-99)和式(2-100)计算得到。

$$\begin{aligned} &\Delta x_{\mathrm{cal,\,sys}} = |\Delta x_{\mathrm{eval,\,sys}}| + |\Delta x_{\mathrm{fit}}| + |\Delta x_{\mathrm{res,\,sys}}| \\ &\Delta x^2_{\mathrm{cal,\,rand}} = \Delta x^2_{\mathrm{eval,\,rand}} + \Delta x^2_{\mathrm{res,\,rand}} \\ &\Delta x_{\mathrm{cal}} = \Delta x_{\mathrm{cal,\,sys}} + \frac{t_{\mathrm{p}}(N-1)}{N}\Delta x_{\mathrm{cal,\,rand}} \end{aligned} \tag{2-99}$$

$$\begin{aligned} &\Delta x_{\mathrm{res,\,sys}} = \begin{cases} |\Delta mfd_{\mathrm{op,\,sys}}|, & x = mfd \\ |\Delta x_{\mathrm{trav}}| + |\Delta x_{\mathrm{mou}}|, & x = \alpha \text{ 或 } \gamma \end{cases} \\ &\Delta x_{\mathrm{res,\,rand}} = \begin{cases} |\Delta mfd_{\mathrm{op,\,rand}}|, & x = mfd \\ 0, & x = \alpha \text{ 或 } \gamma \end{cases} \end{aligned} \tag{2-100}$$

式中，Δx_{res} 为剩余的不确定性；Δx_{trav} 为位移系统误差；Δx_{mou} 为热线探针安装/对准误差。

3. 试验台测量过程中的不确定度来源

通过三维热线探针进行实验测量，可得到俯仰角、偏航角，速度和湍流强度等参数信息，因此，测量过程中主要涉及以上参数的不确定度。具体测量过程中的不确定度传播过程见图 2-51。

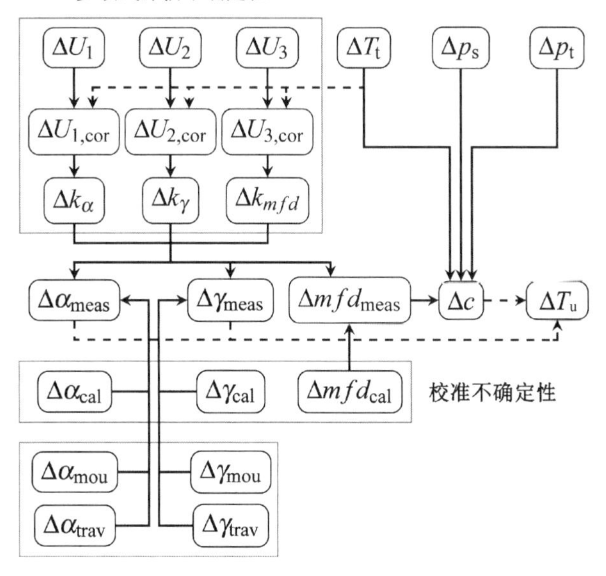

图 2-51　测量过程中不确定度的来源

一方面,通过测量数据来评估校准多项式同样会产生评估不确定性;另一方面,在校准过程中产生的不确定度 Δx_{cal} 会进一步影响到测量结果的不确定度,因此必须加入整体的不确定性中。另外,由于热线探针的位移系统安装在试验台上,所以还需继续考虑热线探针的安装/对准误差和位移系统引起的误差。最终,偏航角 α 、俯仰角 γ 和质量流密度 mfd 的测量不确定度 Δx_{meas} 可由式(2-101)和式(2-102)得到。

$$\begin{aligned}
&\Delta x_{meas,\ sys} = |\Delta x_{eval,\ sys}| + |\Delta x_{res,\ sys}| + |\Delta x_{cal}| \\
&\Delta x^2_{meas,\ rand} = \Delta x^2_{eval,\ rand} \\
&\Delta x_{meas} = \Delta x_{meas,\ sys} + \frac{t_p(N-1)}{N}\Delta x_{meas,\ rand}
\end{aligned} \tag{2-101}$$

$$\Delta x_{res,\ sys} = \begin{cases} 0, & x = mfd \\ |\Delta x_{trav}| + |\Delta x_{mou}|, & x = \alpha \text{ 或 } \gamma \end{cases} \tag{2-102}$$

式中, Δx_{eval} 为多项式评估不确定性; Δx_{cal} 为校准误差; Δx_{res} 为剩余的不确定性; Δx_{trav} 为位移系统误差; Δx_{mou} 为热线探针安装/对准误差。

通过热线测量可得到速度 c, 见式(2-103):

$$c = \frac{mfd}{\rho} = mfd \cdot R\frac{T_t}{p_s}\left(\frac{p_s}{p_t}\right)^{\frac{k-1}{k}} \tag{2-103}$$

式中, mfd 为质量流密度; ρ 为密度; T_t 为总温; p_s 为静压; p_t 为总压; R 为气体常数。

同时,速度的不确定度取决于压力、温度的测量误差和质量流密度的不确定度。因此速度的不确定度 Δc 可由式(2-104)计算得到:

$$\begin{aligned}
&\Delta c_{sys} = \sum_{i=1}^{4}\left|\frac{\partial c}{\partial x_i}\right|\Delta x_{i,\ sys} \\
&\Delta c^2_{rand} = \sum_{i=1}^{4}\left(\frac{\partial c}{\partial x_i}\Delta x_{i,\ rand}\right)^2 \\
&\Delta c = \Delta c_{sys} + \frac{t_p(N-1)}{N}\Delta c_{rand}
\end{aligned} \tag{2-104}$$

式中, $x = T_t$, p_s, p_t, mfd。

根据式(2-105)可进一步计算得到湍流强度 T_u:

$$\begin{aligned}
&T_u = \frac{1}{\bar{c}}\sqrt{\frac{1}{3}(\overline{u'^2} + \overline{v'^2} + \overline{w'^2})} \times 100\% \\
&u = c\cos\gamma\cos\alpha \\
&v = c\cos\gamma\sin\alpha \\
&w = c\sin\gamma \\
&x' = x - \bar{x}
\end{aligned} \tag{2-105}$$

式中，u、v、w 为三维速度分量；x' 为脉动分量；$\bar{x}$ 为平均值。

结合图 2－51 可知，湍流强度的不确定度由俯仰角、偏航角和速度的不确定度传播而来。因此，湍流强度的不确定度 ΔT_{u} 可由式（2－106）计算得到：

$$\Delta T_{\mathrm{u,\ sys}} = \sum_{i=1}^{4} \left| \frac{\partial T_{\mathrm{u}}}{\partial x} \right| \Delta x_{\mathrm{sys}}$$

$$\Delta T_{\mathrm{u,\ rand}}^{2} = \sum_{i=1}^{4} \left(\frac{\partial T_{\mathrm{u}}}{\partial x} \Delta x_{\mathrm{rand}} \right)^{2} + 2 \sum_{i=1}^{3} \sum_{j=i+1}^{4} \frac{\partial T_{\mathrm{u}}}{\partial x_i} \frac{\partial T_{\mathrm{u}}}{\partial x_j} \mathrm{cov}(x_i,\ x_j) \tag{2-106}$$

$$\Delta T_{\mathrm{u}} = \Delta T_{\mathrm{u,\ sys}} + \frac{t_{\mathrm{p}}(N-1)}{N} \Delta T_{\mathrm{u,\ rand}}$$

式中，$x = \bar{c},\ \overline{u'^2},\ \overline{v'^2},\ \overline{w'^2}$。

思考题

1. 热线风速仪的工作原理是什么？
2. 热线风速仪恒温、恒流及恒压的目的是什么？
3. 对恒温型热线风速仪而言，测量过程中是如何保证恒温的？
4. 热线风速仪为何要进行校准？如何进行校准？
5. 热线风速仪动态方程与稳态方程的差异是什么？
6. 热线风速仪的频响主要与哪些因素有关？
7. 处理热线风速仪测量结果时，如何对流体温度变化进行修正？

第3章 热线风速仪的应用

热线风速仪主要用于动态测量,可以揭示更多的流场信息。不稳定流动通常按照脉动频率或尺度来划分,一般来讲,频率高,其尺度小,频率低,则尺度大。通常能遇到的脉动流动包括湍流脉动、尾迹涡脱落脉动、时序效应、旋转失速、喘振以及瞬态运行等,湍流脉动频率最高,喘振频率低。

下面对叶轮机械中的一些典型流动测量进行介绍。

3.1 轴流压气机动态参数测量

3.1.1 叶片尾迹的测量

在叶轮机械中叶片尾缘处由于吸力面和压力面附面层的汇合而形成速度亏损的尾迹区,并由此带来尾迹损失及掺混损失,且尾迹大小将对叶轮机械流动损失产生显著影响。在多级叶轮机械中后排叶片将受到前排叶片尾迹的影响而产生非定常效应,导致气动力及流动特性的变化,进而影响到整个叶轮机械的性能。

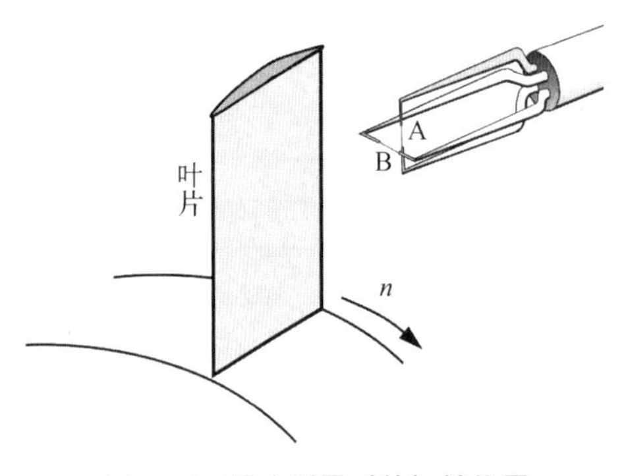

图 3-1 尾迹测量时的探针位置

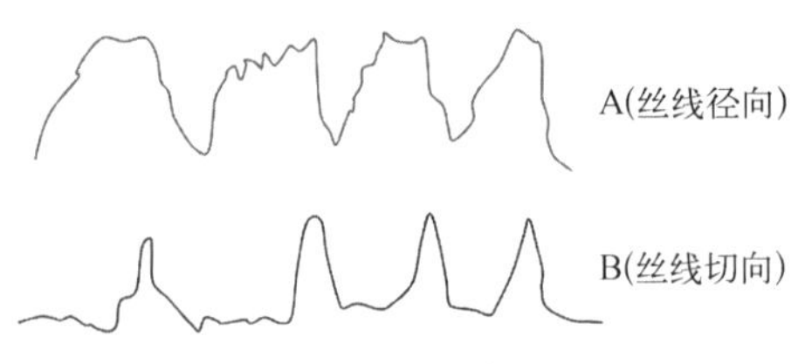

图 3-2 尾迹波形图

轴流压气机中叶片尾迹的大小本质上反映了叶片通道内部的流动情况,对叶片尾迹进行实验研究具有重要意义。图 3-1 是测量尾迹的热线探针布置示意图,用一支 X 形热线探针,其中热丝 A 沿叶轮径向,热丝 B 沿切向。对于二元气流,热丝 A 的输出在很大角度范围内只由速度矢量的模决定,也就是气流始终垂直于热丝 A,热丝 A 感受速度的大小。因此利用热丝 A 的校准特性,就可由热丝 A 的输出波形求出速度大小分布。热丝 B 的输出中既包含速度大小,也包含有方向的信息。因此在按热丝 A 的波形求出速度的大小之后,就可以进一步从热丝 B 的波形求出气流角度沿尾迹的分布。图 3-2 是叶片尾迹波形图。

通常为了消除尾迹信号中高频的随机脉动，往往采用锁相集平均技术，取几百个同一叶片的尾迹波形，在相同相位处进行平均，就可以得到相对稳定的尾迹波形。

文献[98]利用热线风速仪对轴流压气机在不同工况下静叶出口尾迹的特性及尾迹区参数变化规律开展了实验研究，总结了轴流压气机工况变化对静叶排出口的尾迹大小、尾迹中心位置的影响。实验中所用的热线风速仪为丹麦丹迪公司产品，选用二维热线探针 55P54，该热线探针速度校准及方向校准曲线分别如图 3－3 和图 3－4 所示。

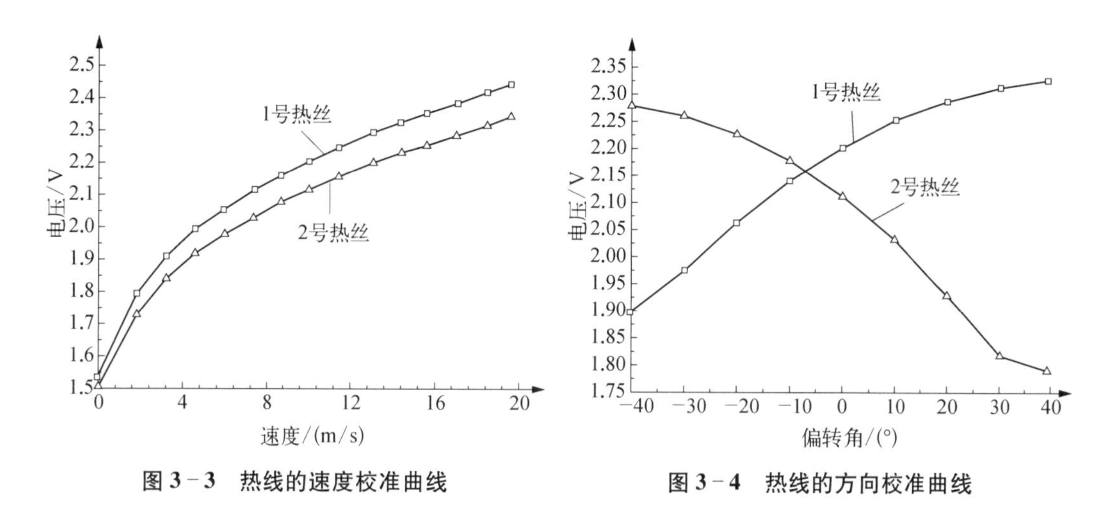

图 3－3　热线的速度校准曲线　　**图 3－4　热线的方向校准曲线**

图 3－5 给出了用热线测量的 50%叶展处尾迹区时均速度分布在不同换算转速下的对比。从中可以看出随着换算转速的提高，静叶排出口时均速度整体上有所增加，而尾迹区轴向速度亏损变大。

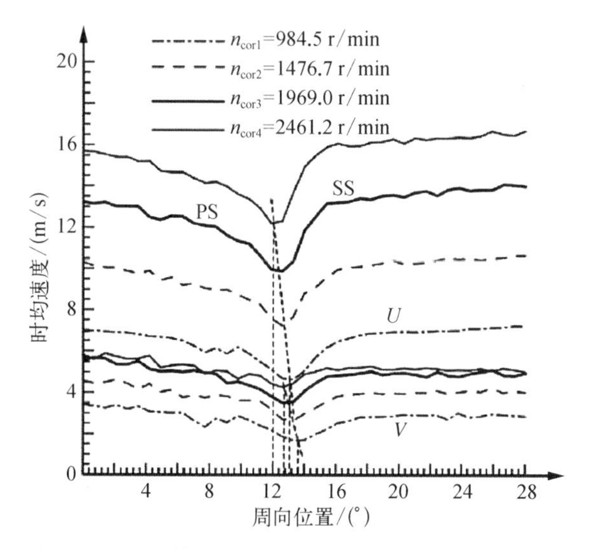

图 3－5　不同转速下 50%叶展处尾迹区时均速度对比

PS. 压力面；SS. 吸力面；*U*. 轴向速度；*V*. 切向速度

3.1.2 失速团参数测量

用三支同型号的热线探针沿周向不等间隔分布，如图 3-6 所示。失速时，记录三支探针的信号波形，从波形的相位差就可以算出压气机失速团的团数和失速团的转动速度。

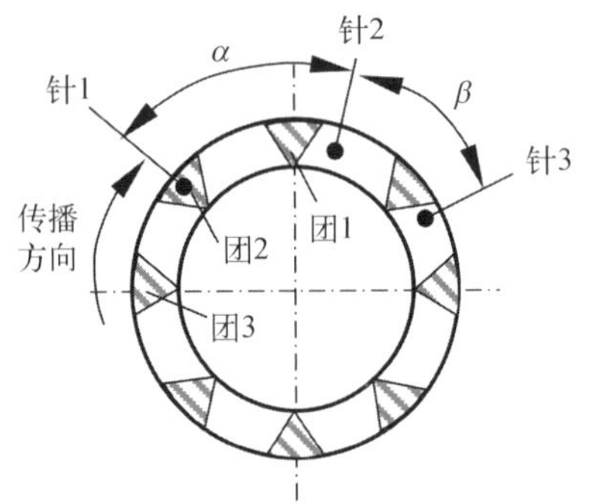

图 3-6 热线探针的周向布置

在图 3-6 中，α 为热线探针 1 与热线探针 2 的夹角；β 为热线探针 2 与热线探针 3 的夹角；f 为各热线探针的信号频率，单位为 1/s；T 为各热线探针的信号周期，单位为 s；x 为热线探针 1 与热线探针 2 信号的相位差，单位为 s；y 为热线探针 2 与热线探针 3 信号的相位差，单位为 s；t 为时间横坐标。

显然：

$$f = h\lambda \tag{3-1}$$

式中，h 为失速团的转速，单位为 1/s；λ 为失速团团数。

若热线探针 1 与热线探针 2 之间没夹失速团，则

$$x = \frac{\alpha}{360h} \tag{3-2}$$

若如图 3-6 所示，热线探针 1 与热线探针 2 之间夹有一个失速团，则

$$x = \frac{\alpha}{360h} - T \tag{3-3}$$

依此类推，若热线探针 1 与热线探针 2 之间夹有 n 个失速团，则

$$x = \frac{\alpha}{360h} - nT \tag{3-4}$$

把式(3-1)代入，即得

$$\frac{x}{T} = \lambda \cdot \frac{\alpha}{360} - n \tag{3-5}$$

故

$$\lambda = \frac{360}{\alpha}\left(\frac{x}{T} + n\right) \tag{3-6}$$

从热线探针 1 与热线探针 2 之间的波形图可以测出 (x/T)，但因不能判断所夹的失速团数 n，所以还不能确定 λ。

例如，$\alpha = 60°$，实际只有 1 个失速团，$\lambda = 1$，则必然 $\frac{x}{T} = \frac{1}{6}$。但按照 $\frac{x}{T} = \frac{1}{6}$ 代入式(3-6)算的团数 λ 却是 1, 7, 13, 19, 25, 31, 37…这些都是可能的解。

因此要用第 3 只热线探针,若热线探针 2 与热线探针 3 之间的夹角为 β(例如 45°)则对于一个失速团的情况, $y/T = 1/8$。代入式(3-6)得 $\lambda = 1, 9, 17, 25\cdots$

把两个系列的失速团数 λ 对照,只有 $\lambda = 1, 49, 97\cdots$ 是共同的,这因为 $\dfrac{360}{\alpha}$ 与 $\dfrac{360}{\beta}$ 的公倍数是 48,混淆的情况显然大大减少了。再考虑实际的物理条件,如该转子一共只有 30 个叶片,那么失速团总数不可能大于叶片数,这样就可以确定失速团数 $\lambda = 1$。

根据失速团数 λ 及频率 f 就可以按式(3-1)确定失速团旋转速度 h。

图 3-7 是为了便于理解和分析而给出的失速团扰动波形,实际测量的失速团扰动往往叠加有其他高频信号,具体如图 3-8[99] 所示。

实际进行计算分析时,一般采用互相关分析方法,得出两个信号之间的相位差,如图 3-9 所示,热线探针 1 和热线探针 2 信号的互相关分析结果,3.173 8 ms 就是两个信号之间的相位差。

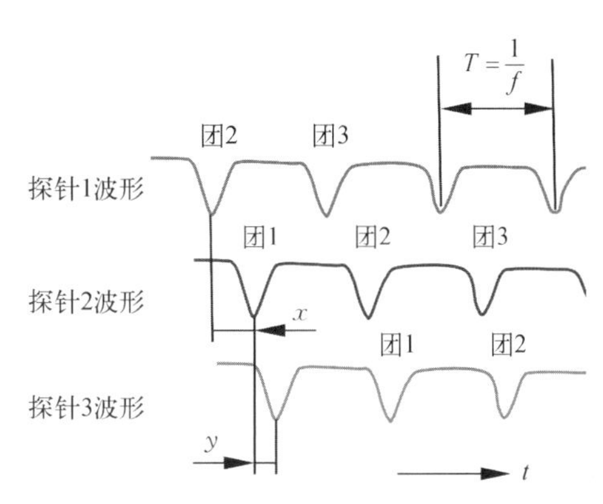

图 3-7　失速团扰动的输出波形

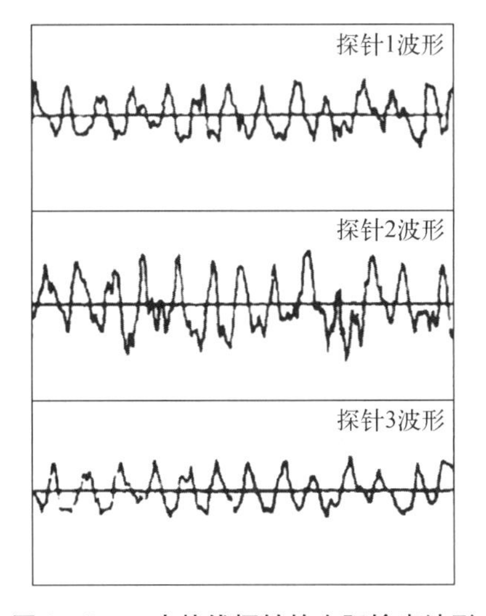

图 3-8　三支热线探针的实际输出波形

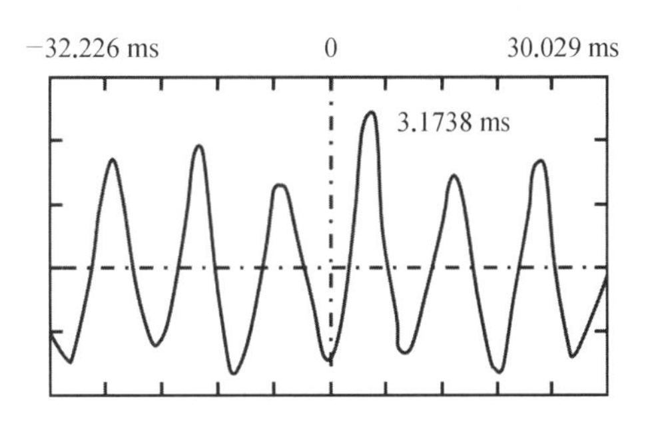

图 3-9　热线探针 1 和热线探针 2 信号的互相关分析

3.1.3　轴流压气机旋转失速流场结构的测量

美国 NASA 的 Lepicovsky 和 Braunscheidel[100] 采用改进后的热线风速仪对某低速压气机失速过程中的流动进行了详细测量,获得了转子出口的速度场分布,研究结果显示失速团的旋转速度为转子旋转速度的 50.6%。图 3-10 给出了实验台结构以及测量探针的布置。图 3-11 显示出了实验台第一级转静子之间的探针。

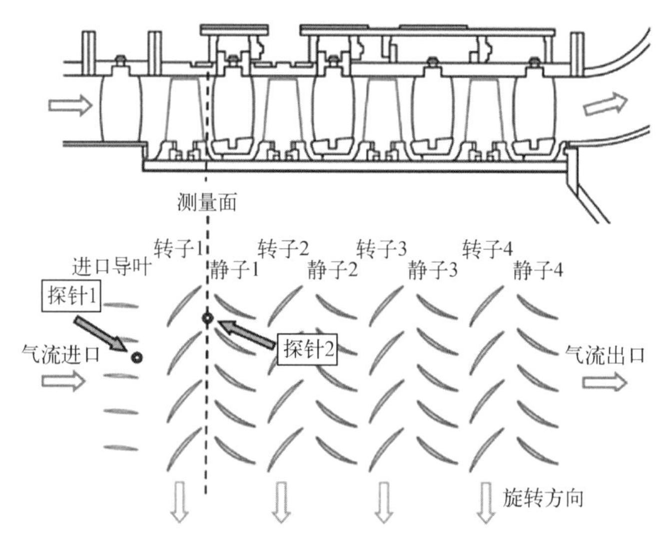

图 3-10　实验台结构以及测量探针的布置

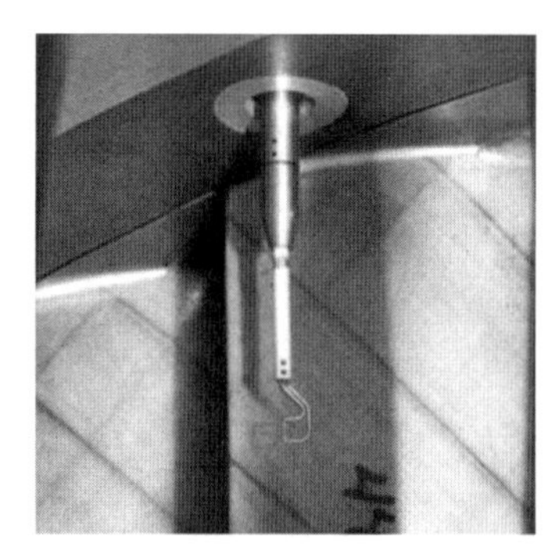

图 3-11　实验台第一级转静子之间的探针

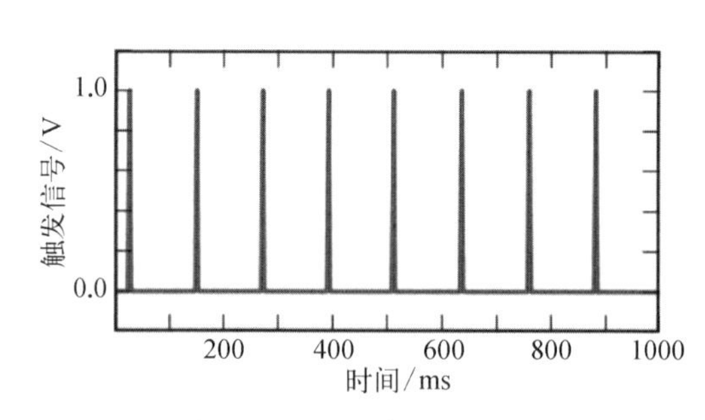

图 3-12　集平均技术构造的失速测量触发信号

失速平均流场测量的主要困难在于触发信号的构造，因为失速团本身是旋转的，要保证每次测量相同的失速团位置，然后进行平均才有意义，所以依靠失速信号来构造触发信号，具体触发信号如图 3-12 所示，该图为通过集平均技术得到的。图 3-13 给出了锁相

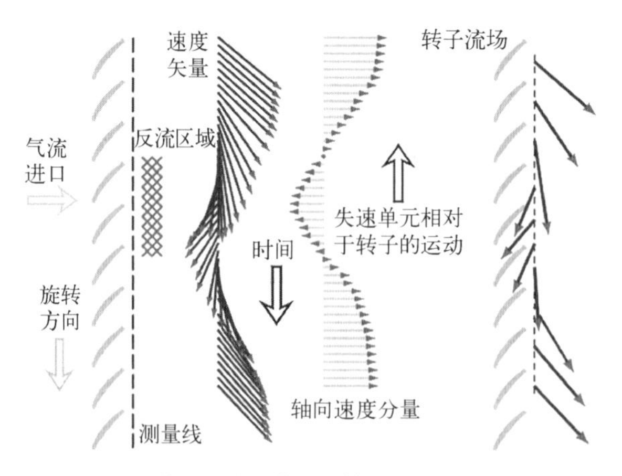

图 3-13　利用热线风速仪获取的转子出口失速时速度场分布

集平均技术得到的失速流场结构，从中可以明显看出，失速团的流场结构，存在明显的倒流区域，流动方向变化很大，旋转失速影响了至少 6 个动叶通道的流动，对研究的压气机来说，这大约是转子周长的 15%，失速团相对转子反向旋转。

利用热线测量可以对旋转失速过程进行研究和描述[5]。图 3－14 中展示了一个带有进口导叶的转子级，将热线风速仪探针放置在入口处（进口导叶之前），对旋转失速过程中气流的非定常轴向分速度进行测量，热线风速仪的测量结果记录如图 3－15 所示。

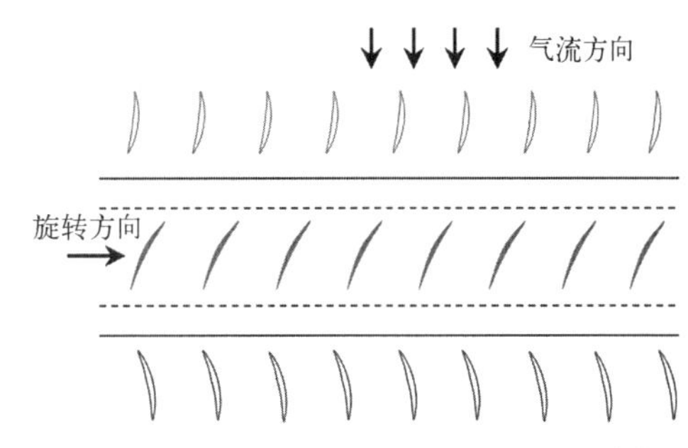

图 3－14　带进口导叶的转子级示意图[5]

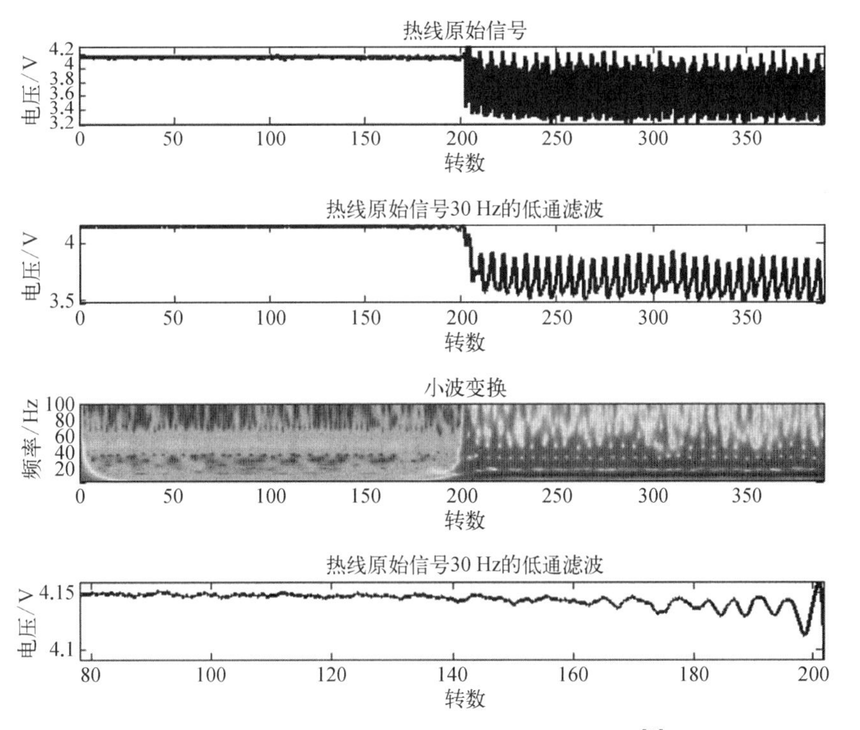

图 3－15　级入口的热线测量结果及小波变换[5]

3.1.4　对转风扇转子之间流动的热线测量

对转风扇如图 3－16 所示[101]，风扇试验装置两个风扇在不同的速度和速度比下工作。热线探针 1 放置在对转的风扇上游的第一个转子前缘上游 67.9%，热线探针 2 及 3 位于两个转子之间，第一个转子尾缘下游 42.4%弦长，热线探针 4 位于第二转子的尾缘下游 76.1%弦长。热线探针 1 及 4 径向位置固定，热线探针 2 和 3 可以调整不同径向深度。

图 3－17 给出了具体热线探针及其放大图，从中看出使用了 X 型双丝热线探针。图

3－18 给出了转子 1 下游锁相平均轴向平均速度，显示的是在 54%的转子转速下，转子 1 下游热线探针 1 的轴向速度（用周向速度 u_{circ} 归一化）信号的示例；浅色曲线描述了一次旋转的瞬时速度，每个叶片的尾流都有明显的不同；深色曲线显示的是锁相后每个叶片平均速度的结果，大约 4 100 次旋转计算得出，平均值显示出非常均匀的行为，对于平均值，用周向叶尖速度 u_{circ} 归一化的各叶片尾迹最小速度约为 $\Delta u/u_{circ}=0.162$。

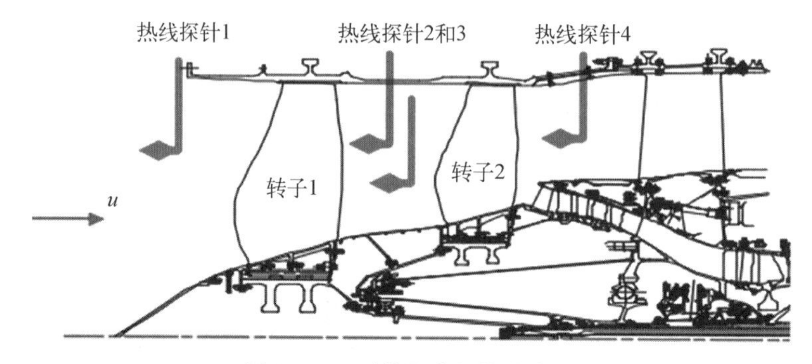

图 3－16　对转风扇及热线布置

图 3－17　热线探针及放大图

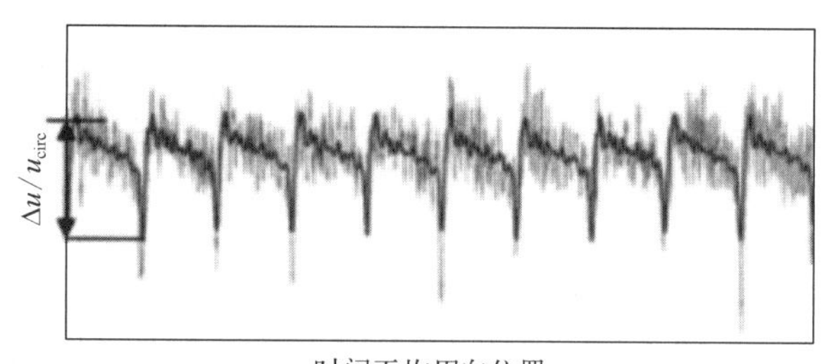

图 3－18　转子 1 下游锁相平均轴向平均速度

图 3－19 给出了 54%转子转速时的速度分布；径向位置：70%叶片高度，红色和蓝色表示转子 1 下游的轴向分量（u）；浅蓝色表示切向分量（w）；转子 1 下游绿色表示径向分量（v）；转子 1 的下游品红表示轴向分量（u）；转子 2 下游赭黄色表示切向分量（w）。

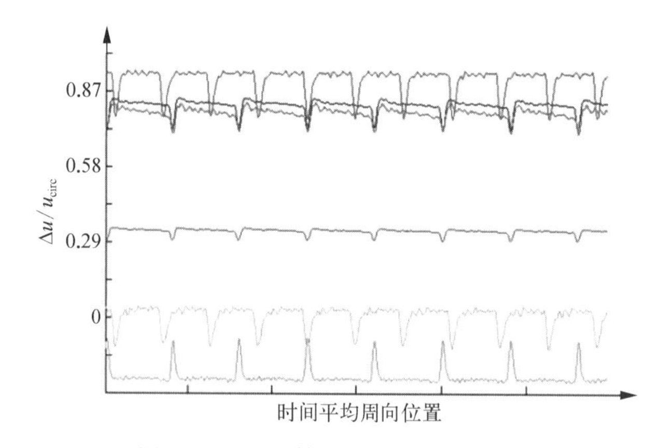

图 3－19　54%转子转速时的速度分布

锁相平均法适用于转子1和转子2,图3－20为转子1下游轴向平均流速 u。这里的平均是通过相对于转子1旋转计数器保持相锁来执行的。转子1叶片的下游,由于流动损失,可以观察到12%~17%的速度亏损。在中游,这些损失主要是叶片型线的损失。靠近外机匣处,可以看到叶尖间隙泄漏流动造成的额外损失。热线的最大浸入深度是有限的,因此轮毂处的流动没有被测量。

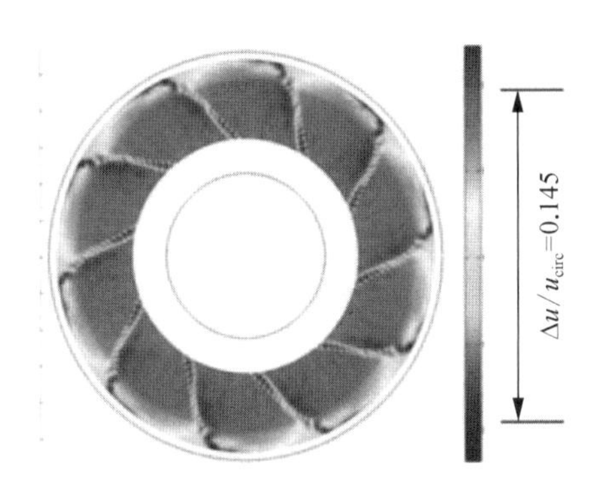

图3－20　转子1下游轴向平均流速 u

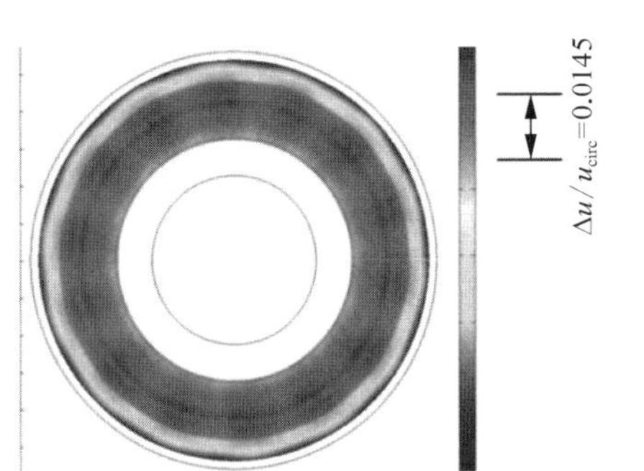
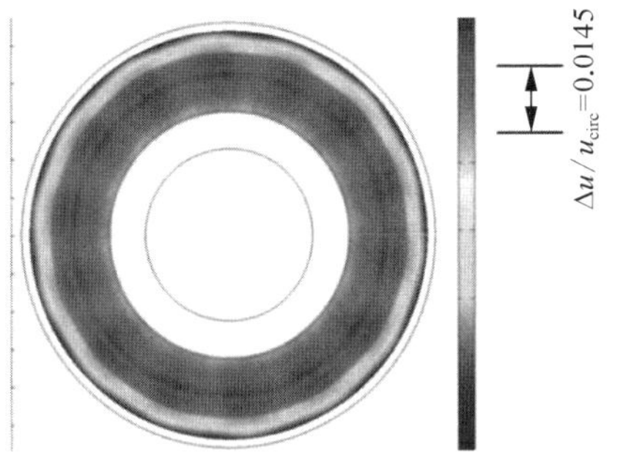

图3－21　转子1下游轴向平均流速分量

通过相对于转子2进行锁相平均,转子2的上游影响可以观察到,如图3－21所示,叶片通道之间的轴向速度比前缘上游高1.45%。

根据速度脉动计算出的湍流分布如图3－22所示。转子1上游的湍流强度相当低,因此没有显示出来。在转子1的下游,每个叶片尾流区域的湍流度水平提高约3%。然而,在第一个转子的两个叶片之间,湍流度仍然相对较低。第二个转子的下游,湍流度分布变化较大。整体湍流度高。这个结果对验证湍流模型非常重要。

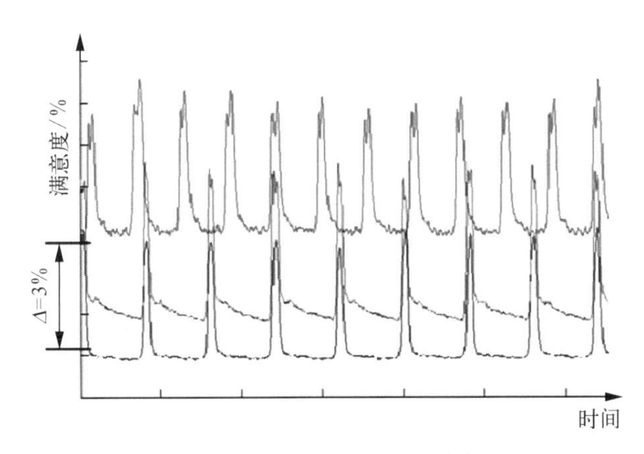

图3－22　湍流强度随时间的变化

热线探针2在转子之间的脉动速度分量的频谱分析显示在图3－23中,图3－23显示了探针位置靠近外机匣的功率谱密度。由于湍流边界层的影响,宽带水平相当高,谱中也可见一些窄带成分。频谱主要由转子1的叶片通过频率分量及其高次谐波所主导。

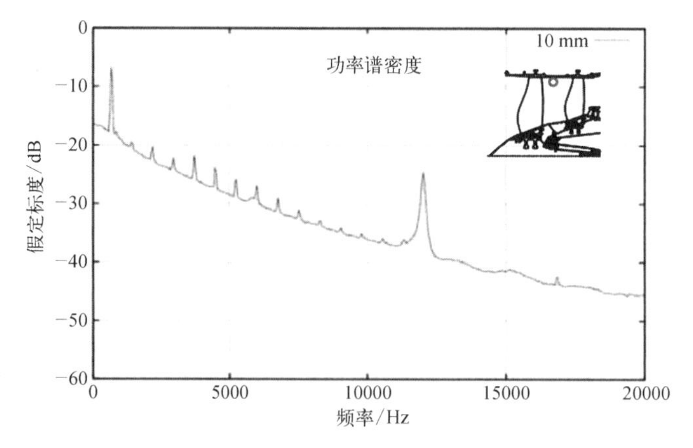

图 3-23 功率谱密度

3.1.5 对轴流压气机机匣处理轴向槽内气流速度的测量

利用热线可以对轴向槽内气流速度进行研究,以便分析机匣处理的扩稳机理。测量时将热线探针插入处理槽内,测量位置位于回流区域[102],如图 3-24 所示。以 500 kHz 的频率记录热线风速仪的非定常测量结果。

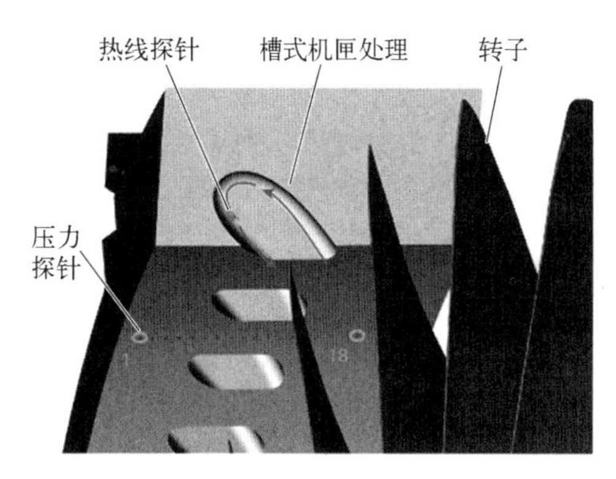

图 3-24 轴向槽机匣处理示意图[102]

为了获取瞬时流量减小过程轴向槽内的动态信息,将试验台节流口由近堵塞点逐渐关闭直到压气机失速,同时记录热线探针的非定常测量数据。在设计点工况处,激波与转子叶片前缘距离很近,而随着质量流量的降低,激波与前缘之间的距离会逐渐增加,因此可利用激波与叶片前缘间的相对距离来代替各工况点,并用转子叶片弦长对相对距离进行无量纲化处理。以测量结果中非定常速度的最大值对气流速度进行无量纲化处理,图 3-25 展示了槽内

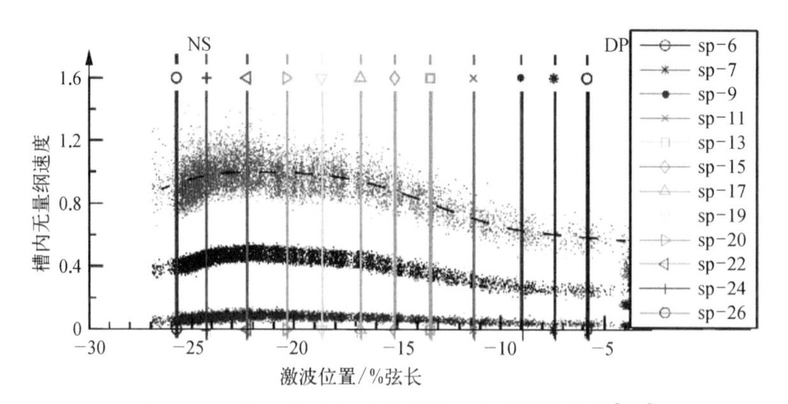

图 3-25 轴向槽内气流速度的非定常测量结果[102]

NS. 近失速点;DP. 设计点

非定常无量纲气流速度的测量结果,并标记了在每个工况点下,每一转子转动周期内的轴向槽内气流速度最大值、最小值和平均值。12 种不同工况点(用竖线标记)的轴向槽内无量纲气流速度随转子转动周期的变化如图 3-26 所示。图 3-27 进一步细化展示了槽内环流速度随流量减小的变化情况。

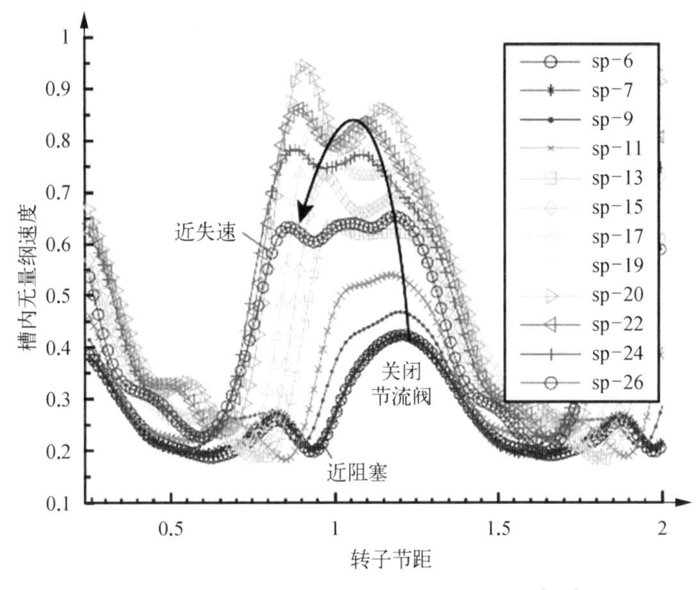

图 3-26　轴向槽内气流速度随节流变化[102]

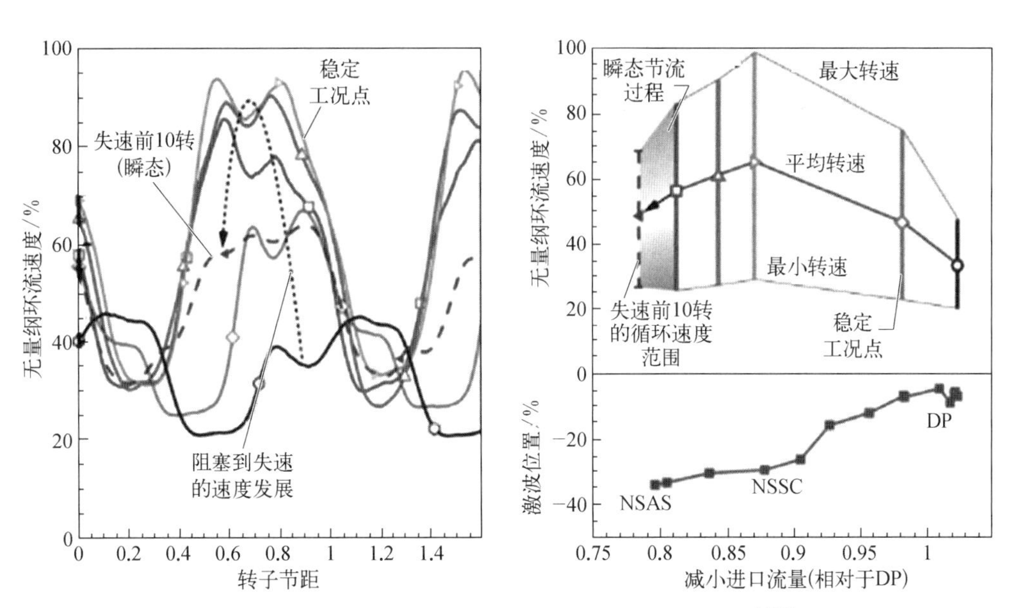

图 3-27　设计转速下轴向槽内气流速度随节流变化[103]

NSAS. 处理机匣近失速点;NSSC. 实壁机匣近失速点

机匣处理的径向倾斜角度对其扩稳性能有重要影响,文献[104]首次借助热线探针测量了处理缝内及转子前后的速度波动。研究发现,当缝倾斜方向与转子转向相同(顺转向)时扩稳效果最好,不倾斜时次之,而与转子转向相反(逆转向)时无扩稳效果。研究者认为这种差别源于转子叶顶气流进出机匣处理缝的流动状态,并且认为顺转向缝更利于机匣处理缝和叶顶主流的流量/动量交换。

热线测量结果表明,气流总是在转子尾缘处进入处理缝内,而后从转子前缘到处理缝中段范围内喷射进入主流。图3-28所示为顺转向缝和逆转向缝条件下缝中间部位速度监测结果的对比。顺转向缝作用下,缝内气流以接近40 m/s的速度喷射进入主流场,并且在转子转动过程中呈现周期性波动;而逆转向缝作用下,缝内速度十分微小,处理缝的喷射作用几乎消失。研究发现轴向缝(不倾斜)的射流速度也要比逆顺向缝的低。缝式机匣处理的射流速度/动量交换强度与扩稳能力密切相关,高速的周期性射流促进了处理缝与主流场的动量交换,这可能是缝式机匣处理扩稳的本质。该研究结果非常具有借鉴意义,如今绝大部分缝式机匣处理均避免了无扩稳能力的逆转向倾斜设计方案,而以顺转向缝设计为初选结构。

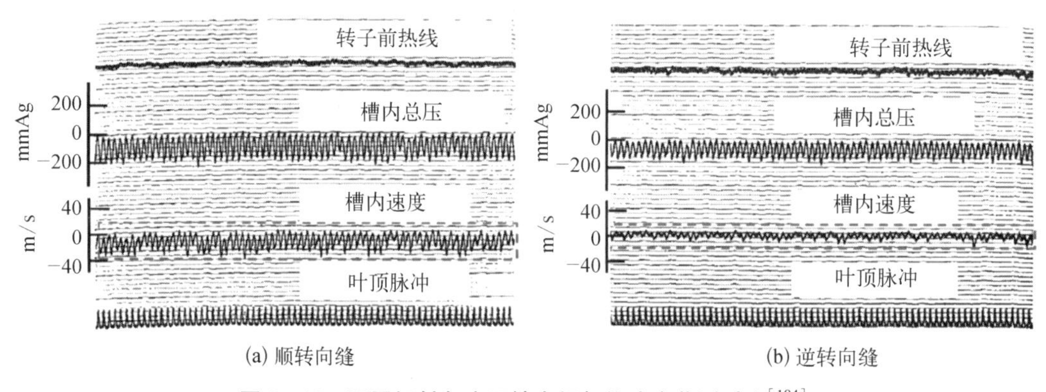

(a) 顺转向缝　　(b) 逆转向缝

图3-28　不同倾斜角度下缝中间部位速度监测对比[104]

文献[105]借助热线测量技术,细致研究了缝式机匣处理对转子出口二维速度场的影响。根据研究结果可以认为,对聚积于转子叶顶压力面附近低能流体的改善作用,是机匣处理扩稳的关键所在。图3-29给出了实壁机匣和机匣处理作用下转子下游轴向速度对比。实壁机匣条件下,转子吸压力面压差驱动泄漏流穿过叶尖间隙,在相邻叶片压力面侧形成了低能流体堆积(图中虚线圈区域),造成了严重的叶顶堵塞;机匣处理作用下,低能堵塞流体被去除,端区流动得到明显的改善。

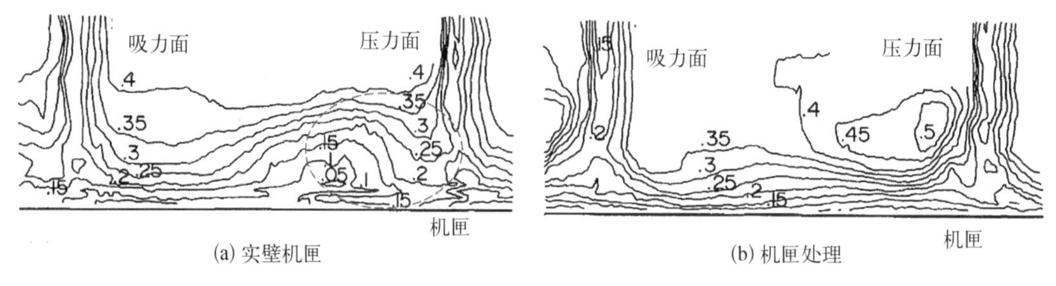

(a) 实壁机匣　　(b) 机匣处理

图3-29　实壁机匣和机匣处理作用下转子下游轴向速度对比

3.1.6　锁相集平均技术

锁相集平均技术(phase locked ensemble averaging technique)的主要目的是对周期性信号叠加随机信号的动态信号进行处理,可用此方法消除部分随机信号的影响。锁相就是保证相同相位处的数据,集平均就是对相同相位处的数据进行平均。采用如下关系式处理数据:

$$U_i(t) = \overline{U_{i,\,E}(t)} + U_{i,\,E}(t) \tag{3-7}$$

$$\frac{1}{n}\sum_{i=1}^{n} U_i(t) = \frac{1}{n}\sum_{i=1}^{n} \overline{U_{i,\,E}(t)} + \frac{1}{n}\sum_{i=1}^{n} U_{i,\,E}(t) \tag{3-8}$$

$$U_{i,\,E}(t) = \frac{1}{n}\sum_{i=1}^{n} U_i(t) \tag{3-9}$$

由于随机信号的平均值为 0,所以集平均速度可以求出。其中,n 表示集平均采样次数;t 表示随时间的变化。通过时间平均将集平均速度分解成定常速度和非定常速度两个部分。

在叶轮机械的动态测量中,为了消除一些随机信号的干扰,通常采用锁相集平均技术,下面以压力信号的测量为例,介绍锁相集平均技术。

对于叶顶压力场的绘制,需要将时序信号转换为沿轴向和周向分布的空间信号。在转换的过程中需要注意四点问题:第一,压气机内的流动受到叶顶泄漏流等二次流的干扰,特别是叶顶部分,其流动具有高度的非定常性;第二,各叶片的几何和安装角存在差别,因而各通道内的流动是不同的;第三,压气机的转速受驱动电机的影响不是恒定不变的;第四,测量中存在许多电磁干扰及实验台振动引起的干扰。图 3 - 30 给出了典型的叶顶压力脉动,横坐标 T 为叶片通过周期(叶片走过一个栅距所用的时间),纵坐标为无量纲叶顶动态压力。由于上述因素的作用,不同通道内的压力信号往往是不同的。锁相平均则是用于消除周期性变量在一个周期内的随机波动对测量结果的影响,对不同周期内的相同相位时刻的该变量进行算术平均。

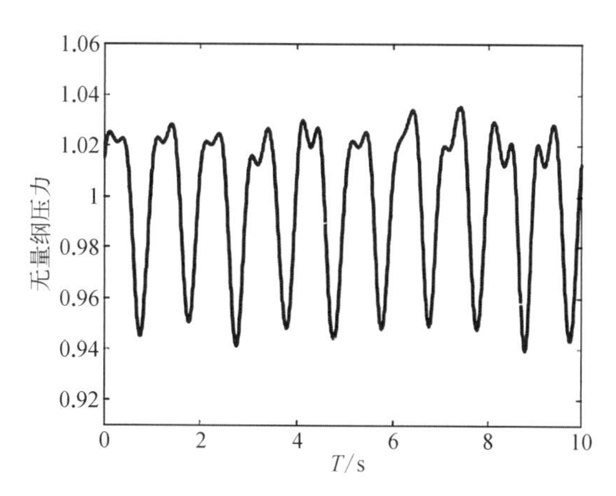

图 3 - 30　典型的叶顶压力脉动

因此,对于压气机叶顶压力场的绘制,需要进行锁相平均来消除干扰信号。锁相平均有两种方式:一是取所有通道中相同相位点的压力值进行平均,如图 3 - 31 所示,这种方式得到的叶顶压力场反映了压气机叶顶流动的整体水平,但是忽略了各通道间的差别;二是针对同一通道的相同相位点每转一圈记录一次压力值,然后将记录的压力值进行平均,如图 3－32 所示,该种方式针对单个通道进行研究,屏蔽了叶片几何因素引起的干扰,所以是试验测量中常用的方法。

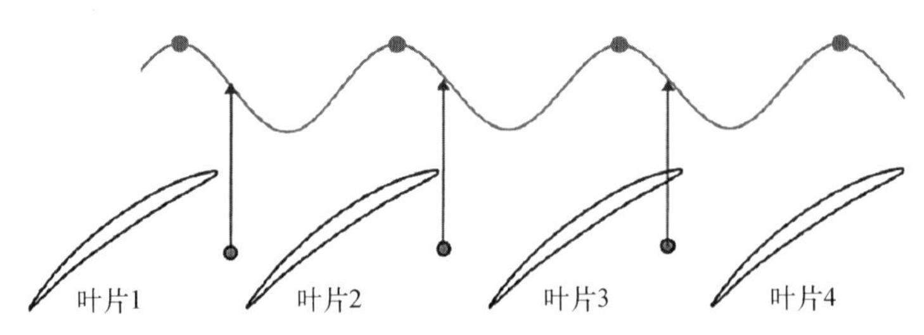

图 3－31 通道中相同相位点压力值平均方法

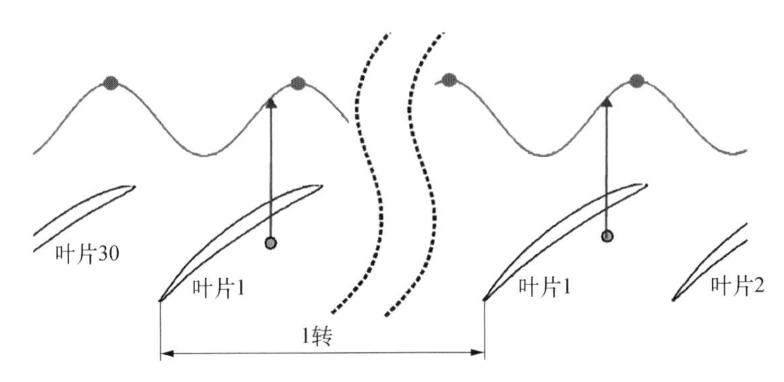

图 3－32 同一通道相同相位点每转一圈的压力值平均方法

在实际使用中,针对第二种方法,常常是将各个流道相同相位点的压力值做平均,如图 3－33 所示,同时可以得到各个点的均方根值(root mean square, RMS),均方根值代表了各个通道在该点的压力脉动的大小。锁相平均和均方根分别按下式计算:

$$\bar{p} = \frac{1}{N}\sum_{i=1}^{N} p(\theta + i\tau) \tag{3-10}$$

$$\mathrm{RMS} = \sqrt{\frac{1}{N}\sum_{i=1}^{N}\left[p(\theta + i\tau) - \bar{p}\right]^2} \tag{3-11}$$

式中, $p(\theta)$ 为瞬时压力; $\bar{p}$ 为锁相平均压力;RMS 为均方根压力; τ 为流道节距。

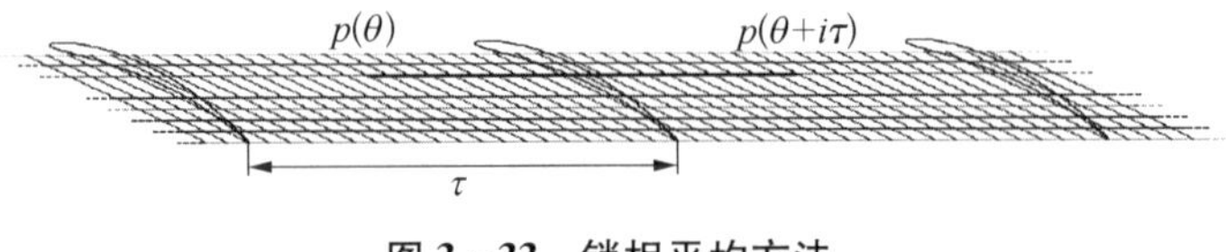

图 3－33 锁相平均方法

在叶片尾迹的测量中,常常用到锁相平均技术以消除湍流的影响,图 3－34 给出了文献[106]介绍的锁相平均技术,图3－35给出了集平均样本数对结果的影响,图3－36给出了叶片尾迹的锁相平均测量结果。

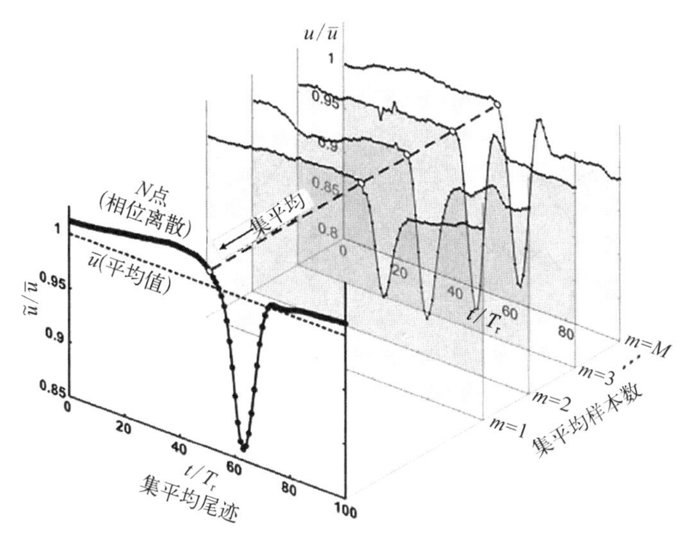

图3－34 叶片尾迹锁相平均技术

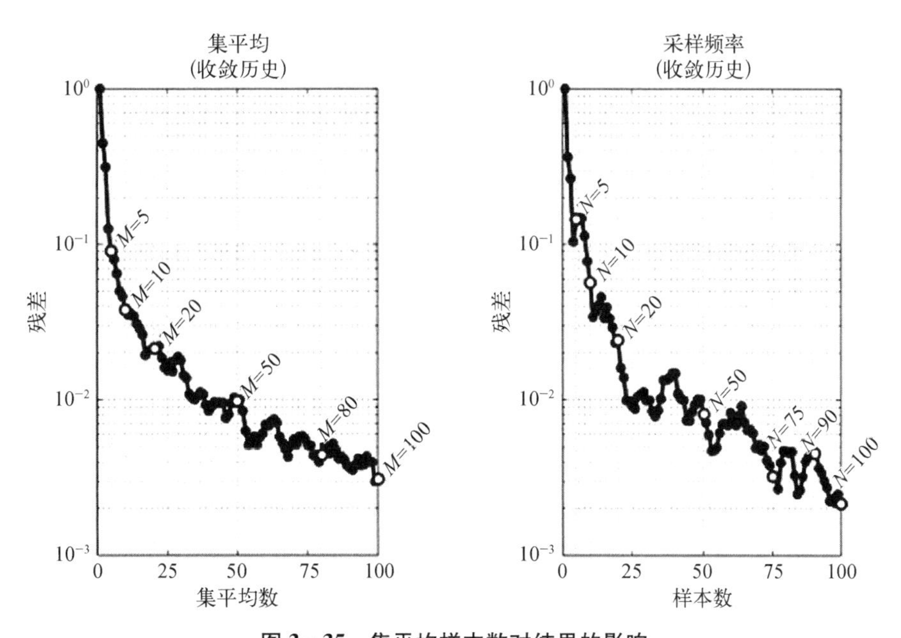

图3－35 集平均样本数对结果的影响

图3－37给出了用壁面动态压力传感器测量得到的叶片通道静压锁相平均结果,同时给出了数值模拟的结果,两者吻合良好,反映出了间隙泄漏对流动的影响。

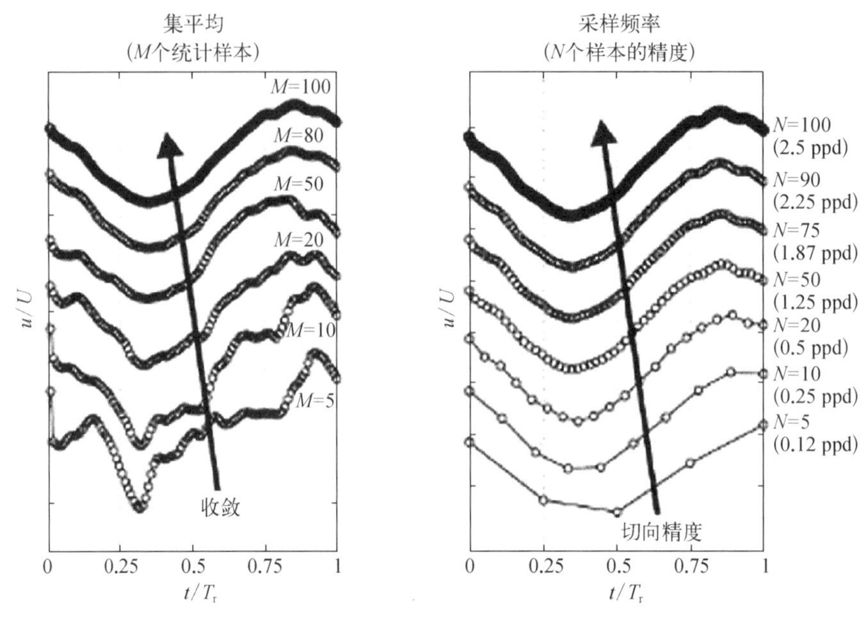

图 3-36　叶片尾迹的锁相平均测量结果

ppd 为每度点数

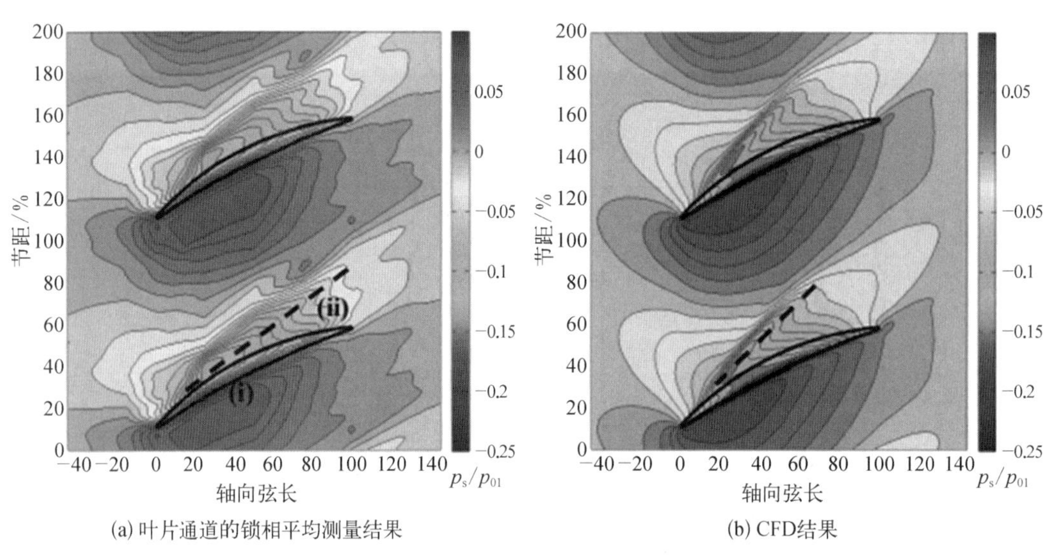

(a) 叶片通道的锁相平均测量结果　　(b) CFD结果

图 3-37　叶片通道的锁相平均测量结果与 CFD 结果对比[5]

3.2　湍流参数测量

3.2.1　湍流度的测量

湍流度表示湍流的强度，是用来度量气流速度脉动程度的一种标准，通常采用脉动速度均方和与时均速度之比来表示湍流脉动的大小。湍流度对边界层转捩及流动损失具有重要影响，对其进行精确的测量具有重要意义，目前对湍流度测量的主要手段仍然是热线风速仪。

对于恒温式热线风速仪，湍流度为

$$\varepsilon = \frac{\mathrm{d}V}{V} = \frac{2}{m\left(1 - \frac{U_0^2}{U^2}\right)} \frac{U_{\mathrm{rms}}}{U} \tag{3-12}$$

由于线化器使得速度与电压呈线性关系，所以经过线化器后，只要求出速度对应的电压以及脉动速度的均方根值，就可以方便地求出湍流度。把热线线化器的输出送往一均方根电压表，即可测出速度脉动的均方根值 $\sqrt{v'^2}$，从而测出湍流度 T_u：

$$T_u = \sqrt{v'^2}/\bar{v} \tag{3-13}$$

求均方根时，积分时间常数 T 越大，显然测量误差就越小，一般按下式选用 T：

$$T = \frac{1}{4B\left(\frac{B}{2f_a}\right)} \cdot \frac{1}{\xi^2} \tag{3-14}$$

式中，T 为积分时间常数；B 为信号带宽；f_a 为信号带的中心频率；ξ 为所希望的测量精度。

以上分析说明，在低速不可压条件下，湍流度的测量比较方便。

文献[98]采用热线风速仪，对叶片尾迹区的湍流度进行了测量，分析了轴向速度湍流度及切向速度湍流度沿叶高的变化，如图 3－38，图上 10%、50%、90%代表不同叶高，周向位置湍流度大的位置对应速度低的区域。

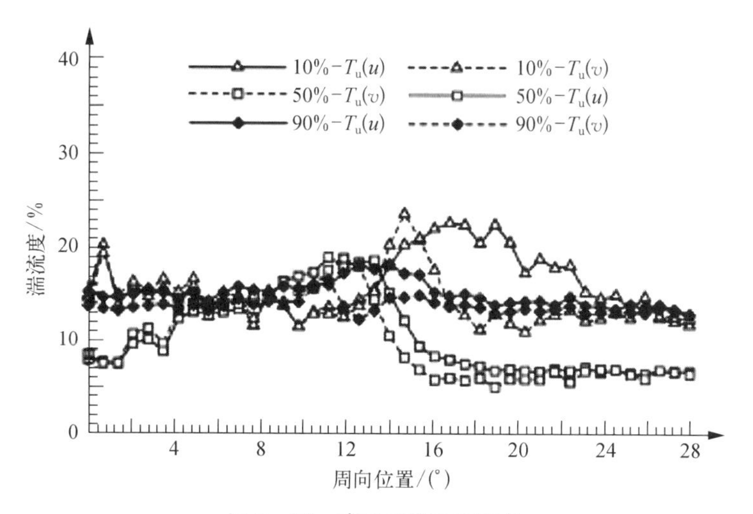

图 3－38　湍流度随叶高变化

热线风速仪在可压缩流动中输出电压受到气体速度、密度、总温的耦合作用，热线的响应关系式发生变化，Kovasznay 于 1950 年在文献[24]中，提出了适合可压缩流动的热线响应关系，在传统响应关系的基础上，增加了修正项：

$$Nu = (A + B\sqrt{Re})\left(1 - C\frac{T_w - T_e}{T_0}\right) \tag{3-15}$$

式中，A、B、C 为校准系数。求解校准系数 A、B 与 C 需要大量校准试验数据来确定。

中国空气动力研究与发展中心杜钰锋等[67]在这方面进行了大量的探索，从理论上推导了可压缩流中恒温热线风速仪的响应关系式，利用双曲线对试验数据拟合，建立了湍流度的求解方法，提出了适用于可压缩流的无量纲响应关系式：

$$\frac{\Delta E}{E} = \frac{1}{4}\cdot\frac{B\sqrt{Re}}{A + B\sqrt{Re}}\left(\frac{\Delta\rho}{\rho} + \frac{\Delta U}{U}\right) + \left\{0.38\left(1 - \frac{1}{2}\cdot\frac{B\sqrt{Re}}{A + B\sqrt{Re}}\right) - \frac{\alpha R\eta T_0}{2R_e}\cdot\left(\frac{1 - k\alpha_w(\alpha_w + 2)}{\alpha_w(1 - k\alpha_w)}\right)\right\}\frac{\Delta T_0}{T_0} \tag{3-16}$$

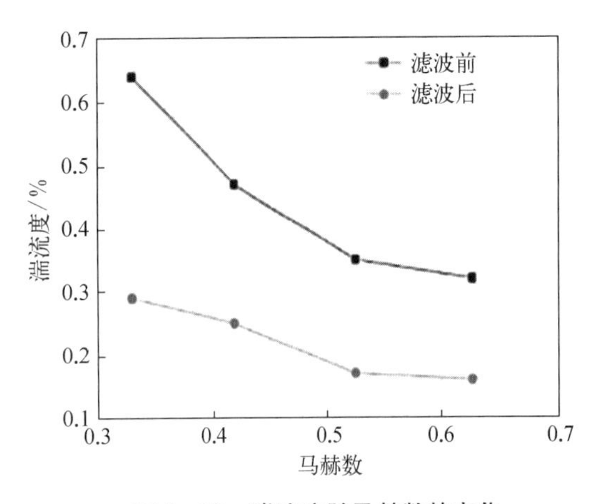

图 3-39　湍流度随马赫数的变化

图 3-39 给出了湍流度随马赫数的变化，对滤波前后进行了对比，从中可以看出在滤除热线输出电压脉冲尖峰后，湍流度测量值明显降低，说明脉冲尖峰对湍流度计算影响较大。在 $Ma = 0.3 \sim 0.6$ 时，湍流度水平为 0.1%~0.3%，验证了所建立的可压缩流中热线响应关系式及双曲线拟合方法的有效性及应用恒温热线风速仪测量可压缩流湍流度的可行性。对可压缩流动湍流度感兴趣的读者，可以参考这方面的文献。

中国空气动力研究与发展中心朱博等[70]针对跨声速流场湍流度精细测量进行了研究，测量仪器采用丹麦丹迪公司的 StreamLine 恒温式热线风速仪和 5P11 一维探针，基于变热线过热比测量方法，在理论上推导了跨声速流场扰动的一般模态和三种特殊模态特征方程（涡模态、熵模态和声模态），以及扰动模态对应的特征曲线，通过实验获得了较高精度的湍流度值，建立了一种跨声速可压流场低湍流度测量方法。

具体的热线变过热比响应的一般扰动方程如下：

$$\theta^2 = r^2\langle m\rangle^2 - 2rR_{mT_0}\langle m\rangle\langle T_0\rangle + T_0^2 \tag{3-17}$$

式中，

$$\theta = \langle e\rangle / G_{CTA}$$

$$r = F_{CTA} / G_{CTA}$$

$$R_{mT_0} = \langle mT_0\rangle / \langle m\rangle\langle T_0\rangle$$

$$\langle m \rangle = (\partial\theta/\partial r)_{r\to\infty}$$

$$\langle T_0 \rangle = \theta(0)$$

式中，m 为流量脉动值；T_0为总温脉动值。

在新型连续式跨声速风洞完成马赫数 0.2～1.5 流场测量实验，测得湍流度为 0.037%～0.197%，数据非线性拟合优度为 0.943～0.995，蒙特卡罗模拟不确定度为 0.000 2%～0.004 1%，证明了所建立的低湍流度测量方法的有效性。

中国空气动力研究与发展中心朱博等[69]开展了定/变热线过热比跨超声速流场湍流度测量研究，开展了基于定、变热线过热比方法测量跨超声速流场湍流度的比较研究，文中结合可压缩流动条件下热线的工作方程及流体力学原理对湍流度的计算方法进行了详细的推导，在 1.2 m 暂冲式跨超声速风洞上，采用定过热比和变过热比的测量方法，变过热比又分为设置两个过热比及设置八个过热比，简称变二过热比（0.4、0.8 过热比值）和变八过热比（0.1、0.2、0.3、0.4、0.5、0.6、0.7、0.8 过热比值），完成了马赫数为 0.3~4.25 的跨超声速流场湍流度测量研究。测量结果表明，变八过热比测量精度最高，实测湍流度的蒙特卡罗模拟不确定度为 0.001%～0.033%；定过热比方法与变二过热比方法可实现更快速的测量，在马赫数为 0.4～2 范围内与变八过热比测量湍流度均值偏差 9%～18%。

3.2.2　测量二维速度及剪切力

对于二维流场，用一只 X 型热线探针来测，图 3－40 是其工作原理，流速分解成两个分量 V_x与 V_y。

$$V_x = \overline{V_x} + v_x \tag{3-18}$$

$$V_y = \overline{V_y} + v_y \tag{3-19}$$

式中，V_x、V_y 为沿 x、y 方向的瞬时值；$\overline{V_x}$、$\overline{V_y}$ 为沿 x、y 方向的时均值；v_x、v_y 为沿 x、y 方向的脉动分量。

忽略平行于丝的速度分量对强迫对流换热的影响，则只有垂直于丝的分量对电压输出有贡献。在使用线化器的情况下：

$$\overline{U_A} + u_A = \frac{\sqrt{2}}{2}K_2(\overline{V_x} + v_x + \overline{V_y} + v_y) \tag{3-20}$$

$$\overline{U_B} + u_B = \frac{\sqrt{2}}{2}K_2(\overline{V_x} + v_x - \overline{V_y} - v_y) \tag{3-21}$$

式中，K_2 为线化后的比例系数，两路仪器系统调成相同的；$\overline{U_A}$、$\overline{U_B}$ 为热丝 A、热丝 B 的信号中的直流分量；u_A、u_B 为

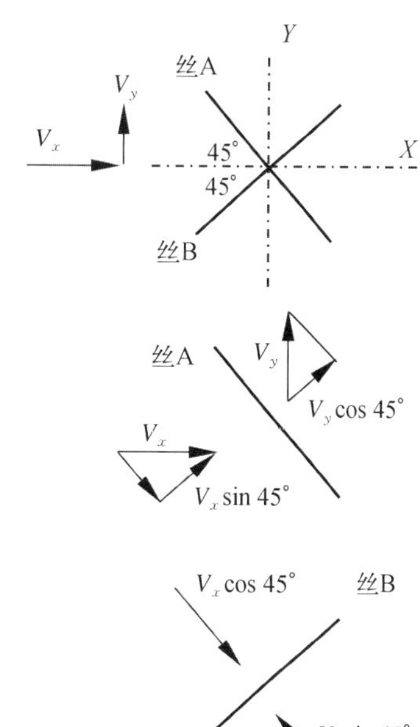

图 3－40　用 X 型探针测二维湍流参数

热丝 A、热丝 B 的信号中的交流分量。

用直流电压表测时均值,则

$$\begin{aligned}\overline{U_{\mathrm{A}}} &= \overline{\overline{U_{\mathrm{A}}} + u_{\mathrm{A}}} = \frac{\sqrt{2}}{2}K_2\,\overline{(\overline{V_x} + v_x + \overline{V_y} + v_y)} \\ &= \frac{\sqrt{2}}{2}K_2(\overline{V_x} + \overline{V_y})\end{aligned} \tag{3-22}$$

同理:

$$\overline{U_{\mathrm{B}}} = \frac{\sqrt{2}}{2}K_2(\overline{V_x} - \overline{V_y}) \tag{3-23}$$

于是

$$\overline{V_x} = \frac{1}{\sqrt{2}K_2}(\overline{U_{\mathrm{A}}} + \overline{U_{\mathrm{B}}}) \tag{3-24}$$

$$\overline{V_y} = \frac{1}{\sqrt{2}K_2}(\overline{U_{\mathrm{A}}} - \overline{U_{\mathrm{B}}}) \tag{3-25}$$

类似地,对于交流分量:

$$u_{\mathrm{A}} = \frac{\sqrt{2}}{2}K_2(v_x + v_y) \tag{3-26}$$

$$u_{\mathrm{B}} = \frac{\sqrt{2}}{2}K_2(v_x - v_y) \tag{3-27}$$

$$u_{\mathrm{A}} + u_{\mathrm{B}} = K_2\sqrt{2}v_x \tag{3-28}$$

$$\overline{(u_{\mathrm{A}} + u_{\mathrm{B}})^2} = 2K_2^2\,\overline{v_x^2} \tag{3-29}$$

$$\sqrt{\overline{v_x^2}} = \frac{1}{\sqrt{2}K_2}\sqrt{\overline{(u_{\mathrm{A}} + u_{\mathrm{B}})^2}} \tag{3-30}$$

同理:

$$\sqrt{\overline{v_y^2}} = \frac{1}{\sqrt{2}K_2}\sqrt{\overline{(u_{\mathrm{A}} - u_{\mathrm{B}})^2}} \tag{3-31}$$

对照式(3-24)、式(3-25)与式(3-30)、式(3-31)可以看出,测量速度均值可以用直流电压表分别测热丝 A 及热丝 B 的输出,然后按式(3-24)、式(3-25)算出。但测 v_x、v_y 的均方根值,必须先经加法器、减法器,形成 $(u_{\mathrm{A}} + u_{\mathrm{B}})$、$(u_{\mathrm{A}} - u_{\mathrm{B}})$,然后用均方根电压表测出。

由式(3-26)、式(3-27)得

$$u_{\mathrm{A}}^{2}=\frac{K_{2}^{2}}{2}(v_{x}^{2}+2v_{x}v_{y}+v_{y}^{2}) \tag{3-32}$$

$$u_{\mathrm{B}}^{2}=\frac{K_{2}^{2}}{2}(v_{x}^{2}-2v_{x}v_{y}+v_{y}^{2}) \tag{3-33}$$

式(3-32)减式(3-33)得

$$u_{\mathrm{A}}^{2}-u_{\mathrm{B}}^{2}=2K_{2}^{2}v_{x}v_{y} \tag{3-34}$$

所以

$$\overline{v_{x}v_{y}}=\frac{1}{2K_{2}^{2}}(\overline{u_{\mathrm{A}}^{2}-u_{\mathrm{B}}^{2}}) \tag{3-35}$$

雷诺剪切力 τ_{xy} 为

$$\tau_{xy}=-\rho\,\overline{v_{x}v_{y}}=-\frac{\rho}{2K_{2}^{2}}(\overline{u_{\mathrm{A}}^{2}-u_{\mathrm{B}}^{2}}) \tag{3-36}$$

从式(3-36)可见,测剪应力(即相关量 $\overline{v_{x}v_{y}}$)可以用均方根电压表分别测热丝A、热丝B的交流分量的均方根获得,而无须经过加法器、减法器。若为各向同性的湍流则 $\tau_{xy}=0$。

文献[98]用热线风速仪对叶片尾迹区域的脉动速度二阶关联量进行了测量,尾迹中心附近 $U'V'$ 的分布规律如图3-41所示,显示了随转速及周向位置的变化,周向位置包含一个完整的流道,从中可以看出 $U'V'$ 值变化梯度很大,并在尾迹中心一侧出现 $U'V'$ 极小值。

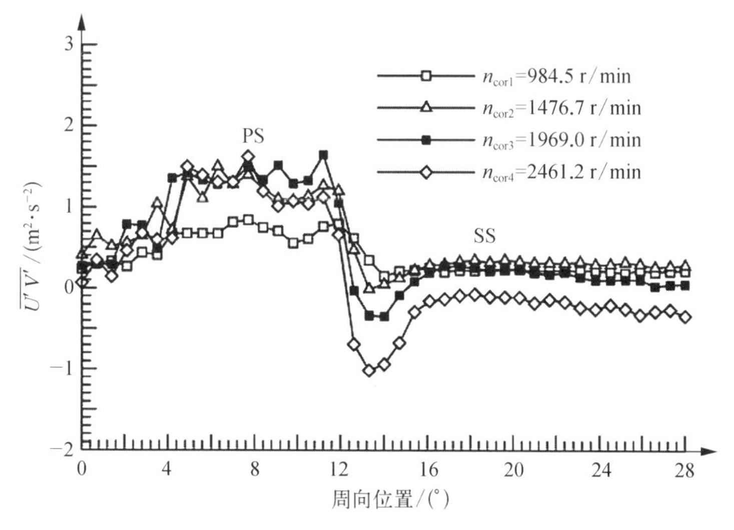

图3-41　叶片叶中位置尾迹区域速度相关量

3.2.3 测量空间相关和湍流尺度

相关性研究具有重要意义,图 3-42 为某型测量空间相关因子的探针构造示意图。

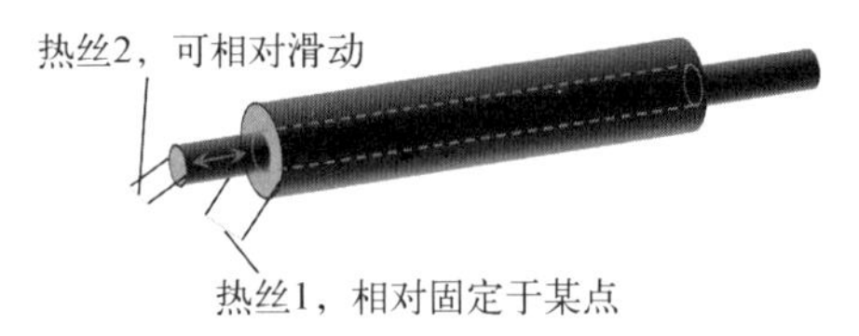

图 3-42 某型测量空间相关的探针

若两丝均经线化,比例系数相同,当热丝 2 相对于热丝 1 处于某位置时:

$$v_1 = Ku_1 \tag{3-37}$$

$$v_2 = Ku_2 \tag{3-38}$$

$$\overline{(u_1 + u_2)^2} = \overline{u_1^2} + 2\,\overline{u_1u_2} + \overline{u_2^2} \tag{3-39}$$

$$\overline{(u_1 - u_2)^2} = \overline{u_1^2} - 2\,\overline{u_1u_2} + \overline{u_2^2} \tag{3-40}$$

由式(3-39)减式(3-40)得

$$\overline{u_1u_2} = \frac{1}{4}\left[\overline{(u_1 + u_2)^2} - \overline{(u_1 - u_2)^2}\right] \tag{3-41}$$

即

$$\overline{v_1v_2} = \frac{K^2}{4}\left[\overline{(u_1 + u_2)^2} - \overline{(u_1 - u_2)^2}\right] \tag{3-42}$$

于是

$$R_{12} = \frac{\overline{v_1v_2}}{\sqrt{\overline{v_1^2}}\sqrt{\overline{v_2^2}}} = \frac{\overline{(u_1 + u_2)^2} - \overline{(u_1 - u_2)^2}}{4\sqrt{\overline{u_1^2}}\sqrt{\overline{u_2^2}}} \tag{3-43}$$

从式(3-43)可见,分别测出 u_1、u_2、$u_1 + u_2$、$u_1 - u_2$ 的均方根,即可算出 R_{12}。

依次改变热丝 1、热丝 2 之间的距离 y,即可测出 R_{12} 随 y 的分布,如图 3-43 所示。于是湍流尺度 L 即定义为

$$L = \int_0^\infty R_{12}\mathrm{d}y \tag{3-44}$$

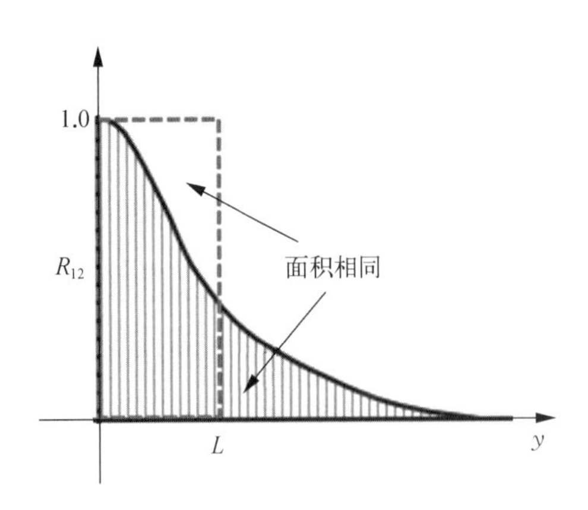

图 3-43 求湍流尺度

L 相当于湍流的平均涡尺度。

思考题

1. 如何用热线风速仪对失速团个数进行测量?

2. 如何用热线风速仪测量旋转失速团流场结构?

3. 锁相集平均技术指什么? 为何测量叶片尾迹时要采用锁相集平均技术? 平均结果与单次测量结果的差异是什么?

第4章

微风速下热线测量技术

如第 2 章所述，热线是利用放置在流场中具有加热电流的细金属丝进行测量风速。它的基本原理是将热线金属丝中通入电流进行加热，当风速变化时金属丝的温度就会随之发生改变，温度变化引起电阻变化，从而产生电信号，根据电信号和风速之间对应关系就可以得到流场的实际风速。热线测速实质是热线放置在流场中的一个极其复杂换热现象，在同一时刻存在着三种传热方式：热辐射、热传导、热对流。恒温工作模式下热线的温度为 242℃左右，在不超过 300℃的情况下可以认为金属丝和外界的热辐射可以忽略；对流传热包含自然对流和强迫对流两种方式的复合作用，当金属丝有较大的纵横比（L/d 大于 200）时自然对流效应可以忽略，则热交换主要取决于强迫对流。一般的热线是基于上述情况下工作的。近年来，世界上主要国家及地区对流速的研究已经不满足于 1 m/s 以上[107]。在微风速（0.1~1 m/s）下，对流传热模式以自然对流方式和强迫对流共同作用的方式存在，因此须考虑自然对流传热的影响，在微风速下热线的校准实验过程中自然对流的影响无法忽略[108]。在低速范围内，很难保持速度分布均匀。Lee 和 Budwig[109] 指出，由校准射流获得的 0.15~0.85 m/s 范围内的速度数据比实际值低 4%~50%，因此热线风速测量在低速下的应用需要特殊的校准技术。而微风速标准装置是实现对微风速仪表的校准，开展气体微风速测量研究的必要载体。只有建立性能良好的微风速标准装置，才能获得精度较高的标准流速，为进一步研究奠定基础。前面章节对热线的中高速校准已经做了详细描述，本章将对热线在微风速（0.1~1 m/s）的校准进行介绍。

常规风速的测量原理是基于无限长圆柱体层流强迫对流换热建立的。微风速下的热线原理本质上基于常规风速测量原理的基础上，需要考虑自然对流，是传热学中混合对流换热的原理，即：对流传热是由自然对流和强迫对流混合作用的结果，因此在介绍热线微风速原理之前，首先对混合对流原理进行介绍。

4.1 混合对流简介

在常规风速下，由于强迫对流的占主导，在考虑对流传热的时候可以忽略自然对流的影响仅考虑强迫对流即可；而在低风速的时候，有时需要既考虑强迫对流也考虑自然对流，因此就必须有一个能否忽略自然对流影响的判据。应用相似分析法可知，格拉晓夫数 Gr 中包含着浮升力与黏滞力的比值，而惯性力与黏滞力的对比可得 Re 数。浮升力与惯性力的对比可从特征数 Gr、Re 的组合中消去黏度得到[110]：

$$\frac{g\alpha_V \Delta T l^3}{v^2}\frac{v^2}{u^2 l^2}=\frac{Gr}{Re^2} \tag{4-1}$$

式中，第一个组合量 Gr 是格拉晓夫(Grashof)数，它在自然对流现象中的作用与雷诺数在强制对流现象中的作用相当，物理上，Gr 数是浮升力/黏滞力比值的一种度量。Gr 数增大表明浮升力作用相对增大。

式4-1是判断自然对流影响程度的判据。当 $Gr/Re^2 \leqslant 0.01$ 时强制对流占主导，自然对流的影响可以忽略，而 $Gr/Re^2 \geqslant 10$ 时仅考虑自然对流的影响。当 $0.01 \leqslant Gr/Re^2 \leqslant 10$ 时称混合对流，此时两种对流传热的作用都应加以考虑。一般地说当流体速度达到20~30 m/s时自然对流的影响可以忽略，而当流速低到0.2~0.3 m/s时自然对流的作用就会变得明显[110]。而本章研究的流速范围为0.1~1 m/s，显然是属于混合对流范畴，因此两种对流传热方式都需要考虑。应用如式(4-2)所示的混合对流实验关联式进行简单的估算：

$$Nu_m^n = Nu_f^n \pm Nu_n^n \tag{4-2}$$

式中，Nu_m为混合对流时的 Nu 数；Nu_f、Nu_n分别是按给定条件用强迫对流与自然对流关联式计算的结果；两种流动方向相同时取正号，相反时取负号；指数 n 的值可取为3。

强迫对流过程中的努赛特数 Nu_f如式(2-2)所示，已在第2章进行了介绍，因此本章仅介绍自然对流过程中的努赛特数 Nu_n的实验关联式。设热线表面温度为 T_w，环境温度(即未受热线表面温度影响的流体温度)为 T_∞，则此时牛顿冷却公式及格拉晓夫数 Gr 中的温差取为 $T_w - T_\infty$(流体被加热时)或 $T_\infty - T_w$(流体被冷却时)。工程计算中广泛采用以下形式的实验关联式来计算大空间自然对流：

$$Nu_m = C\,(GrPr)_m^n \tag{4-3}$$

式中，Nu_m为由平均表面传热系数组成的 Nu 数，下角标 m 表示定性温度采用算术平均温度 $T_m = (T_\infty + T_w)/2$。Gr 数中的 Δt 为 T_w与 T_∞之差，对于符合理想气体性质的气体 Gr 数中的体胀系数 $\alpha_V = 1/T$。常壁温及常热流密度两种情况可整理成同类形式的关联式。

式(4-3)中的常数 C 与系数 n 可根据实验确定。根据热线的换热面形状与位置、热边界条件以及层流或湍流的流态具体情况确定的 C 与 n 的值具体如表4-1所示。

表 4-1 式(4-3)中常数 C 和 n[111]

加热表面形状与位置	流动情况示意	流态	系数 C 及指数 n		Gr 数的适用范围
			C	n	
横圆柱		层流过度湍流	0.48	1/4	$1.43\times10^4 \sim 5.76\times10^8$
			0.016 5	0.42	$5.76\times10^8 \sim 4.65\times10^9$
			0.11	1/3	$>4.65\times10^9$

对于热线风速仪而言,其特征长度的选择方案为:横圆柱取外径。如表 4-1 所示,流态转变依 Gr 数而定。因此计算前首先要确定 Gr 的大小,才能选定合适的 C 和 n 值。还应指出,式(4-3)对气体工质完全适用。

除了由自然对流的动量方程推导出的格拉晓夫数以及雷诺数可以作为自然对流流态转变的依据以外,还存在着另外一个用于判断自然对流时流动形态转变的无量纲参数,即依据对自然对流的能量方程作推导,得出一个无量纲数,称为瑞利(Rayleigh)数:

$$Ra = GrPr = \frac{g\alpha_V \Delta T l^3}{a v} \tag{4-4}$$

4.2 微风速测量原理

热线在微风速下的测量本质上属于混合对流换热,现结合 4.1 节介绍了混合对流换热原理进一步阐述微风速的测量原理。

文献[10]的研究表明,在强制对流速度降低时,会出现强制对流和自然对流换热现象同时影响热线响应方程的混合流动模式。对长铂丝在水平气流中的传热研究过程中,常采用的热丝直径范围为 3~53 μm,最小 L/d(长径比)约为 2 000。温度负荷 T_w/T_∞,在 1.1~2.0 的范围内变化,其中 T_w 为热线温度,T_∞ 为空气温度(单位为 K)。对于强制对流,研究表明来自热线的换热数据和过热比可以用包含温度负载因子的通用传热关系来表示:

$$Nu_f\left(\frac{T_f}{T_\infty}\right)^{-0.17} = 0.24 + 0.56\,Re^{0.45} \tag{4-5}$$

式中,$T_f = 1/2(T_w + T_\infty)$ 为平均温度;Nu_f 为强制对流努塞特数;Re 为热线雷诺数。研究表明,对于强迫对流区域而言,低雷诺数极限值 Re_c 可以表示为:

$$Re_c = Gr^{1/n} \tag{4-6}$$

式中，Gr 是格拉晓夫数；空气的 n 约等于 3。根据测量，Collis 和 Williams[112] 估计 Re_c 的值为 0.02，Mahajan 和 Gebhart[113] 指出极限出现在 0.04，而 Ligrani 和 Bradshaw[114] 在雷诺数 Re_c 为 0.07 时观察到强迫对流传热关系的偏差。

为了获得热线风速仪极低风速下混合换热的一般方程，多位学者推导出混合流动状态下圆筒传热的一般方程。第一个研究是由 van der Hegge Zijnen[115] 进行的，他为自然对流和强制对流提出了单独的响应方程（在空气中），采用自然对流和强迫对流的努塞特数相加来计算混合流区数据的相关性，但理论和实验之间的相差较大。Hatton 等[116] 对受热圆筒的响应进行了强迫对流和自然对流效应的详细研究。研究了包括使用水平流动、垂直向下流动和垂直向上流动的流动方向效应。圆柱体的直径在 100～1 260 μm 范围内（也就是说，它们比传统的热线探针大得多），长度为 120 mm 的 L/d 比值在 90～1 200 范围内，温差 $T_w - T_\infty$ 在 30～200℃之间变化。它们对强迫对流的最佳拟合相关性为

$$Nu_f\left(\frac{T_f}{T_\infty}\right)^{-0.154} = 0.384 + 0.581\,Re^{0.439} \tag{4-7}$$

与方程（4－5）相似，根据式（4－7），对于自然对流将雷诺数 Re 替换成描述自然对流传热瑞利数 Ra 可得

$$Nu_f\left(\frac{T_f}{T_a}\right)^{-0.154} = 0.384 + 0.59\,Ra^{0.184} \tag{4-8}$$

式中，Ra 为瑞利数。由于后两个方程具有相同的形式，即认为任何自然对流都可以用等效的雷诺数 Re_n（下标 n 表示自然对流）表示：

$$Re_n = 1.03\,Ra^{0.418} \tag{4-9}$$

对于混合流状态，建议使用方程（4－7），其中 Re 用有效雷诺数 Re_e 代替，由自然对流、Re_n 和强制对流的雷诺数相加得到 Re_e 即

$$Re_e^2 = Re^2 + 2Re\,Re_n\cos\theta + Re_n^2 \tag{4-10}$$

式中，θ 为强迫对流流动与向上垂直流动的夹角。但是这个理论结果与实验结果依然存在显著差异。后期也有学者 Jackson 和 Yen[117] 采用了类似的方法。

当几个参数变化较大时，传热研究结果的不确定性增加。对混流区域热线探针响应的实际研究揭示了一致的热线特征。Christman 和 Podzimek[118] 研究了将未镀锡的热线探针（DISA55P11）置于管道层流中，探针方向在垂直和水平流动中的影响，通过旋转试验装置来改变前进方向，单次过热比为 1.8 的数据证明了导线方向和流动方向对热线校准的影响。对于水平流动，如图 4－1 所示，热线读数与探针方向有关。因此，在校准和测量过程中，探针安装在相同的方向是很重要的。在 3～7 mm/s 范围内，观察到多个速度读数。根据校准曲线的一致性结果，将速度为 10 mm/s 作为水平流测量的较低可靠区域。图

4-2中垂直流动的结果,在向上和向下流动的校准曲线上显示出明显的差异,这是由于图中的速度为自然对流速度分别与强迫对流速度相加或相减的结果。自然对流速度的量级为6.8 mm/s,垂直流测量的最低可靠速度也约为10~15 mm/s。Cowell 和 Heikal[119]证实了竖直向上流动和向下流动之间热线响应的差异。在他们的研究中,探针在静止流体中移动,他们的结果也证明了在混合流状态下流动方向对热线输出的影响。然而,在许多不知道流动方向和探针方向影响的实际流动中,最低可靠速度可能高达20 cm/s(Paul 和 Steimle[120])。

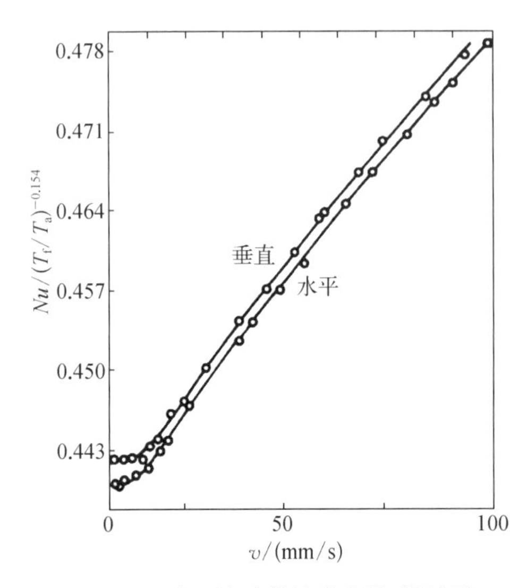

图4-1　水平流动的校准曲线,探针线在水平和垂直位置[118]

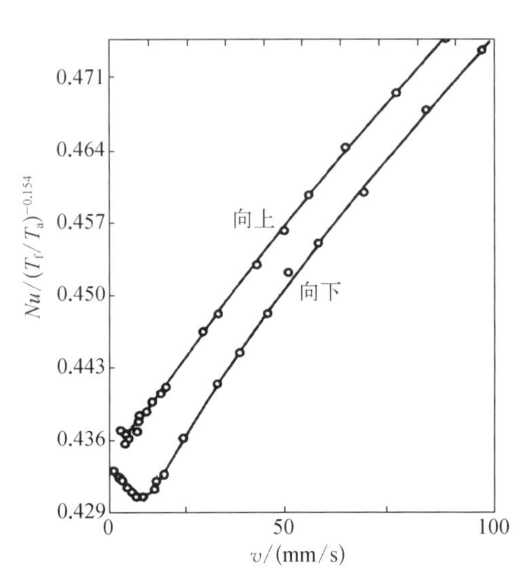

图4-2　向上和向下流动的校准曲线[118]

Ligrani 和 Bradshaw[114]开发的SN超微型探针(图4-3)在空气中校准了覆盖自然对流到强制对流的速度范围。他们将校准数据按照 $U^2 = A + B v^{0.45}$ 绘制成图,如图4-4所

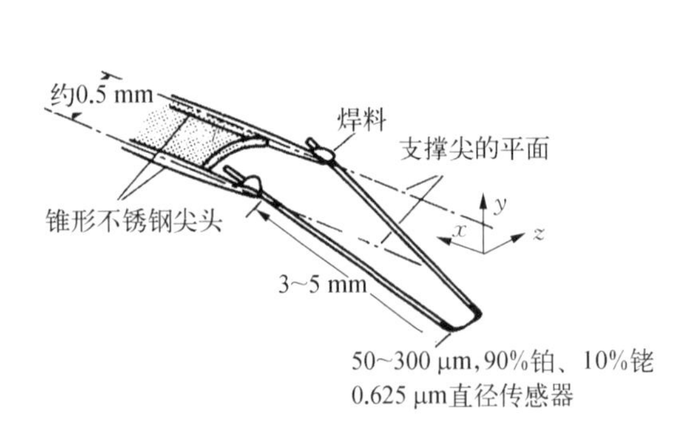

图4-3　超小型热线传感器示意图[114]

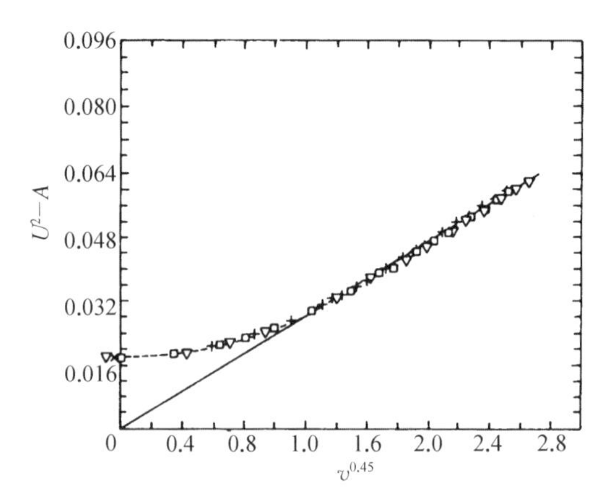

图4-4　三组超微型热线探针在强迫和自然对流流动状态下的校准数据[114]

示，可以观察到不同校准的数据之间有良好的一致性，强制对流的下限 $Re_c=0.07$。在混流状态下，校准数据采用该形式的三阶多项式进行近似：

$$\alpha = a_0 + a_1\beta + a_2\beta^2 + a_3\beta^3 \tag{4-11}$$

式中，$\alpha = v^{0.45}$；$\beta = U^2 - A$。

4.3　微风速条件下热线的校准

由于传统校准方法的灵敏度较差，在低速下对热线风速仪的校准存在问题。低速热线风速测量法的应用需要特殊的校准技术。在 1991 年前，已经开发了不同的低速热线探针校准技术。有商用校准喷流，例如 TSI 1125 校准器，它的低速范围为 0.02～0.90 m/s，在这个校准射流中，测量了从静压腔到射流出口的压降，并用于从所提供的图表中获得速度。在低速范围内，热线必须放置在校准射流的增压腔中，而增压腔的射流出口速度分布缺乏均匀性。TSI 对 0.15～3.05 m/s 的速度给出了±5%的精度，对 0.15 m/s 以下的速度给出了±10%的精度。

Kohan 和 Schwarz[121]在低风速下使用 Strouhal－Reynolds 数（SR）关系校准了 50～150 之间的流动雷诺数（$S=f_s d/v$，其中，f_s是脱落频率；v 是速度；d 是圆柱直径）的热线。通过测量旋涡脱落频率，利用 SR 数关系得到速度。然而，在 Kohan 和 Schwarz[121]的实验中，测试圆柱后的旋涡脱落模式并不平行。使用非平行涡脱落进行的校准可能会导致重大的不准确性，具体内容将在后续进行详述。

Aydin 和 Leutheusser[122]提出了层流、平面库埃特（Couette）流来校准非常低速度的热线。Christman 和 Podzimek[118]使用 DISA55D41/42 校准器的喷嘴对热线进行了校准。在 Christman 和 Podzimek[118]的实验中，水流是通过从一个连接到 DISA 喷嘴的气密罐中以可控的速度排水而产生的。Manca 等[123]研究了不同温度下热线探针的计算结果。热线被放置在一个玻璃管的出口，在其中建立了 Hagen－Poiseuille 流。Bruun 等[124]使用了一种摆动臂装置来校准低速下的热线探针。然而，上述所有方法都在以下一个或几个方面受到限制：① 设备的复杂性和费用；② 缺乏通过另一种独立的校准方法来确认结果；③ 方法本身的不准确性。

在以上研究基础上 Lee 和 Budwig[109]介绍了两种针对 0.15～0.95 m/s 低风速的改进的热线风速仪校准方法：① 层流管流法；② 涡脱落频率法。将两种改进方法的校准结果与 TSI 1125 校准器结果进行了比较[109]。

4.3.1　层流管流法

用于低速热线校准的设备是一个改进的 TSI 1125 校准器，图 4－5 显示了获得低速测量值的装置。TSI 1125 校准器的热交换器和静压室/收缩器作为校准装置的一部分，以确保玻璃校准管入口的温度恒定和流量均匀。校准管通过一个特制的适配器，在 TSI 1125 校准器的收缩出口安装了一个玻璃管。玻璃管的直径为 0.02 m，长度为 0.80 m。选择玻璃管的长度是为了确保在玻璃管出口平面上的层流充分发展。L_e 是基于 White[125] 提出的公式确定了管道入口长度：

$$L_e = 0.08dRe + 0.7d \tag{4-12}$$

式中，d 为圆柱体直径；Re 为基于圆柱直径的流动雷诺数。热线传感器位于管道出口平面内的管道中心。根据已知流过玻璃管的流量 Q 可计算出空气的速度。

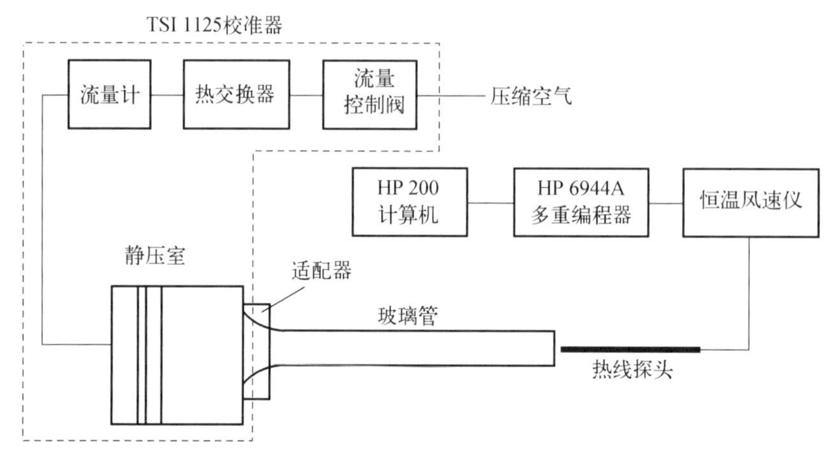

图 4-5　在低风速下校准热线风速仪的管流装置(玻璃管和热线探针在实验室中垂直放置)[109]

热线(TSI 1210-T1.5) 的输出电压是通过恒温风速仪(TSI 1050) 获得的，热线在操作时的过热比为 1.8，数据由 HP200 系列计算机和 HP6944A 多重编程器一起采集和处理，导线上的平均速度 u_w 是从 Hagen-Poiseuille 曲线积分和平均的：

$$u_w = \frac{1}{H}\int_{-\frac{H}{2}}^{+\frac{H}{2}} \frac{2Q(r_0^2 - r^2)}{\pi r_0^4}\mathrm{d}r \tag{4-13}$$

$$= (2Q/\pi r_0^2)(1 - H^2/12r_0^2)$$

式中，r_0 为玻璃管的半径；H 为热线传感器的工作长度。在热线传感器管道以及实验所用管道尺寸内，公式(4-13)给出的平均速度在最大速度的 1%范围以内。此外，沿热线传感器的非均匀温度分布使得测得的速度更接近于管道内的最大速度。

在固定温度下进行热线校准，校准数据拟合到修正的 King 定律：

$$U^2 = A + Bu_w^n \tag{4-14}$$

式中，U 是风速仪的输出电压；A、B 和 n 是最佳拟合常数。尽管 King 定律通常适用于速度高于 0.25 m/s 的情况，修正后的 King 定律与 0.15~0.90 m/s 范围内的校准数据具有良好的相关性。

4.3.2　涡脱落频率法

在该方法中，测量了涡脱落频率并通过经验 SR 关系得到了速度。但是在低速标定的相关雷诺数范围内,已发表的 SR 曲线有高达 20%的差异。下面的讨论描述了如何使用连续的 SR 曲线来产生精确的低速校准结果[109]。

利用流场显示和热线风速测量技术,提出了一种基于圆柱涡脱落的精确标定方法。采用烟丝流场可视化方法对圆柱的涡脱落模式进行了研究,并通过热线风速仪得到了相应的 SR 曲线。层流圆柱尾迹的展向流动显示是通过在下游 7 倍直径处和大约距离圆柱中心平面一倍直径处放置烟丝完成的。尾迹的脱落频率是用一根热线测量的,这根热线放置在下游 10 倍直径处,离圆柱体中心平面 2 倍直径处。涡脱落频率由频谱分析仪(HP3582A)得到。

热线测量和烟丝流动显示均在 30 cm×30 cm×183 cm 的吸力式低速恒定风洞中进行,收缩比为 25/1。在试验段与风扇之间安装两个内衬隔音瓦的阻尼箱(120 cm×240 cm×120 cm 和 120 cm×240 cm×90 cm),以防止风扇噪声到达试验段。湍流度为 0.35%,流动均匀度优于 0.5%。用抛光的钻杆制成直径为 1.56 mm 和 3.2 mm 的圆柱体,圆柱在风洞中被重物拉伸,通过选择重量使圆柱的固有频率远高于涡脱落频率来防止气动弹性耦合,这些圆柱体的长径比(L/d)为 95 和 195。

图 4-6(a)显示了 $R=130$ 处没有末端修正的圆柱的典型非平行涡脱落,涡丝的轴线与圆柱的轴线不平行,对应的 SR 曲线如图 4-7(a)所示。结果表明,当雷诺数 $Re=103$ 时,SR 曲线存在不连续性。

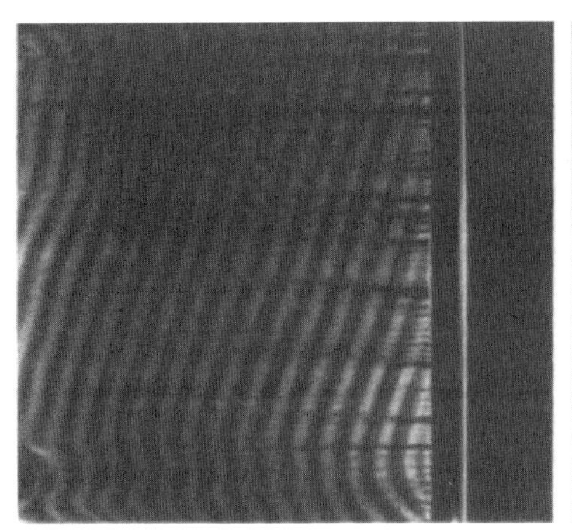

(a) 圆柱无末端修正的斜涡脱落模式

(b) 端部圆杆平行脱落方式

图 4-6　$R=130$ 时圆柱涡街尾迹的展向流动显示[109]

其他研究者已经观察到未修正柱体 SR 曲线的不连续性。图 4-7(a)比较了目前非平行脱落的 SR 曲线结果与其他研究的结果。出现第一次不连续时的雷诺数 Re 在 64~130 之间。Williamson[126] 以及 Lee 和 Budwig[109] 研究结果表明,Tritton[127]、Berger 和 Wille[128] 以及 Nishioka 和 Sato[129] 所观察到的 SR 曲线的第一个不连续是脱落角不连续下降的结果。Roshko[130] 是唯一对于未修正圆柱数据没有显示出第一个不连续的研究者,但对产生这个现象的原因尚不清楚。图 4-7(a)还显示,非平行脱落的 SR 曲线变化高达

20%。综合结果清楚地表明,非平行模式圆柱尾迹的特性是与设施相关的,综合结果清楚地表明,非平行形态柱体尾迹的特性与设备有关。因此,非平行涡脱落的脱落频率法不能作为精确的低速定标方法。

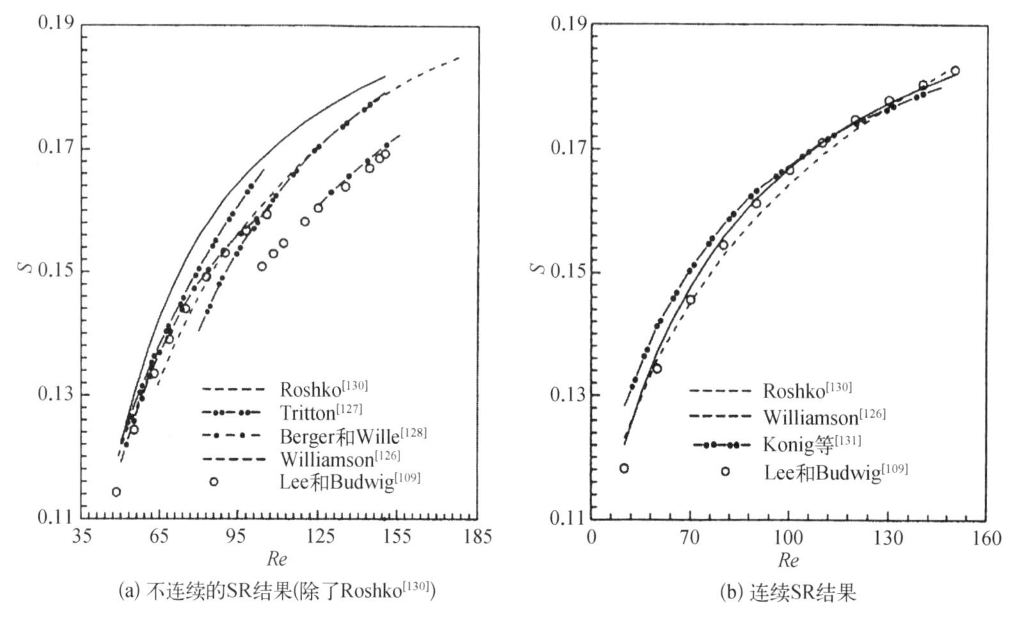

图 4-7 Lee 和 Budwig 与其他学者的 SR 曲线比较[109]

采用不同的末端修正方法,在圆柱体中心跨度上诱导平行涡脱落。Williamson[126]使用倾斜 12°~15°的盘末端来诱导平行涡脱落。Hammache 和 Gharib[132]通过将两个控制圆柱体置于上游并与主圆柱成直角来产生平行涡脱落。

图 4-6(b)显示了在圆柱两端(圆柱末端)使用圆柱套产生的平行涡脱落流动。末端圆柱在 Lee 和 Budwig[109]的研究中用于促进平行脱落的方法与 Eisenlohr 和 Eckelmann[133]的方法类似,但没有端盘。末端圆柱直径为 $2d$,长度为 $11d$,在端部圆柱外缘和风洞壁面之间有 $13d$ 的间隙。

图 4-7(b)显示了平行涡脱落模式的 SR 测量结果。研究数据以空心圆表示。数据被拟合成一条连续曲线,与 Rosbko 的结果相差不到 2%。产生 SR 数据的速度是由放置在圆柱尾迹外的热线确定的。SR 数据的最佳拟合方程为

$$S = 2.531 \times 10^{-5} Re + 0.2102 - 4.332/Re \tag{4-15}$$

从图 4-7(b)也可以看出,Lee 和 Budwig[109]与 Williamson[126]和 Konig 等[131]的 SR 曲线吻合得很好。Williamson[126]和 Konig 等[131]的连续结果与 Lee 和 Budwig[109]测量值的最佳拟合直线为

$$S = 1.247 \times 10^{-4} Re + 0.1906 - 3.671/Re \tag{4-16}$$

综上所述,采用涡落频率法完成校准的步骤如下:① 产生平行脱落;② 测量脱落频

率;③ 利用式(4-16)确定自由流速度。脱落频率校准法的雷诺数 Re 范围是 50~150。

4.3.3 两种方法和结论的比较

图4-8给出了层流管流法、涡脱落频率法和TSI 1125校准器标定结果的对比。图4-8可以看出,层流管道流动法(图4-8中空心圆)所确定的自由流速度与涡脱落频率法(图4-8中实线)得到的速度的差距在±3%以内。管道流量标定结果的不确定度为±0.015 m/s。图4-8还显示了通过TSI 1125校准器(图4-8中空心菱形)获得的自由流速度比现有方法的校准结果低4%~50%。

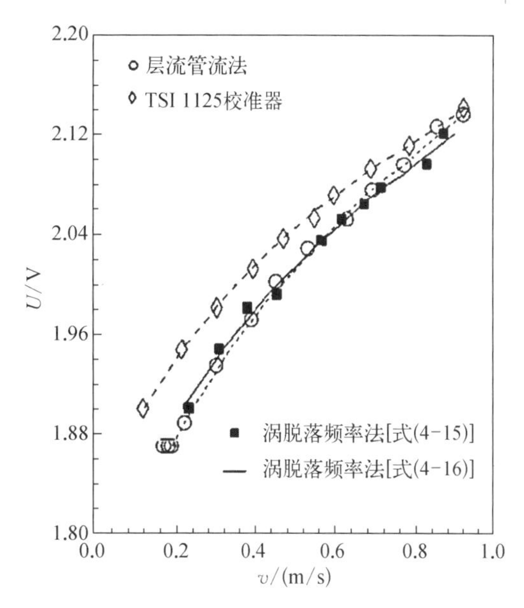

图4-8 两种改进方法和TSI 1125定标器在低速范围内的定标结果[109]

4.3.4 改进的层流管道流动校准方法

以上介绍的两种改进热线风速表低速标定方法可以提供简单且准确的方法进行低速热线校准。在此基础上 Yue 和 Malmström[134] 提出了一种改进的层流管道流动方法。该研究集中于在大多数暖通空调实验室中如何利用可获得或易于和低制造成本的部件来产生恒定的层流,分析了湿度对标定的影响。通过将校准结果与另一校准装置的结果进行比较,并对层流管道流动的速度分布进行了检验,研究了该方法的有效性。与认证装置的比较研究表明,该方法可以为低速热线风速仪的校准提供正确的数据[134]。

1. 实验装置

整个校准台布局如图4-9[134]所示,它由两个气密容器组成,其中一个容器内装有一根可调管道,一些柔性塑料连接管道和一根铜管校准管道。第一个容器的目的是向

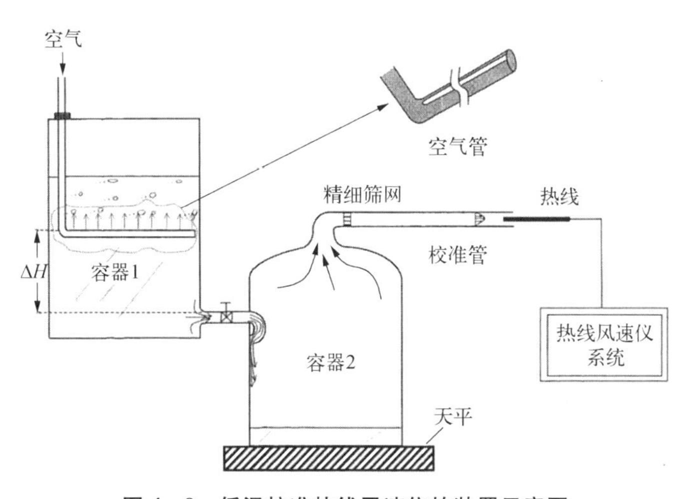

图4-9 低温校准热线风速仪的装置示意图

第二个容器提供恒定的水流速率,只要容器 1 的水位高于空气管道的开口狭缝,就可以实现这一点,因为空气管道水平部分的水平压力将是恒定的,恒定的流量是由一个特别设计的空气管道,使一个铜管弯曲在 90°角度,类似于半个正方形,空气管道的顶端是向外界大气开放的管子的下部平行于容器的底面,管道水平部分顶部有一长缝,缝的宽度约为 1.5 mm。

在实验开始时,第一个容器几乎装满了水,而第二个容器则是空的。当两个容器之间的阀门打开时,水将从第一个容器流到第二个容器。由于容器是气密的,在狭缝表面的压力将会降低。然而,这条管道是与外部大气相连的。当压力降低到外部空气压力时,空气管将外部空气释放到容器中,以保持狭缝表面的压力始终等于外部空气压力减去管道内的压力损失。狭缝的特殊设计有助于平稳、连续地释放空气。之后,水平管缝与容器出口的压差在 $\Delta H\rho g$ 处恒定,其中 ΔH 为出口到水平管缝的距离,ρ 为水的密度,g 为重力加速度。只要狭缝在水面以下,第一个容器将提供进入第二个容器的恒定的水流速。

水以恒定的速率流入第二个容器,并将相同体积的空气推入校准管。这个流量可以很容易地用一个天平称重容器 2 和一个手表来测量。铜校正管通过一个特殊构造的适配器安装在第二个容器的出口。适配器内部的细网纱,使出风口空气流动顺畅。

铜管的直径为 13 mm,长度为 1 m。铜管长度的选择是为了保证在管出口平面层流流动充分发展。根据 White[125] 提出的公式(4-12)来计算最小管道入口长度 L,其中,d 为管道直径;Re 为以管道直径为特性尺寸的流动雷诺数。热线传感器位于管道中心,位于管道出口平面。在假定层流管道流速分布的情况下,根据已知的水流通过第一容器到第二容器的流速,计算出测量点的空气流速。

对于低于 2 300 的雷诺数 Re,为了产生层流,校准管中的平均速度范围为 0~2.9 m/s。由于管道中层流的最大速度是平均值的两倍,因此该设备用小型热线对速度的理论校准范围为 0~5.8 m/s。

设备的功能将通过恒温热线探针的测量来说明。探针具有单个未镀钨传感器,长 1.5 mm,直径 5 μm,探针工作的过热比为 1.8,数据采集和数据转换使用 An-2000 计算机控制风速仪系统。每个速度的校准样本数量为 2 000 个,采样率为 300 Hz。

热线的平均速度 v 通过对 Hagen-Poiseuille 曲线进行积分和平均计算可得[式(4-13)],其中,Q 为通过铜管的空气流量;r_0 为校正铜管的半径;H 为热线传感器的工作长度。在本实验中使用的热线传感器和管道尺寸的管道内,由式(4-13)给出的平均速度在最大速度的 1%内。沿热线传感器的温度分布不均匀,使得测量的速度更接近管道中的最大速度。

图 4-10[134] 显示了阀门打开后风速仪的输出电压随时间的变化。实验中相应的空气通过管道的最大速度约为 1 m/s。起初,输出电压会随着阀门开启而跳变。在初始瞬态之后,流量相当稳定,信号在 25 秒后保持不变,相应的标定风速为 1 m/s。28 秒到 70 秒之间的湍流度小于 0.4%。

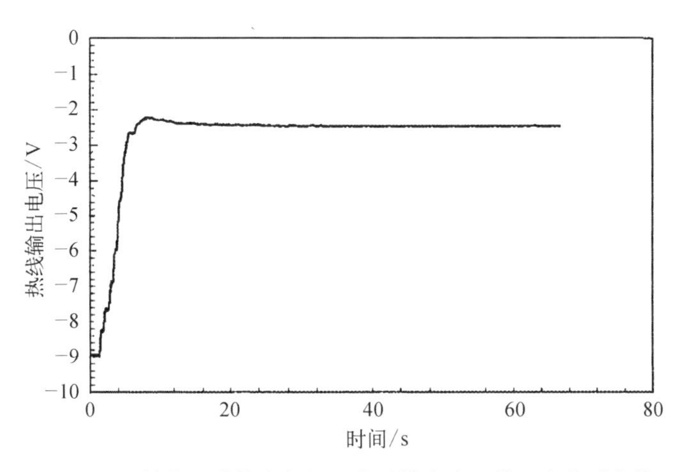

图4－10　热线风速仪在阀门开启后输出电压的一个典型变化

2. 测量精度

测量中使用的所有仪器的不确定度如表4－2。用于校准的仪器的整体不确定度估计小于1.5%。

表4－2　仪器测量不确定度[134]

	仪　器	测量范围	不确定度
重　　量	Sartorius IC64	0～64 kg	±1 g
时　　间	Seiko Plastic	—	±0.2 s
温　　度	Testo 610	−5～50℃	±0.2℃
相对湿度	Testo 610	10%～96%	±1.5%

3. 方法分析

1）湿度的影响

热线风速仪是为测量室内空气温度约为23℃房间通风中的空气射流而设计的。众所周知，空气温度影响风速仪的输出。然而，由于校准装置中的空气流动是通过以受控速率向第二个容器中注水产生的，因此流动的空气被加湿是不可避免的。当室内空气相对湿度为28%时，铜管出口流动空气的相对湿度在50%～85%，由于空气的这一特性值在校准装置和应用之间差异很大，因此有必要研究湿度对热线风速表校准的影响。

理论上，空气中水汽的存在会增加水汽分压较小时的导热系数，因此，随着湿度的增加，热损失也会增加。只有少数论文介绍了湿度对热线风速仪影响的研究，例如Schubauer[135]、Lindahl和Sonnegard[136]和Durst等[137]。在热线风速测量中湿度的影响通常被认为是可以忽略不计的。Durst等[137]对热线风速仪在不同温度、速度和相对湿度下的性能进行了详细的研究，发现湿度对热线风速仪信号的影响与速度和温度完全无关，并提出了一个简单的多项式方程来解释这种影响：

$$f(x) = 1 + Ax + Bx^2 \tag{4-17}$$

式中，$f(x)$是湿度为x下的传热量与相同温度和速度下在$x=0$下的传热量的比值；A和B是由实验数据推导出的常数。Durst等在论文中给出了三组常数。对于低速测量，建议$A=0.336$，$B=-0.410$。由式(4－17)可以很容易地估计，在温度约为23℃，相对湿度从28%变化到90%时，测量速度与真实值之间的差异小于1.2%。在低速测量中，这种程度的误差应该是可以接受的。Almqvist和Legath[138]的研究结果表明，测量现场有没有硅胶干燥机，没有发现任何影响。

2）方法验证

（1）比较研究。SP公司于1997年研制了一套经认证的低速校准试验装置，该装置的校准精度可达0.05 m/s，并对两种装置实验结果进行了对比，如图4－11所示。在研究中，热线风速仪在0.167~2.18 m/s范围内进行了校准，并比较了31种不同风速仪读数数据对应的风速。从图4－11中可以看出，层流管流法得到的速度与SP装置得到的速度相差不大，在1 m/s附近的速度相差最大，最大偏差为0.04 m/s。

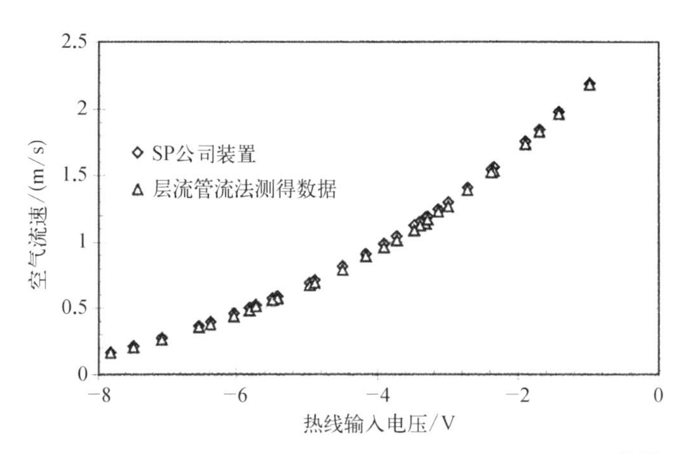

图4－11　将所述装置与SP低速标定测试装置进行了比较[113]

（2）自然对流的影响。一些研究人员研究了风速仪测量中自然对流重要性的标准。一种方法是使用如公式(4－14)所示的King定律，其中，E为风速仪的输出电压；A、B和n为最佳拟合常数。由于King定律是基于对无限圆柱体强制对流换热的分析，因此通过研究King定律对热线风速仪性能的应用范围，可以了解自然对流的影响。Collis和Williams[112]以及Hatton等[116]的研究结果表明，对于大于0.06 m/s的速度，总是可以找到最适合风速仪的King定律常数。在实验中，这个自然对流的标准被发现为0.1 m/s。

Malmstrom和Unal[139]也通过改变空气流经导线的方向，研究了5个不同风速下自然对流的影响，但表明自然对流的速度限制为0.2 m/s。在这种情况下，校准管垂直放置，探针位于管的底部，这样空气就可以向下吹。由于热线的自然对流会产生羽流，向下的气流会抑制羽流，使热线风速表的性能与水平放置校准管时不同。因此，通过比较热线风速仪水平放置和垂直放置的校准管的性能，也可以区分自然对流的影响，如图4－12所示。在这种情况下，自然对流产生影响的速度上限约为 0.2 m/s，比使用 King 定律分析得到的速度要高。这种差异可能是由于最佳拟合常数使 King 定律具有更大的灵活性，降低了 King 定律适用范围的下限。

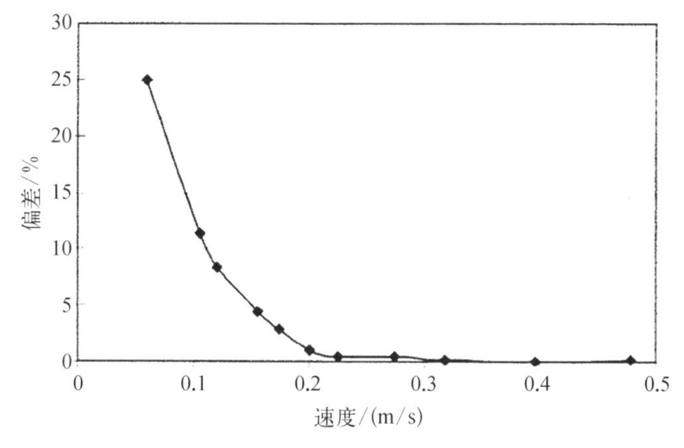

图 4-12　与以空气流经热丝水平和向下流动而校准的风速仪进行比较

3）对速度分布的检查

众所周知，管道中的层流速度呈抛物线分布，在壁面下降到零，在轴线上达到最大值：

$$v = v_{max} \frac{r_0^2 - r^2}{r_0^2} \tag{4-18}$$

式中，v 是测量点的速度和 v_{max} 是管道中心层流的最大速度；r_0 和 r 分别为管道的半径和从测量点到管道轴线的距离。

为了检查校准结果，测量了校准管出口处层流的速度分布。在测量过程中，中心点的选择要特别注意：首先，在校准管的出口放置一个特别设计的比例板（标尺间隔 1 mm），以获得中心点的大致位置，然后热线相对于该点向上和向下移动 0.3 mm。在每个方向上，测量三个额外的点，从这七个点中得到速度最大的点被认为是中心点。实验中，v_{max} 约为 1.4 m/s，测量结果如图 4-13 所示。除了最后一点外，它们与理论数据基本一致。

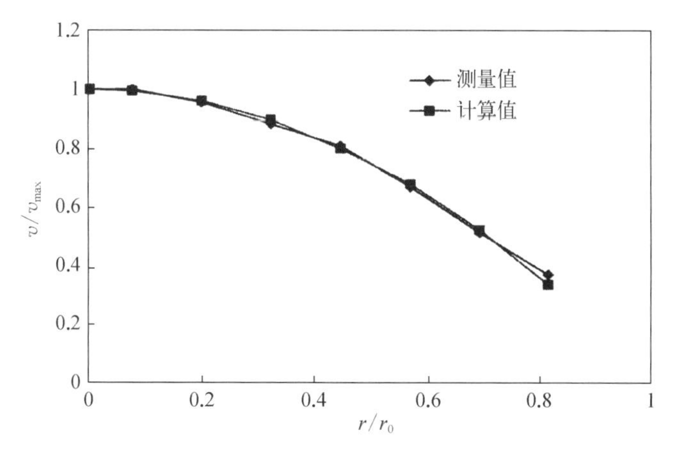

图 4-13　管道内层流（r_0=6.5 mm）的实测速度分布与理论速度分布的比较[113]

4.4 微风速测量示例

LDV 和 PIV 测量技术有了巨大的发展,HWA 仍然保留了一些优点,如快速响应和良好的空间分辨率。Benabed 等[140]使用 HWA 技术进行了一项实验研究,采用热线风速测量技术来研究人类行走脚步周期的一个阶段:在一个步态周期中由人的脚轻拍产生的气流。在这项工作中,只研究脚的轻拍运动。一种由一个矩形木板组成的机械拍脚,在伺服马达的作用下以恒定的速度进行上下旋转运动,以此来模拟脚步运动。采用了具有高空间分辨率的机械位移系统,可以在与墙壁的不同距离上进行测量。为了纠正墙壁附近的 HWA 测量,文中提出了使用倾斜板上风洞中的 HWA 测量和 Falkner - Skan 解析解的校准程序。研究中使用的热线风速仪是丹迪恒温风速仪(CTA),所采用的热线探针是为测量边界层速度而设计的(图 4 - 14),所有测量的过热比均设置为 0.7,采用分辨率为 10 μm 的二维位移系统对热线探针进行位移。表 4 - 3 总结了所使用探针的不同特性。

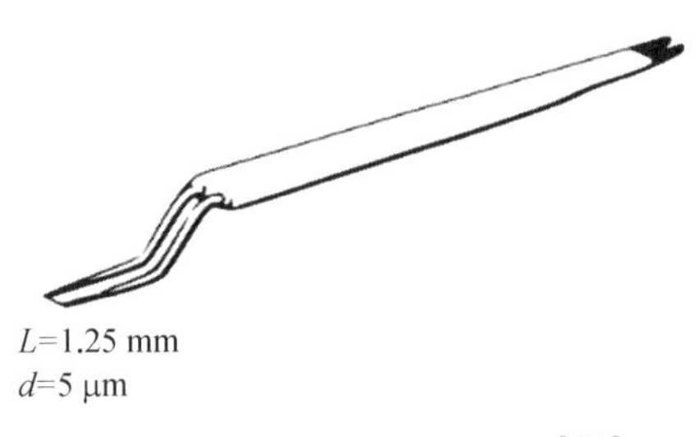

图 4 - 14 热线探针几何形状[114]

表 4 - 3 热线探针特性

传感器电阻/Ω	3.35	最大环境温度/℃	150
导线电阻/Ω	0.5	最小速度/(m/s)	0.05
电阻温度系数	0.36	最大速度/(m/s)	500
传感器最大温度/℃	300		

4.4.1 热线探针校准

热线探针的良好校准是热线风速仪最重要的方面之一。该步骤在每次速度测量之前执行。丹迪流线型自动校准器用于此目的,该校准器可从增压空气供应中产生低湍流射流。校准过程是通过将热线探针暴露在一组已知速度 v 气流下,然后记录电压 U。通过点(U, v)的曲线拟合表示将数据记录转换为速度时使用的传递函数,如式(4 - 19)所示。

$$v=\left(\frac{U^2-A}{B}\right)^{\frac{1}{n}} \tag{4-19}$$

式中,n、A 和 B 是常数。式(4 - 19)由 King 定律[式(4 - 14)]得到。在校准过程和测量过程中温度保持不变为(22±0.1)℃,从而得到准确的热线速度测量值。每组实验结束后对校准曲线进行复核,以确保保持原有的校准曲线。否则,最终函数将是两个函数的平均值。

4.4.2　测量误差

热线风速仪测量的主要不确定性来源是：

（1）CTA 电压的不确定度：包括测量的噪声，电压平均（mV 量级）产生的误差，最后获取一系列的量化误差（约 0.15 mV）；

（2）误差与测量条件有关：温度变化是其中一个重要的来源，对于热线探针，对于温度变化 1℃而言误差约为 2%，实验过程中，通过进行两次校准（每次测量前后）；

（3）校准的不确定性。

4.4.3　近壁区域的速度修正

HWA 速度修正测量是在一个总长度为 13 m 的风洞中进行的（图 4－15）。风洞测试段的尺寸为 0.6 m×0.6 m×1.2 m。在研究过程中，测试段是封闭的，允许建立一个背景湍流强度小于 0.6%的流动。风洞试验段的一侧侧壁由玻璃制成，以提供光学通道。

图 4－15　用于速度校正的风洞照片[114]

首先，强调了壁面导电率对 HW 探针读数的影响。在静止空气中，两种平板——有机玻璃和乙烯基之间不同的垂直距离处（图 4－16）进行测量。在这些条件下探针的响应代表了背景噪声。两块平板的一些物理性质如表 4－4 所示。

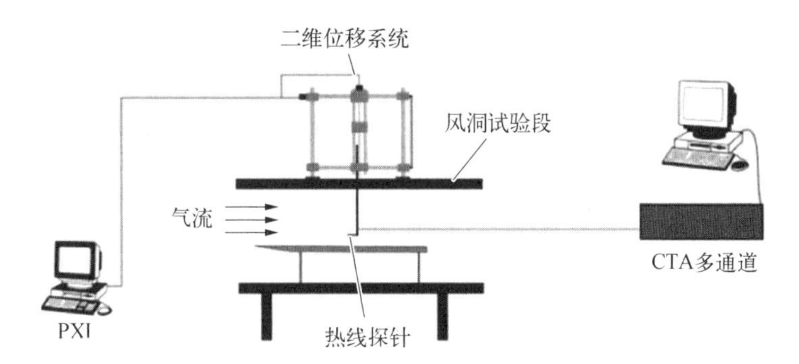

图 4－16　风洞测试断面和速度测量系统在一个平板上的截面[140]

表 4－4　两种平板的物理特性

平板材料	厚度/cm	23℃时的导热系数/[W/(m·K)]	比热/[J/(kg·K)]
乙烯基	0.5	0.17±0.01	1 450
有机玻璃	0.5	0.23±0.01	900

其次，在来流速度为 $v_\infty \neq 0$ 的情况下进行相同的步骤，得到平均速度的垂直剖面。图 4－17 显示了一个热线数据和 Blasius[141] 边界层分析解之间的比较，$v^+ = f(h)$，$v^+ = v/v_\infty$ 和 $\eta = y\sqrt{v_\infty / x_c \nu}$，其中 y、x_c 和 ν 代表分别到壁面垂直距离，平板前缘到测量点的流动距离和运动黏度。从图中可以看出，$\eta > 2.65$ 时实验曲线与 Blasius 解之间有很好的一致性。然而，当 $\eta \leqslant 2.65$ 时实验数据远高于 Blasius 解。通过与 Durst 等在距离 $\eta = 1.04 < 2.65$ 处观察到的壁面影响结果进行比较，发现该偏差不是壁面对热线探针的影响。假设实验曲线的偏差是由于板与流动方向没有正对产生的，随后，通过给平板一个小的倾斜施加顺压梯度来稳定流动。

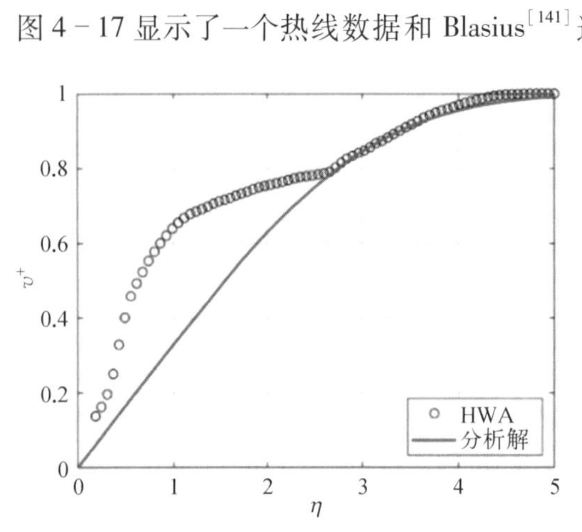

图 4－17　Blasius 边界层曲线与 v_∞ =6 m/s 和 x_c =0.4 m 实测数据比较[140]

然后在相对于水平面倾斜角度为 4°的平板上进行测量 v_∞ =6 m/s，x_c =0.4 m 的数据并与 Falkner－Skan 边界层解析解进行比较，后一种数据和 HWA 数据之间的比较放在结果部分。

利用 HW 测量的速度估计速度修正因子 Falkner－Skan 方程解析解如式(4－20)所示：

$$C = \frac{v^+_{\text{Falkner-Skan}}}{v^+_{\text{HWA}}} \tag{4-20}$$

式中，$v^+_{\text{Falkner-Skan}}$ 和 v^+_{HWA} 分别表示 Falkner－Skan 的解析解和 HWA 数据。对于每个测量值，在 1 分钟内的采样值中计算平均值。在 MATLAB 环境下，通过图像处理算法估算出探针与壁面之间的距离。该步骤系统地用于在开始速度测量之前探针的每个位置(图 4－18)。

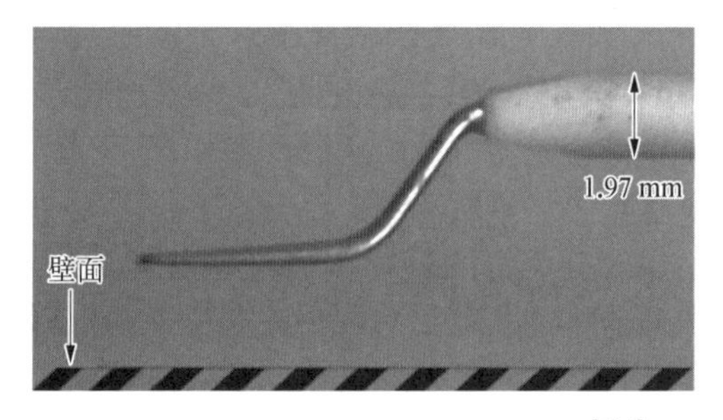

图 4－18　表面附近的热线探针照片[114]

4.4.4 热线探针校准曲线

图 4－19[140] 是一个平均校准函数的例子。本例的校准函数系数[式(4－19)]为 A=1.57，B=0.972，n=0.463。可以看出，校准曲线是非线性的，在低速时灵敏度最高。

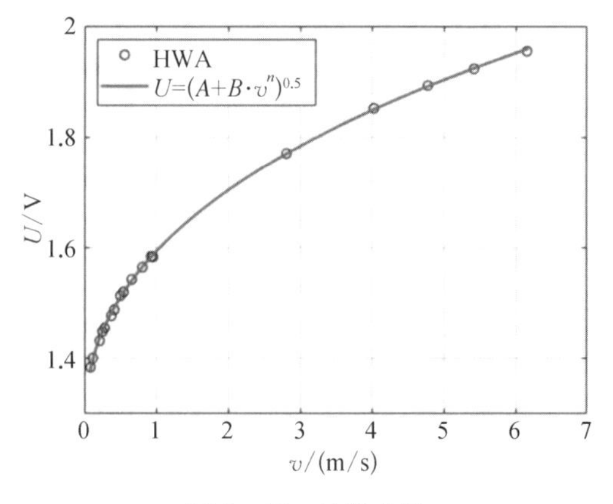

图 4－19　校准曲线

图 4－20[140] 显示了两种不同壁面材料(有机玻璃和乙烯基)在静止空气中电压差 $(U - U_\infty)$ 与壁面距离 y 的函数关系，这里 E_∞

表示远离平板的热线输出电压。曲线显示了壁面热导率与 HW 读数的依赖关系，这种影响出现在距离壁面 2.6×10^{-3} m 的位置处，当 $y<2.6\times10^{-3}$ m 时，两条曲线之间的区别非常明显。因此，表面热传导率越高，探针与壁面之间的传热就越高，从而增加了记录的电压。因此，对于接近给定表面的测量，必须在接近相同表面或具有相同热特性的表面进行修正。

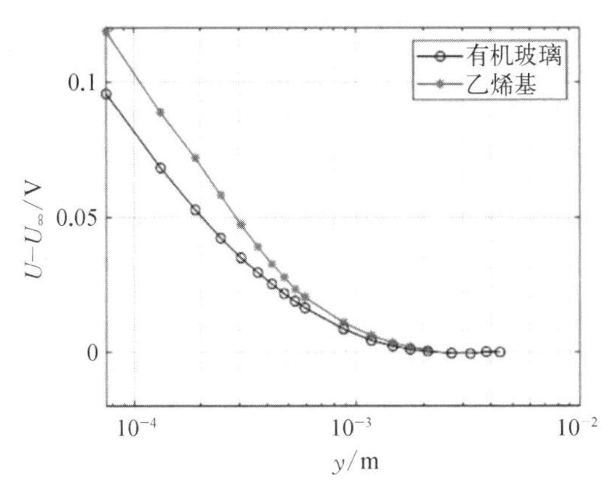

图 4-20 热线输出电压与热丝位置的关系

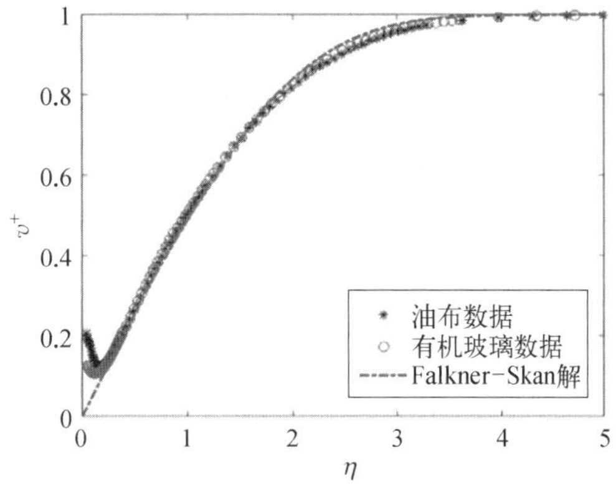

图 4-21 有机玻璃和乙烯基板上的热线速度分布

图 4-21[140] 展示了倾角为 4°光滑有机玻璃和乙烯基板上的平均热线速度曲线与 Falkner-Skan 解的对比。如图 4-21 所示，比较结果表明，在两个平板上，除了在非常接近壁面的区域（$\eta<0.26$）观察到与解析解有偏差外，分析数据和实验数据之间有很好的一致性。该区域同样需要对热线读数进行修正。

乙烯基平板的修正因子将被展示在图 4-22 中。图中显示了远离壁面的热线风仪测量不受影响时，速度修正因子的值为 1。在近壁区域中，热线输出受到壁面影响，即速度的值修正因子小于 1。Durst 等[88] 的研究指出，对于一定的热丝直径和过热比，速度修正因子仅与壁面的距离有关，可以写成：

$$C = 1 - e^{-ay^b} \tag{4-21}$$

对 C 的实验值进行拟合得到系数 a 和 b，如图 4-22 所示。由这些测量所得的修正因子稍后将用于修正由模拟器产生的速度。

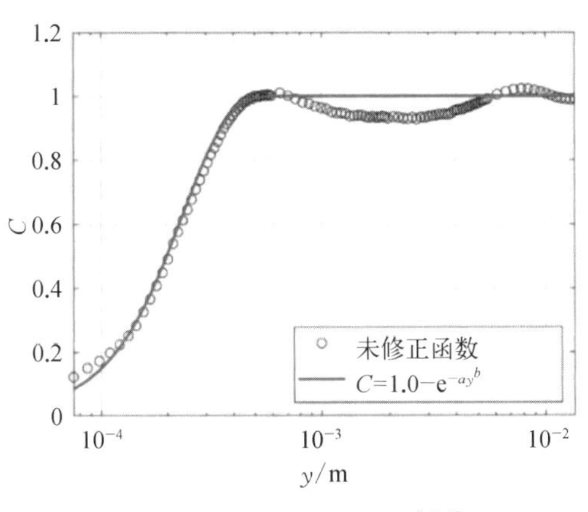

图 4-22 速度修正函数[114]

4.4.5 机械模拟器

以 1 个 25 cm (L)×8 cm (W)×1.2 cm(H) 的矩形木板作为理想的足部模型。平板尺寸与中等大小的鞋的鞋底尺寸相对应。图 4-23(a) 是实验装置的示意图。平板通过铰链固定在地板上,通过铰接臂固定在伺服电机上。铰链的放置使平板只能上下旋转,在向下的位置,脚与地板之间没有间隙[图 4-23(b)]。板和铰链组装在一起,这样空气就不会从后面逸出。平板运动由安装在外壳内地板上的伺服电机控制。伺服电机的运动由美国国家仪器公司的 PXI 和 LabVIEW 软件控制。模拟器与地面之间的初始角度(20°)和模拟器的角速度(80°/s)是根据 Benabed[142]之前的研究选择的。在后者中,通过快速摄像机对几个参与者实际行走的可视化显示,轻拍阶段可以比作平板匀速刚性旋转。此外,以往的研究表明,在走路过程中,跺脚阶段被认为是对粒子再悬浮贡献最大的阶段。在不同的点上测量由模拟器运动产生的气流速度。笛卡儿坐标系的原点如图 4-24 所示。利用 LabVIEW 实现了模拟器运动和数据采集的同步和自动化。首先,将最大速度在 x 方向上的横向分布,即 $v_{max}=f(y)$ 在距离模拟器顶部 $x=4.5\times10^{-2}$ m 处的变化量提取出来[图 4-24(a)]。这个距离对应于足部前面的水平距离形成了涡。测量点属于板的垂直对称平面。其次,在网格上进行测量,网格包含 180 个预先定义的点,距离壁面 $y\times10^{-3}$ m。水平方向上,点与点之间的间距为 5×10^{-3} m[图 4-24(b)]。对于每个点,取 10 次测量值的平均值。

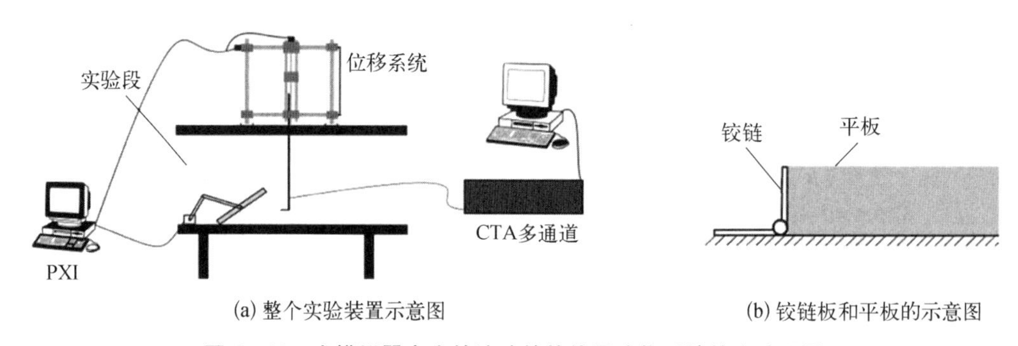

(a) 整个实验装置示意图　　(b) 铰链板和平板的示意图

图 4-23　由模拟器产生的流速的热线风速仪系统的实验设置

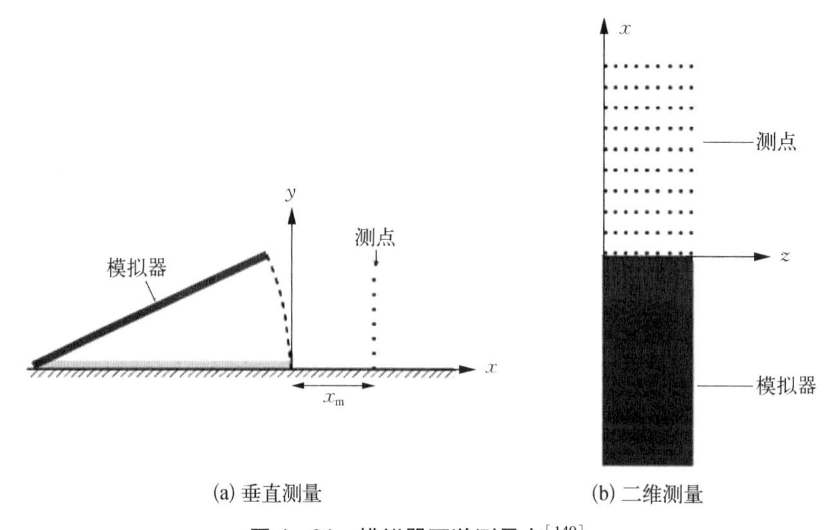

(a) 垂直测量　　(b) 二维测量

图 4-24　模拟器下游测量点[140]

4.4.6 脚步诱导速度的测量结果

图4－25显示了模拟器向下移动过程中不同测试的模拟器下游气流速度随时间的变化。曲线显示了测量结果的良好重复性。在速度变化过程中很容易识别出两个连续的阶段：在第一个阶段（0~0.23 s）中，连续出现两个速度缓慢增加紧接着急剧增加的序列，直到在 t=0.23 s 达到最大值，平均值为1.10 m/s；对于第二阶段（t>0.23 s），速度急剧下降，直到达到初速度。在第一阶段（0~0.23 s），在模拟器向下运动后，将模拟器下的空气排出。被排出的空气水平平移并通过测量点。在第二阶段（t>0.23 s），气流远离测量点，在其尾流处的流速由热线探针测量。

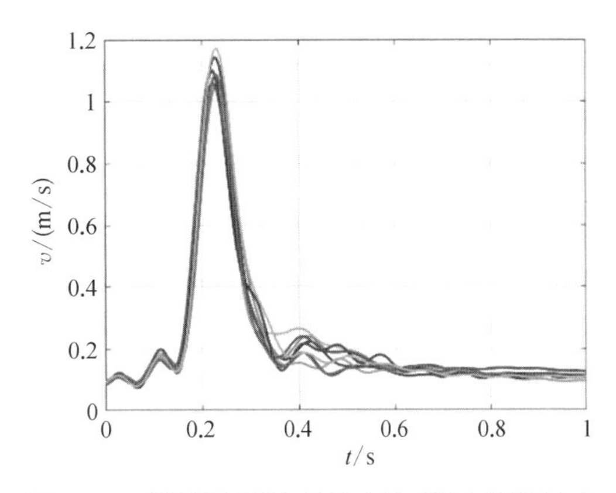

图4－25 模拟器下游气流速度的时间变化［测点坐标$(x, y)=(45\times10^{-3}\ \text{m}, 2\times10^{-3}\ \text{m})$］[114]

如上所述，研究中所遵循的同步过程使得对每种情况进行多次测量，且具有良好的重复性。此外，在给定的瞬间重现了速度剖面。为了研究所产生的气流速度的空间演化，关注了在任何测量中所达到的最大速度点。从式（4－21）中发现的速度修正因子应用于常用导线进行的速度测量，可以对近壁区域的速度进行修正。

图4－26显示了未校正和校正后的气流最大速度分布，由模拟器在下游 4.5×10^{-2} m 处的敲击模拟器产生的。对速度分布进行校正，最大速度在距离 $y=8\times10^{-3}$ m 处出现 v = 1.27 m/s 的峰值。然后在 $y=8\times10^{-3}$ m 和 $y=14.5\times10^{-3}$ m 之间缓慢下降。这一结果与 Benabed 等[143,144]的实验结果一致。随着 y 值的增大，速度急剧减小。在距离壁面 0.4×10^{-3} m 处，速度下降至0.35 m/s。通过检查未校正曲线，可见最大速度剖面在距离小于 0.4×10^{-3} m 时出现偏差。然而，修正后的曲线显示出预期效果，即一种趋势在壁上趋向于零。

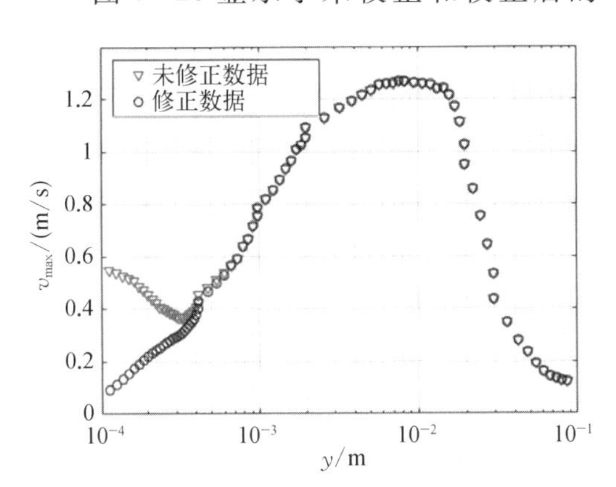

图4－26 距离壁面不同距离处最大速度的未校正和校正剖面

图4－27（a）~（d）显示了图4－24（b）测点在不同时间最大速度的空间变化。测量在距离壁面 10^{-3} m 处进行。这个距离对应到最大速度曲线达到图4－26所示的峰值。在距离壁面的这个距离上，热线探针的读数没有受到上一截面影响，所以没有进行修正。当脚步模拟器平板周围的空气不受扰动时即 t =0 s 瞬间，模拟器开始旋转。模拟器平板运动在两个横向空间方向上都产生了气动扰动，在模拟器平板的对称平面上有一个速度峰值（y =5×10^{-2}）。当脚着地时，最大速度为1.37 m/s 在$(x, z)=(2\times10^{-2}\ \text{m}, 5\times10^{-2}\ \text{m})$ 处记

录[图 4－27(b)]。当气流从模拟器扩散时，速度下降，在 $x=0.16$ m 处达到低于 0.32 m/s 的值[图 4－27(d)]。

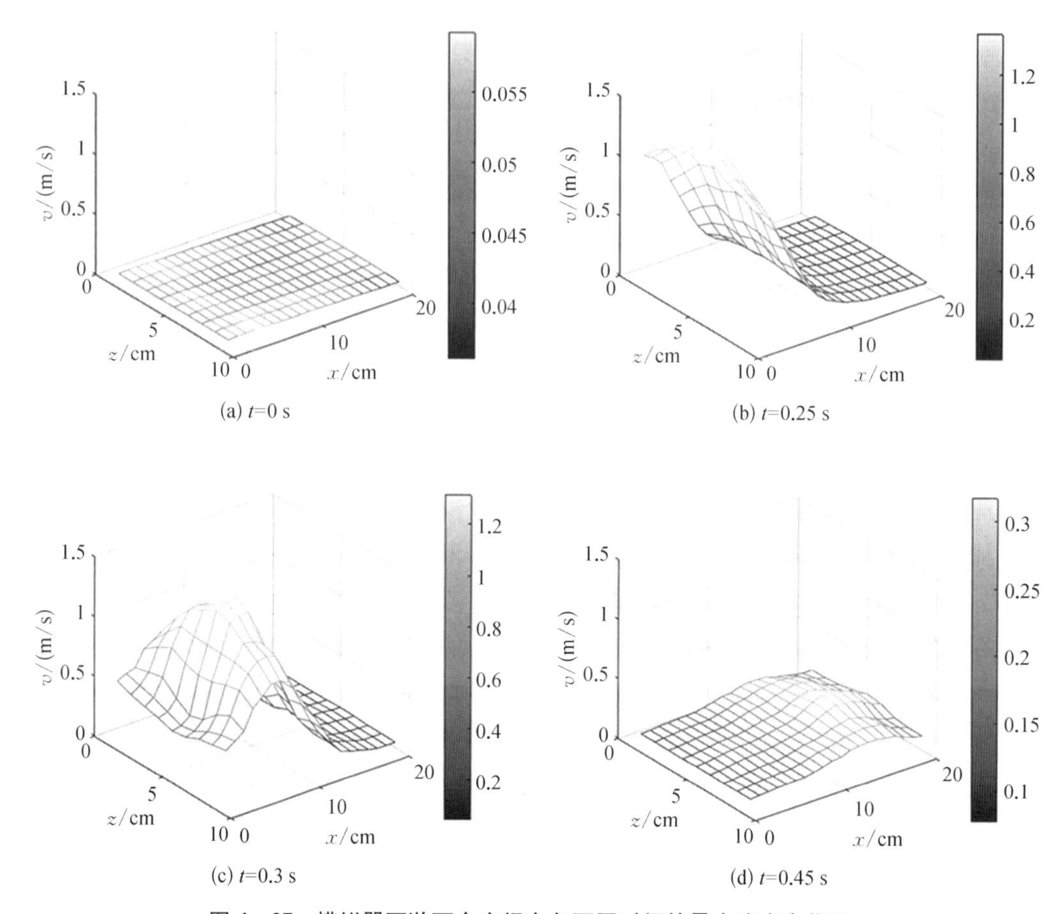

(a) t=0 s　(b) t=0.25 s　(c) t=0.3 s　(d) t=0.45 s

图 4－27　模拟器下游两个空间方向不同时间的最大速度变化图

本部分以脚步诱导的低速流动为例说明了热线风速仪在微风速下的测量应用。研究表明，脚步模拟器敲击运动排出了位于模拟器和底壁形成体积中的气体。在模拟器的作用下，产生的气流沿壁面移动并缓慢衰减，在$(x, y)=(2\times10^{-2}\ \text{m}, 5\times10^{-2}\ \text{m})$处记录的最大速度为 1.37 m/s。超过模拟器 0.1 m 的距离，气流速度变得很小($v<0.32$ m/s)。在模拟器前面的流向速度分布类似于一个完全发展的平面壁面射流分布。实验结果表明利用热线风速仪来研究人类脚部敲击所产生的气流的可能性。

思考题

1. 什么是微风速热线风速仪？微风速热线风速仪校准方法有哪些？这些校准方法有什么区别？

2. 微风速热线风速仪的测量原理是什么？

3. 微风速热线风速仪和热线风速仪有哪些异同点？

第5章

动态测量结果的处理方法

叶轮机械内部存在一些具有较强非定常性的流动现象,例如:叶片尾迹、转子叶顶间隙泄漏流、失速团等。而三维热线风速仪作为动态流场测量仪器的一种,可以对不稳定流动进行精确测量,所获得的动态测量结果经过数据处理后,可以较为精确地体现流场特性。

对于动态测量数据处理方法的研究,一直受到各国学者的重视,对于不同的信号提出了很多实用的方法。首先在进行信号分析方法的选择之前需要对信号的类别进行分类,在确定信号的类型后才能找到相应的分析方法,通常而言,信号根据其是否能用函数表示被分为确定信号和非确定信号两大类,在确定信号中,根据信号是否具有周期性规律,将其分为周期信号和非周期信号,在并不能用函数表示的非确定信号中,又根据其统计类特性分为非平稳信号和平稳信号。

在进行非平稳信号的分析处理中,时频分析方法是一种重要研究手段,是现代信号处理的研究热点,而在时频分析方法中,除了基本的分析方法外也包含许多类别,可分为线性时频分析和非线性时频分析两大类,线性时频分析中又包含短时傅里叶变换(Fourier transform, FT)、加博(Gabor)变换、小波变换等,而非线性时频分析则有维格纳-威尔分布(Wigner - Ville distribution, WVD)、科恩(Cohen)类时频分析等。

近年来,随着光电、数字化、微处理、自动化等技术的广泛应用以及智能化测试、计算机辅助测试等技术的发展,各种动态测量数据处理方法更是层出不穷,这些方法主要有频谱分析、相关分析、回归分析、滑动平均分析、时间序列分析、滤波分析、神经网络、小波变换、遗传算法等。本章将重点介绍频谱分析、相关分析、小波变换、方差分析和时频分析等几种动态处理方法。

5.1 频谱分析

频谱的全称是频率谱密度,通俗地讲就是指频率的分布曲线。结构繁杂的振荡可以分解为频率不同和振幅不同的谐振荡,谐振荡的振幅大小按频率排列形成的图形就称为频谱。在光学、声学等领域,都能寻找到频谱的影子。频谱分析的目的是检测信号,将信号的相位或能量、幅值变化用频率坐标轴展示,以此来分析其频率特性的方法称为频谱分析。通过频谱分析,可以获得更多对信号有用的信息。例如获得不稳定信号的每个频率的内容以及频率分布的范畴等。

频谱分析是搜集、分析信号的重要方法。它是对频率域进行研究分析,同时应用于多个领域。在科技如此发达的现代,我们可以用各式各样的方法对信号进行测量,测量其频率、波形、幅度等,主要依照的就是示波器。但是信号的变化是复杂的,且没有规律可循,面对此类信号,示波器就显得束手无策。示波器分析频率的方法是通过显示出的电压随着时间的推移而呈现出的曲线的变化,来确定电压幅度。而如果要进一步了解频率的组成,就要求使用频域法,将坐标轴的横轴设定为频率,纵轴设定为功率幅度,我们就可以在频率点上看到功率幅度的分布,进而了解信号的频谱。单个的信号的频谱能够展现出来,复杂的信号也可以被再现、复制出来。

依照目前的技术能力,有两种方法对信号频率进行分析。第一种被称为动态信号分析方法,就是对信号进行时域采集,然后对其进行傅里叶变换,将其转换成频域信号,这种方法的特点就是速度快,且分辨率高;但是其缺点是由于使用数字进行采样,分析信号的最高频率收到采样速率的影响。另一种方法原理则完全不同,该种方法是依靠电路的硬件去实现的,而非像上述方法一样通过数学转变,这种方法由于是靠硬件来控制,所以只要人类将器件频率做高,整个的分析能力就会大大加强。

5.1.1 基本原理

实际上,大部分的仪器及软件都用快速傅里叶变换来产生频谱的信号。快速傅里叶变换是一种针对采样信号计算离散傅里叶变换的数学工具,可以近似傅里叶变换的结果。目前,频谱分析主要是在计算机上用快速傅里叶变换来实现的,因此又称 FFT 分析法。频谱图是频谱分析方法提取诊断信息的一种表达方式,频谱图有幅值谱、相位谱、功率谱等,以下介绍频谱分析数学原理和方法。

设 $X(f)$ 为波动信号 $x(t)$ 的傅里叶变换[145],即

$$X(f) = \int_{-\infty}^{+\infty} x(t)\ \mathrm{e}^{-\mathrm{i}2pft}\mathrm{d}t \tag{5-1}$$

一般情况下,为一个复变函数,令

$$X(f) = R(f) + \mathrm{i}I(f) = | X(f)\ \mathrm{e}^{\mathrm{i}\varphi(f)} | \tag{5-2}$$

即

$$| X(f) | = \sqrt{R(f)^2 + I(f)^2} \tag{5-3}$$

$$\varphi(f) = \arctan[I(f)/R(f)] \tag{5-4}$$

式中, $X(f)$ 称为幅值谱或 FFT 谱,它表示信号中各频率成分的幅值大小沿频率轴的分布情况; $\varphi(f)$ 称为相位谱,它表示信号中各频率成分的相位沿频率轴的变化状况。

功率谱是功率谱密度函数的简称,它定义为单位频带内的信号功率,表示了信号功率随着频率的变化情况,即信号功率在频域的分布状况。功率谱表示了信号功率随着频率的变化关系,它的原理如下。

功率信号 $f(t)$ 在时间段上 $t \in \left[-\frac{T}{2}, \frac{T}{2}\right]$ 上的平均功率可以表示为

$$P = \frac{1}{T}\int_{-\frac{T}{2}}^{\frac{T}{2}} f^2(t)\,\mathrm{d}t \tag{5-5}$$

如果 $f(t)$ 在时间段上 $t \in \left[-\frac{T}{2}, \frac{T}{2}\right]$ 上可以用 $f_T(t)$ 表示,且 $f_T(t)$ 的傅里叶变换为 $F_T(\omega) = F[f_T(t)]$,其中 $F[\ ]$ 表示傅里叶变换。当 T 增加时,$F_T(\omega)$ 以及 $|F_T(\omega)|^2$ 的能量增加。当 $T \to \infty$ 时,$f_T(t) \to f(t)$,此时 $\frac{|F_T(\omega)|^2}{2\pi T}$ 可能趋近于一极限。假如此极限存在,则其平均功率亦可以在频域表示,即

$$P = \lim_{T\to\infty}\frac{1}{T}\int_{-\frac{T}{2}}^{\frac{T}{2}} f^2(t)\,\mathrm{d}t = \frac{1}{2\pi}\int_{-\infty}^{\infty}\lim_{T\to\infty}\frac{|F_T(\omega)|^2}{T}\mathrm{d}\omega \tag{5-6}$$

定义 $\frac{|F_T(\omega)|^2}{2\pi T}$ 为 $f(t)$ 的功率密度函数,或者简称为功率谱,其表达式如下:

$$P(\omega) = \lim_{T\to\infty}\frac{|F_T(\omega)|^2}{2\pi T} \tag{5-7}$$

傅里叶变换的离散形式[146]是

$$X(k) = \sum_{n=0}^{N-1} x_n\, \mathrm{e}^{-\mathrm{j}\frac{2\pi}{N}nk} \tag{5-8}$$

式中,$x_n = x(n\tau)$;$k = 0, 1, 2, \cdots, N-1$;$n = 0, 1, 2, \cdots, N-1$。

FFT 变换是计算离散傅里叶变换的一种快速算法。它把整个数据序列 $\{x_n\}$ 分隔成若干较短序列作 DFT 计算,用以代替计算原始序列的 DFT。只要算出较短序列 DFT,然后把它们合并起来,得到整个 $\{x_n\}$ 序列的 DFT,通过 FFT 变换,就可以计算波动信号的频谱。

5.1.2　应用实例

文献[147]使用单斜丝热线风速仪对某个对旋轴流风扇的级间速度场进行了动态实验研究,所测量的实验用对旋风扇其结构如图 5-1 所示。测点位置如表 5-1 所示。在转速比为 1∶1 时,对叶尖 ϕ440 mm 测量点、ϕ380 mm 测量点和 ϕ320 mm 测量点 3 个位置进行频谱分析,各个脉动信号的频率和幅值如图 5-2 所示。从图中前级叶片脉动信号和

后级脉动信号的幅值来看，在级间流场，后级转子的位势作用的影响几乎是前级转子的尾迹干扰影响的四倍。

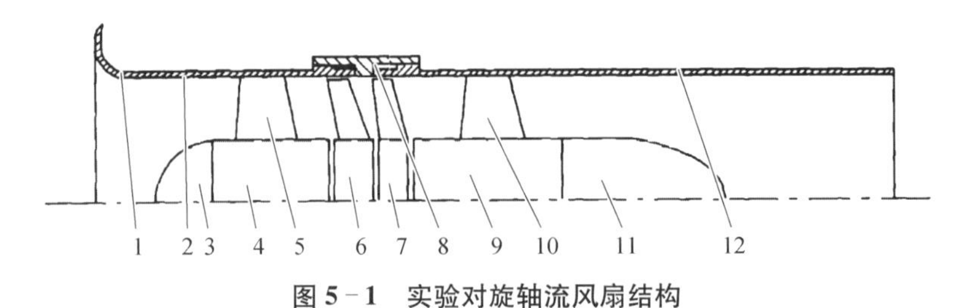

图 5－1 实验对旋轴流风扇结构

1. 集流器；2. 前机匣；3. 进气帽罩；4. 前级电机；5. 电机支杆；6. 前级叶轮；7. 后级叶轮；8. 中间机匣；9. 后级电机；10. 电机支杆；11. 尾锥；12. 后机匣

表 5－1 热丝探针测量点空间位置

测　量　点	1	2	3	4	5	6	7
径向位置 ϕ/mm	440	420	400	380	360	340	320
相对叶高/%	95.65	86.96	78.26	69.57	60.87	52.17	43.48
距前级尾缘/弦长	0.4	—	—	—	—	—	0.062 5
距后级尾缘/弦长	0.25	—	—	—	—	—	—

* 其中相对叶高是指测量点到轮毂高度与叶片展长的百分比。

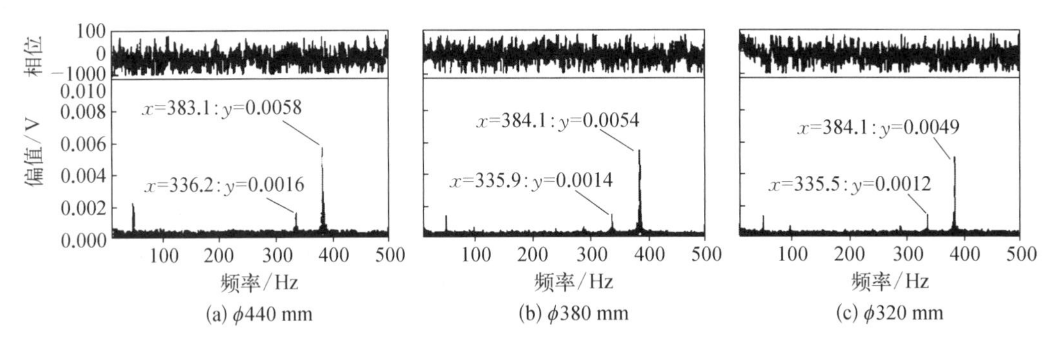

图 5－2 3 个测量点处的频谱分析图

为了进一步研究这两种非定常干扰对级间流场的影响，分别在前级调速即转速比为 1∶1.5 和后级调速即转速比为 1.5∶1 时，仍对叶尖 ϕ440 mm 测量点、ϕ380 mm 测量点和 ϕ320 mm 测量点 3 个位置进行频谱分析，三个位置对实验信号进行频谱分析的主要峰值频率及相应幅值分析结果如表 5－2 和表 5－3 所示。频谱分析的结果表明，后级转子的位势干扰影响在对旋级间非定常影响源中仍然占主导地位。

表 5-2　前级变速时的频谱分析数据记录

径向位置/mm	前级叶片脉动信号		后级叶片脉动信号		前级叶片信号倍频	
	频率/Hz	幅值/V	频率/Hz	幅值/V	频率/Hz	幅值/V
ϕ440	229	0.001 8	385	0.006 7	460	0.001 4
ϕ380	230	0.003 5	387	0.006 7	461	0.001 9
ϕ320	231	0.006 8	387	0.009 3	462	0.000 9

表 5-3　后级变速时的频谱分析数据记录

径向位置/mm	后级叶片脉动信号		前级叶片脉动信号	
	频率/Hz	幅值/V	频率/Hz	幅值/V
ϕ440	263	0.008 0	334	0.002 6
ϕ380	264	0.008 7	334	0.001 3
ϕ320	263	0.005 8	335	0.000 9

上文介绍了幅值谱的频谱分析,功率谱也是也是一种常用且重要的频谱分析方法。采用热丝对某光滑风力机翼型的尾流进行测量,利用功率谱分析该翼型的动态失速特性[148]。选择翼型静态过程中较典型的三个攻角 0°(未失速)、16°(轻失速区)、28°(深失速区),提取翼型下游热线采集的速度信号随时间的变化序列分别进行频谱分析,得到各位置处功率谱密度(power spectral density, PSD)与频率(Hz)的关系。如图 5-3 所示,图中 W1 和 W2 分别表示两个系列测点分别在流向方向距离尾缘为 0.267 倍弦长和 1 倍弦长的位置上。

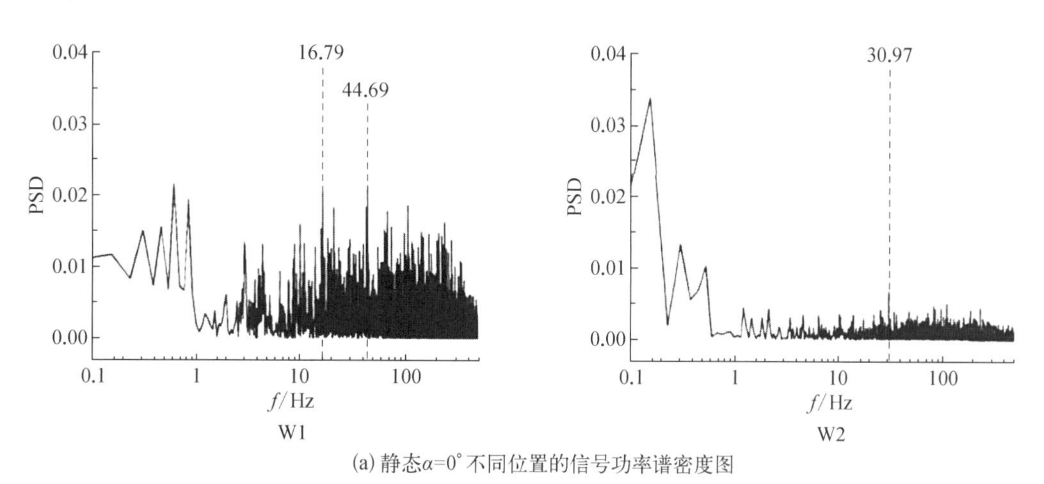

(a) 静态α=0°不同位置的信号功率谱密度图

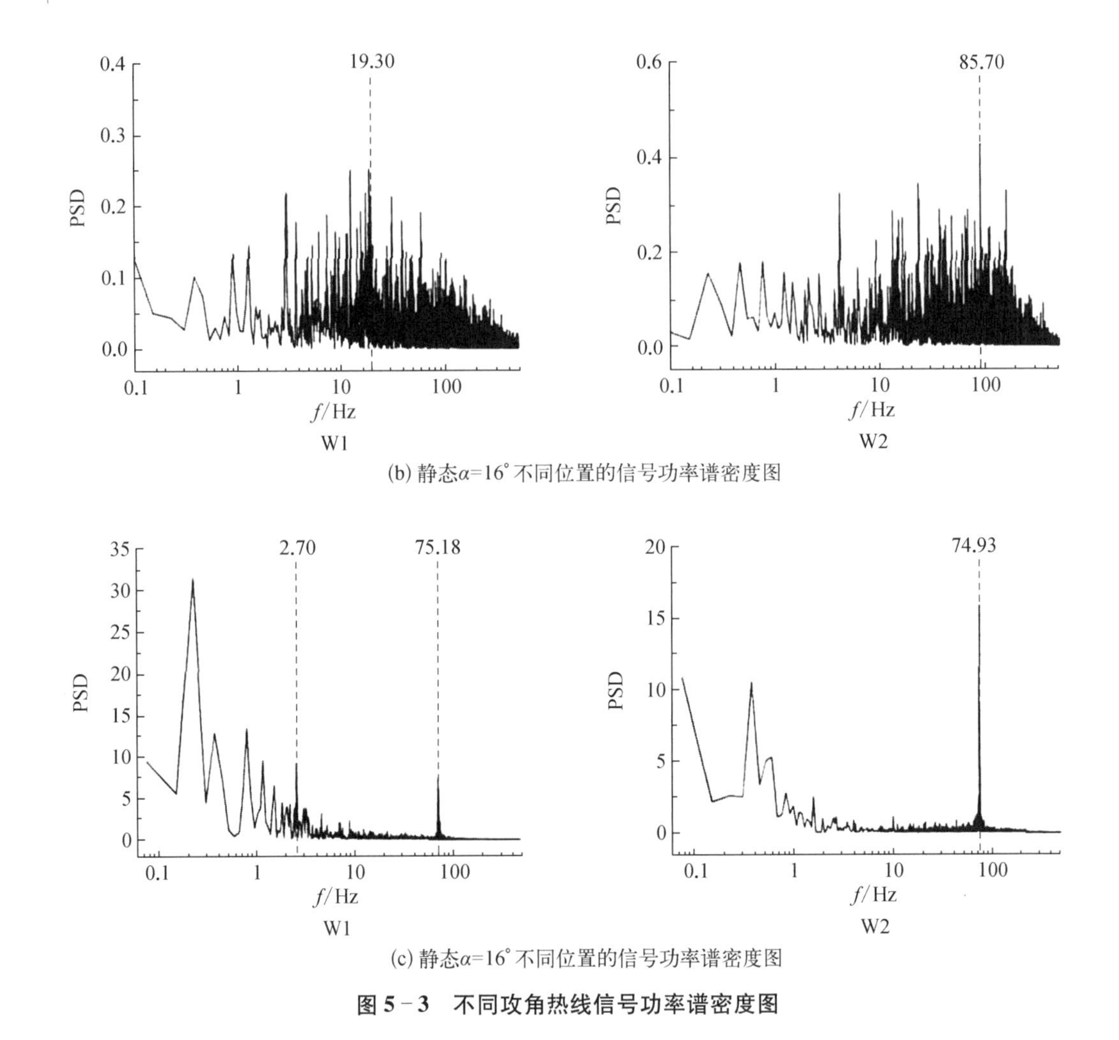

(b) 静态α=16°不同位置的信号功率谱密度图

(c) 静态α=16°不同位置的信号功率谱密度图

图 5-3　不同攻角热线信号功率谱密度图

一般来说,流场信息的频谱图中,功率最高的峰值对应的频率称为主频,PSD 值越高,代表位于该频率周围的流场波动越多,是流场中的主导因素。频率小于 1 的压力或速度波动基本是定常的或可视为准定常,通常是风洞中流场自身存在的干扰因素,如噪声导致的。

由图 5-3(a)W1 显示近尾流速度信号波动情况来看,流场大部分能量集中在 44 Hz 左右频率的周围,但功率谱值很小,只有 0.02 左右,因此,此处流场非定常性可以忽略。图 5-3(a)W2 显示尾缘下游一倍弦长的尾流处,低频率的定常流场重新占据主导,说明此处流场中高频率流动波动大部分耗散掉了,也不排除采集点位置在风洞宽度方向上的选择没有捕捉到脱落涡运动路径的可能。图 5-3(b)W1 尾流功率谱中,近尾流频率主要集中在 19.3 Hz 附近,更远尾流中频率主要集中在 85.7 Hz 附近,说明随着尾流发展,尾流中的涡破碎成更高频尺度更小的涡。图 5-3(c)显示深失速区的尾流中,存在频率约 75 Hz 的高频峰值,且下尾流比近尾流的高频率 PSD 占比更高,说明从翼型上下表面脱落的流体在尾缘混合后发展到尾流中经过了相互干扰影响、涡破碎等过程,脱落涡频率为

75 Hz,计算得到斯特劳哈尔数约为 0.02,符合钝体脱落涡频率,此时尾流流场中非定常性很高。

综上,流场速度或压力波动越大,其 PSD 功率谱图中能量越高,频率越高,代表流场小尺度高频率涡越多,即流场非定常程度越高。

现在对于信号的频谱分析除了利用电脑进行分析外,还有十分专业的频谱分析仪。频谱分析仪拥有极强的表达能力,可以充分展现信号的频率变化,不同类型的频谱分析仪,具有各自的优缺点和使用场景。扫频时频谱分析仪在设计时安有显示装置,其作用是对连续的以及周期性的信号的频率特点进行分析。但是其无法显示信号的发出位置,仅仅展现的是信号的振动幅度。有些目标检测信号停留的时间都是短暂的,且过程具有随机性,无法把握其规律,实时式频谱分析仪主要用于检测该类信号。同时对于频率过低或者极低的信号,例如频率在 40 MHz 以下的,也能通过分析显示出其相位和幅度。读者在进行频谱分析时可以根据自己需求选择合适的频谱分析仪。

5.2　相关分析

相关技术是信号处理的基本方法,在声、光、力、电以及地震学、生物医学、地质勘探等工程领域日益得到推广应用,特别是在雷达、通信和控制系统中对提高信噪比,进行系统识别和速度测量等更有其独特的特点。

在测试技术领域,相关是个非常重要的概念。那么何为相关关系呢?变量与变量之间的关系可以分为确定性的关系与非确定性的关系。其中确定性的关系指其中一个变量被确定之后,另外的一个变量随即被固定下来,这种确定性的关系一般均可通过函数表达式的形式表达。与此相对的,非确定性的关系指的是,一个变量被确定之后,另一个变量并不能被完全确定下来,而是在一定的范围内波动。根据这两种不同变量关系的特点,研究人员将非确定关系称为相关关系,相关特性的研究可以对是否存在相关关系给出判定,也可以定量的对相关性的强度给出度量,通过两变量之间相关性大小的描述,可以对理论研究及工程领域内的实践提供参考与借鉴。

5.2.1　基本原理

相关分析包括自相关分析和互相关分析。为了便于相关原理的阐述[149, 150],假设有两个信号如下:

$$x(t) = A\sin(\omega_1 t + \theta_1) + N_x(t) \tag{5-9}$$

$$y(t) = B\sin(\omega_2 t + \theta_2) + N_y(t) \tag{5-10}$$

式中,A、B 为信号幅值;ω_1、ω_2 为角频率;θ_1、θ_2 为初始相位;$N_x(t)$、$N_y(t)$ 为噪声。

$x(t)$ 的自相关函数 $R_x(\tau)$ 定义为信号 $x(t)$ 与做 τ 时移后的信号 $x(t+\tau)$ 乘积后再作积分平均运算,即

$$R_x(\tau)=\frac{1}{T}\int_0^T x(t)x(t+\tau)\mathrm{d}t \tag{5-11}$$

将信号 $x(t)$ 代入(5-11)中得到：

$$R_x(\tau)=\int_0^T A^2[\sin(\omega_1 t+\theta_1)+N_x(t)]\{\sin[\omega_1(t+\tau)+\theta_1]+N_x(t+\tau)\}\mathrm{d}t \tag{5-12}$$

因为噪声与信号不相关,两噪声之间也不相关,并利用三角函数的正交性可以将式(5-12)化简为

$$R_x(\tau)=\int_0^T A^2[\sin(\omega_1 t+\theta_1)]\{\sin[\omega_1(t+\tau)+\theta_1]\}\mathrm{d}t=\frac{A^2}{2}\cos(\omega_1\tau) \tag{5-13}$$

自相关体现了信号经过时移 τ 后与原信号的相似程度,保留了频率信息,但是它丢失了信号的相位信息。

信号 $x(t)$ 和 $y(t)$ 的互相关函数 $R_{xy}(\tau)$ 定义为

$$R_{xy}(\tau)=\int_0^T x(t)y(t+\tau)\mathrm{d}t \tag{5-14}$$

将 $x(t)$ 和 $y(t)$ 代入式(5-14)并利用三角函数正交性化简得到：

$$\begin{aligned}R_{xy}(\tau)&=\frac{1}{T}\int_0^T AB\sin(\omega_1 t+\theta_1)\sin[\omega_2(t+\tau)+\theta_2]\mathrm{d}t\\&=\begin{cases}\dfrac{AB}{2}\cos[\omega_1\tau+(\theta_1-\theta_2)],\ \omega_1=\omega_2\\0,\ \omega_1\neq\omega_2\end{cases}\end{aligned} \tag{5-15}$$

从互相关函数定义可以得到：对于不同频率的信号具有零相关度;对于同频信号而言,不仅保留了它们的频率信息,还保留了它们的相位差信息$(\theta_1-\theta_2)$,且 $R_{xy}(\tau)$ 曲线峰值所对应的时间 τ 值反映了两信号间的滞后时间。

相关分析可用于速度检测,进而可以进行流量监测。相关流量测量技术是通过适当的信号转换电路,分别从上、下游传感器提取出与被测流体流动状况有关的流动噪声信号 $x(t)$ 和 $\mathrm{y}(\mathrm{t})$。由上述相关理论可知,将 $x(t)$ 和 $y(t)$ 做互相关运算,得到互相关函数 $\mathrm{R}_{xy}(\tau)$ 的图形[τ 为信号 $x(t)$ 和 $y(t)$ 之间的时延]。互相关函数 $R_{xy}(\tau)$ 不是偶函数,通常它不在 $\tau=0$ 时取峰值,其峰值偏离原点的位置反映了两信号相互间有多大时移,如图 5-4 所示。该图形峰值位置所对应的时间位移 τ_d 就是 $x(t)$ 在该系统的传递时间(也称渡越时间)。因此,信号 $x(t)$ 在该系统中的传播速度就是相关速度 v_c,并且 $v_c=\dfrac{d}{\tau_d}$,根据测得的速度即可测的流量。

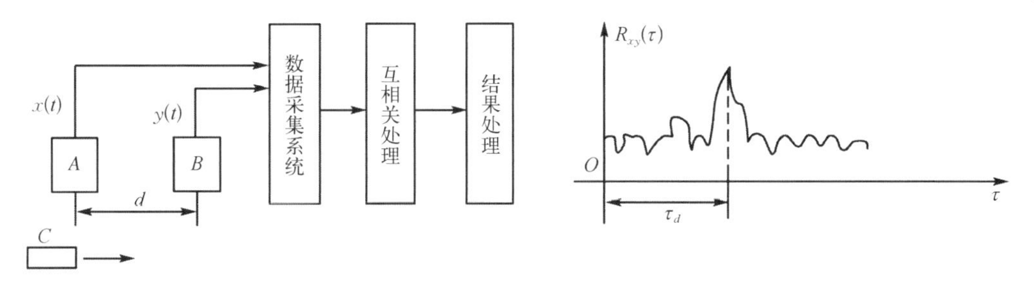

图 5-4 互相关测速原理图

5.2.2 应用实例

利用热丝探针测量风洞中流体流速的实验装置如图 5-5 所示[151]。通过改变热丝之间的距离,探究了传感器距离对相关关系以及相关系数之间的影响,结果如图 5-6、图 5-7 所示。从图 5-6、图 5-7 可知随着传感器距离的增大,互相相关函数的峰值下降,表示两信号间的相关程度降低;峰值位置逐渐向右移,表示渡越时间越长。当速度一定时,互相关系数 ρ_{xy} 及测量误差随着传感器距离 d 的变化而变化,即 d 的增大使得 ρ_{xy} 减小,误差增大。所以在利用互相关测速和测流量时,应尽可能保证热丝之间的距离较小,来提高测量的准确性。此外在测量流速时,如何保证信号的同步采集、转换与分析是速度测量的关键,这里可以采用锁存器来保证信号的采集、转换与分析。

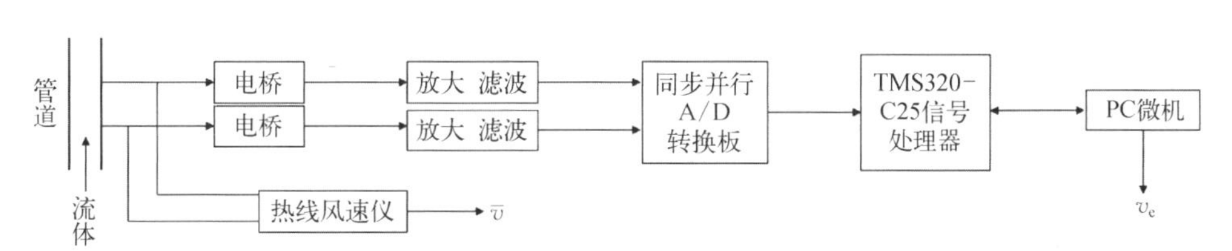

图 5-5 热线风速仪测速实验装置

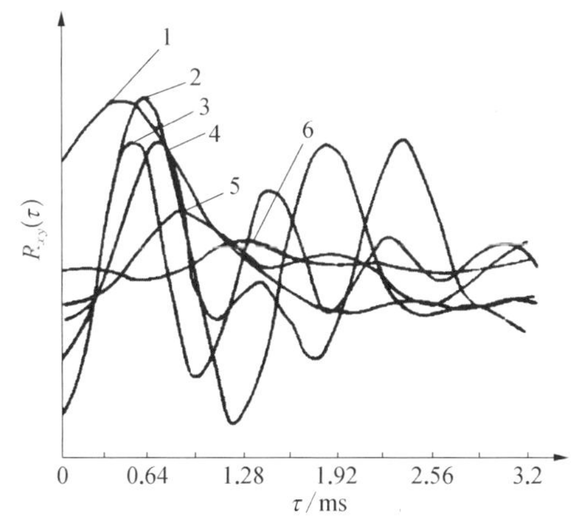

图 5-6 热丝探针距离对互相关函数 $R_{xy}(\tau)$ 峰值的影响

1. L=4.5 mm; 2. L=7 mm; 3. L=6 mm; 4. L=8 mm; 5. L=9 mm; 6. L=11 mm

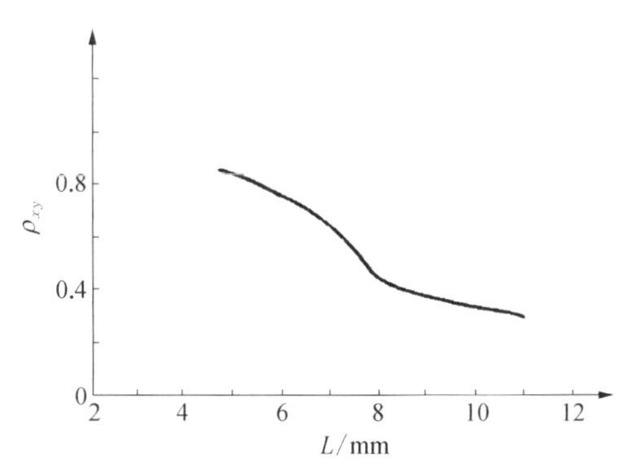

图 5-7 热丝探针距离对互相关系数 $\rho_{xy}(\tau)$ 峰值的影响

相关测量技术有如下特点：

（1）只要是测量对象本身所具有与流动有关的信号都可以作为相关测量的信号，即仅依靠流动中“噪声信号”对传感器能量场的随机调制作用即可产生用于测量的信号；

（2）可以实现非接触测量，故对流体的阻碍以及对速度场的干扰很小；

（3）测量系统的主要部分适应性强，对不同测量对象只需根据流体的物理和化学性质选择合适的传感器，不必整改整个测量系统。

因此相关测量技术应用得很广泛。

相关分析还可以对频谱分析的结果进行互相关分析，从而可以得到前后速度、压力等的关系。把两个单丝热线探针分别置于进气道的进、出口，通 CF－920 频谱分析仪分析两个动态信号的自功率谱和两个信号的互相关性质[152]。进气道装置示意和热丝探针位置示意图如图 5－8 所示。为了尽可能消除边界层的影响又使热丝感受到流场的典型脉动，热丝 B 离开壁面的距离为 4 mm。图 5－9(a) 为探针 B 在进气道进口 $x/L=3/13$ 处测得的速度脉动信号 B 的自功率谱密度图。该图表明进口速度脉动的能量分布平坦，尽管在 45 Hz 左右有一个峰值，但脉动能量比较低，所以从整体上看进口处的速度脉动信号仍属于宽频带随机信号，这说明埋入式进气道的唇口处还没有发生气流分离。图 5－9(b) 是探针 A 在出口截面 0°位置时脉动信号 A 的自功率谱密度图，从图可见 A 信号仍然是宽频带随机信号，只是在低频时能量稍微大一些。

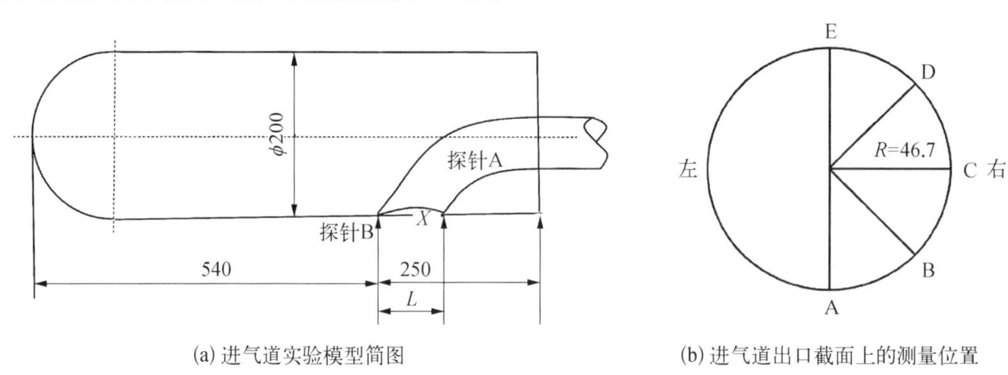

(a) 进气道实验模型简图　　(b) 进气道出口截面上的测量位置

图 5－8　埋入式进气道实验模型示意图(单位：mm)

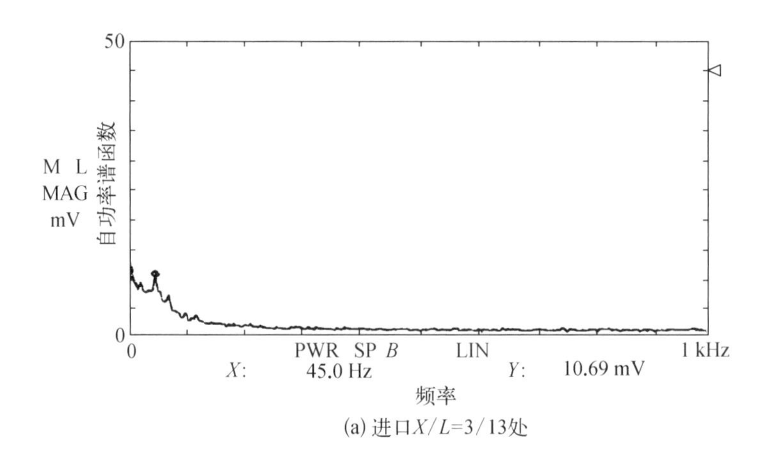

(a) 进口 $X/L=3/13$ 处

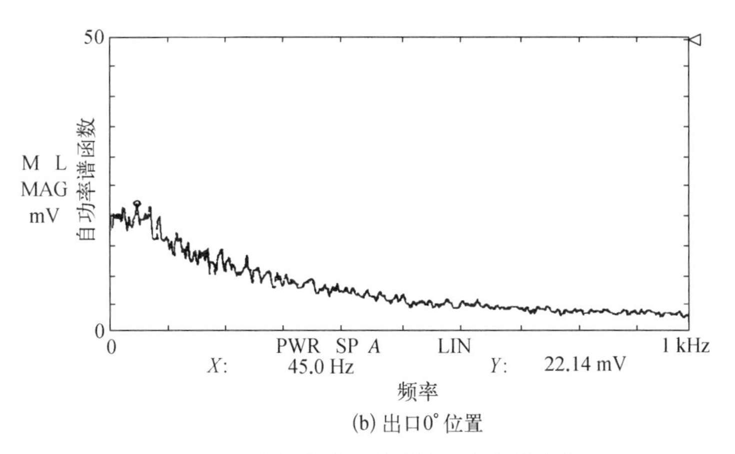

(b) 出口0°位置

图5-9　进气道速度脉动的自功率谱分布

图5-10给出了A、B两信号的相关系数分布图。由该图可以看出：进、出口的脉动存在一定程度的相关，且两信号相关的最大值发生比进口处脉动信号延迟了15.23 ms，即进口处的速度脉动以大约14.6 m/s的气流平均速度向后传播。

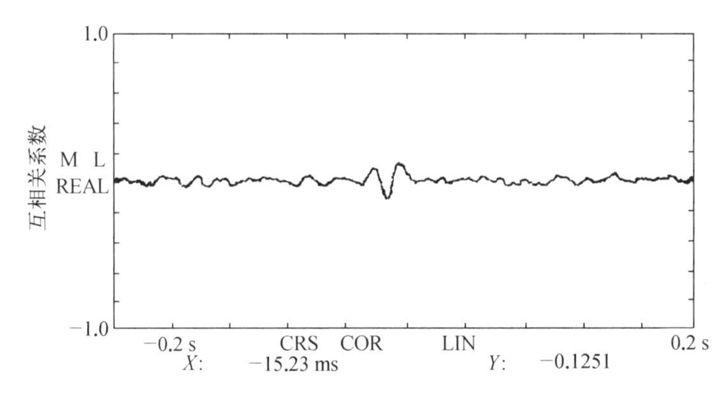

图5-10　埋入式进气道进、出口速度脉动的互相关系数分布

总的来看，无论进气道的进口还是出口，气流的功率频谱密度无太大的能量集中，属于宽频带信号，说明按气动S弯概念设计的这种埋入式进气道中没有发生明显的气流分离，进、出口气流相关分析表明上游的气流脉动是按气流平均速度向下游传输的。

对于数据之间的相关关系分析，当下有很多分析软件。SPSS（Statistical Product and Service Solutions）软件是IBM公司的一种用于分析数据的综合系统，可以从几乎任何类型的文件中获取数据，然后使用这些数据生成分布和趋势、描述统计以及复杂统计分析的表格式报告、图表和图。尤其是对多个参数之间进行相关分析，SPSS软件十分方便，它可以直接给出两两相关性的大小，十分便捷。这里不做过多介绍感兴趣的读者可以查阅相关文献。

5.3 小波分析

小波分析是在傅里叶分析的基础上提出的,特别适用于非稳定信号、瞬态信号的处理。小波变换是时间(空间)和频率的局部化分析,它通过伸缩平移运算对信号逐步进行多尺度细化,最终达到高频处时间细分,低频处频率细分,能自动适应时频信号分析的要求,从而可聚焦到信号的任意细节,解决了傅里叶变换的困难问题,目前被广泛应用于图像去噪、图像压缩、信号分析和模式识别等领域。

5.3.1 基本原理

小波分析基本小波也称母小波,是一个具有特殊性质的实值函数。小波函数在频域上表现为带通滤波器,它只允许通带内的信号通过,会抑制通带以外的信号频率成分。同时小波函数在时域和频域都是有限支撑的,实现时域和频域同时定位的功能。主要包括Haar小波、Daubechies小波、Meyer小波等几种类型[153]。

从数学分析的角度来看,基本小波需要满足如下的关系式:

$$C_{\psi} = \int_{R} \frac{|\widehat{\psi(\omega)}|^2}{|\omega|} d\omega < \infty \tag{5-16}$$

式中, $\psi(\omega)$ 在时域中所对应的 $\psi(t)$ 即被称为一个基本小波。

基本小波函数必有以下几个性质。

(1) 带通性:

当 $\omega \to 0$ 时,要求 $|\psi(\omega)|/|\omega|$ 必须有意义,即 $\lim\limits_{\omega \to 0} |\psi(\omega)| = 0$, 并且当频率为零时, $\psi(\omega = 0)$ 的数值为零。

(2) 均值性和波动性:

由带通性可知,当频率为零时, $\psi(\omega = 0)$ 的数值为零,因此,存在

$$\int_{-\infty}^{+\infty} \psi(t) e^{-j\omega t} dt \,|_{\omega = 0} = 0 \Rightarrow \int_{-\infty}^{+\infty} \psi(t) dt = 0 \tag{5-17}$$

由此可见,基本小波均值为零,且基本小波在实轴 t 上有正有负,即基本小波 $\psi(t)$ 在实轴 t 上下往复振荡才能满足上述积分值为零成立,因此,基本小波 $\psi(t)$ 满足均值为零及波动性的性质。

(3) 时频局部化性质:

上述带通性和波动性是在数学解析式的基础上分析得来的基本性质,然而在信号分析层面,基本小波能够进行时频局部化分析,相当于一个放大镜,能够对分析对象的局部特征更好地把控。

将基本小波 $\psi(t)$ 进行伸缩以及移位变换得到小波基函数,其定义式为

$$\psi_{a,b}(t)=\frac{1}{\sqrt{a}}\psi\left(\frac{t-b}{a}\right) \tag{5-18}$$

式中,a 为尺度因子,b 为平移因子,均为常数,分别表示对 $\psi(t)$ 进行伸缩以及时间平移度量,且 $a>0$。当不断变换 a、b 的取值,即对母小波 $\psi(t)$ 进行不同程度的伸缩和移位操作,产生一组函数 $\psi_{a,b}(t)$,这组函数被称为小波基函数,简称小波基。

以 Morlet 小波 $\psi(t)$ 为例,分析信号为正弦信号 $x(t)$,$\psi(t)$ 和 $x(t)$ 均为实信号。如图 5-11(a)的时域波形所示,为基本小波 $\psi(t)$ 和正弦信号 $x(t)$ 的波形,其分析的时间中心 b 为 0,其对应的频谱如图 5-11(b)所示,其分析的频域中心位置为 Ω_0。当保持尺度因子 a 不变、平移因子 b 发生改变时,如图 5-11(c)所示,其小波 $\psi(t)$ 时域波形左右移位而导致时域波形的表达式为 $\psi_b(t)=\psi(b-t)$,其时域支撑长度不发生改变,但是其分析的时间中心随着小波 $\psi(t)$ 移动而发生改变,分析的时间中心更新为 b_0;同时,如图 5-11(d)所示,其频率表达式由于平移 b_0 而变为 $\Psi(\Omega)\mathrm{e}^{-\mathrm{j}\Omega b_0}$,平移因子 b 的改变影响了小波 $\psi(t)$

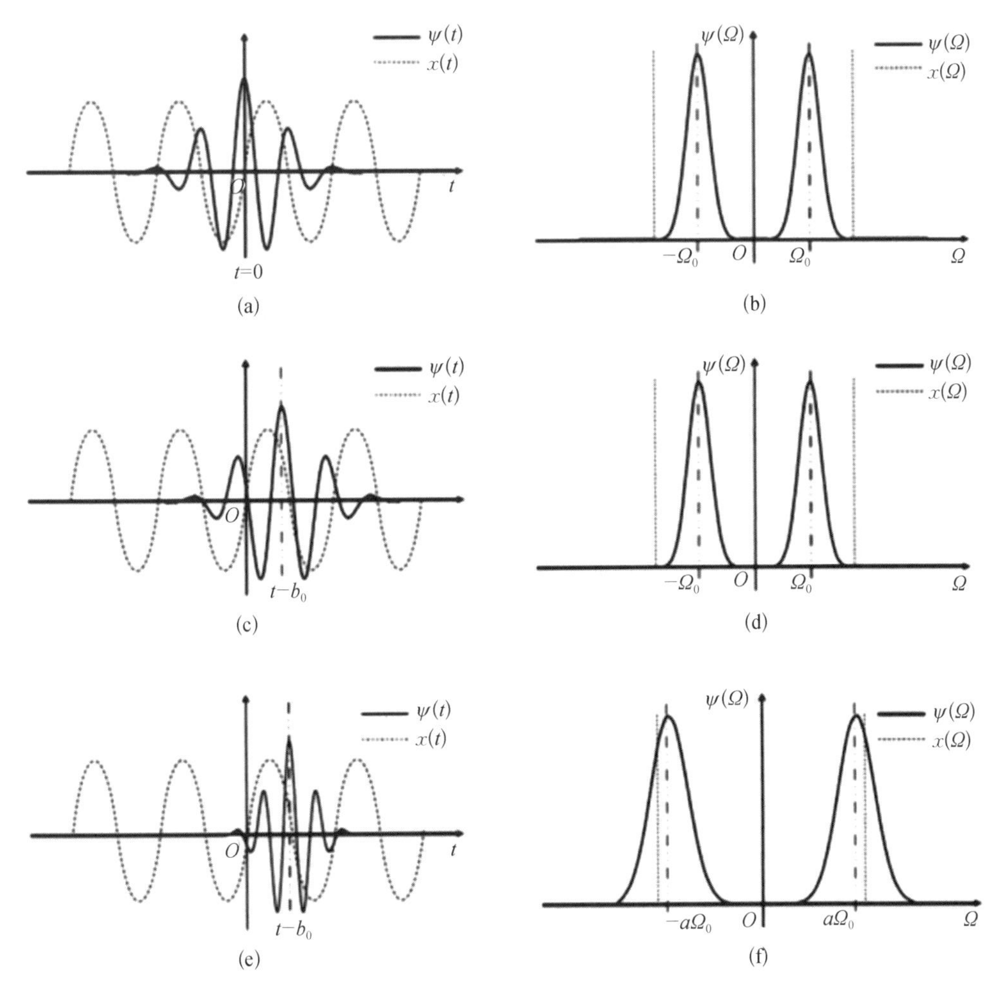

图 5-11　基本小波的伸缩及参数 a 和 b 对时频域的影响图

的相位谱,但是不影响其幅度谱,对应小波分析的频域支撑长度和频域中心位置 Ω_0 均不发生改变。当平移因子 b 不变、尺度因子 a 不断改变时,如图 5-11(e)所示,由于尺度因子 a 的改变,导致时域波形 $\psi_b(t)$ 以 b_0 为中心发生了压缩和扩展,其时域支撑长度变化,当 $a>1$ 时,则是对 $\psi_b(t)$ 进行展宽,展宽后的时域支撑长度变大,当 $a>0$ 时,则是对 $\psi_b(t)$ 进行压缩,展宽后的时域支撑长度变小,但是其分析的时间中心仍保持不变为 b_0;同时,如图 5-11(f)所示,尺度因子 a 的改变,导致频谱发生了压缩和扩展,其频率的支撑长度也发生改变;尺度因子 a 与频域支撑长度成反比,a 越大,其频域支撑长度越小,尺度因子 a 对应的频域中心位置和频域支撑范围都扩大了 a 倍[154]。

1. 连续小波变换

对于能量有限的信号 $x(t)$,其小波变换的定义:

$$WT_X(a,\ b) = \frac{1}{\sqrt{a}}\int x(t)\psi^*\left(\frac{t-b}{a}\right)\mathrm{d}t = \int x(t)\psi_{a,\ b}^*(t)\mathrm{d}t = <x(t),\ \psi_{a,\ b}(t)> \tag{5-19}$$

从中可以看出,不但 t 是连续变量,a 和 b 也是连续变量,因此上式被称为连续小波变换(CWT)。令 $\psi(t)$ 的傅里叶变换为 $\Psi(\Omega)$,由傅里叶变换的性质可知,小波基函数 $\psi_{a,\ b}(t)$ 的傅里叶变换为

$$\psi_{a,\ b}(t) = \frac{1}{\sqrt{a}}\psi\left(\frac{t-b}{a}\right) \overset{\mathrm{FT}}{\leftrightarrow} \Psi_{a,\ b}(\Omega) = \sqrt{a}\,\Psi(a\Omega)\mathrm{e}^{-\mathrm{j}\Omega b} \tag{5-20}$$

小波变换的频域表达式为

$$WT_X(a,\ b) = \frac{\sqrt{a}}{2\pi}\int_{-\infty}^{+\infty}X(\Omega)\Psi^*(a\Omega)\mathrm{e}^{\mathrm{j}\Omega b}\mathrm{d}\Omega = \frac{\sqrt{a}}{2\pi}<x(\Omega),\ \Psi_{a,\ b}(\Omega)> \tag{5-21}$$

可以将小波变换理解为对分析对象的投影,将信号 $x(t)$ 投影到一个二维平面,通过选择不同的尺度系数来控制该平面中参数的占比从而得到相应的频谱,有利于获取所分析信号中我们所需要的相应特征。实际上,可以将小波函数看作不同带宽的滤波器,连续小波变换的本质就是通过这些滤波器对信号滤波,在高频区域内,高分辨率体现在时间方面,低频区域内,高分辨率体现在频率方面。

2. 离散小波变换

在实际应用的计算过程中,因为计算机不能处理连续变量,所以原信号需要经过离散化处理后才能被计算机成功计算,而且有助于降低工作量和计算量。为了方便起见离散化过程中 a 限制为仅取正值,因此容许条件变为

$$C_\psi = \int_{-\infty}^{0}\frac{|\bar{\psi}(\omega)|^2}{|\omega|}\mathrm{d}\omega = \int_{0\infty}^{+\infty}\frac{|\bar{\psi}(\omega)|^2}{|\omega|}\mathrm{d}\omega < \infty \tag{5-22}$$

对于小波尺度因子 a 以及平移因子 b 进行一次离散化变换，取 $a = a_0^j$，$b = jka_0^j b_0$，($a_0 > 0$ 且为常数)，从而将小波基函数 $\psi_{a,b}(t)$ 离散化为 $\psi_{j,k}(t)$：

$$\psi_{j,k}(t) = a_0^{-j/2}\psi\left(\frac{t - ka_0^j b_0}{a_0^j}\right) = a_0^{-j/2}\psi(a_0^j t - kb_0) \tag{5-23}$$

进而得到离散的小波变换(DWT)：

$$W_x(j, k) = a_0^{-j/2}\int_{-\infty}^{+\infty} x(t)\psi^*(a_0^{-j}t - k) = < x(t), \psi_{j,k} > \tag{5-24}$$

其重构公式为

$$f(t) = C_\psi^{-1}\sum_{j,k\in Z} W_f(j, k)\psi_{j,k}^*(t) \tag{5-25}$$

在信号处理中，我们主要采用的就是离散小波变换，所获得的数据用正交小波基函数进行变换。这个过程是对信号的离散小波描述，具有优良的重构性质，保证没有信息的丢失。小波在 $L^2(R)$ 中构造一个正交基可以写成：

$$\psi_j(k) = 2^{-j/2}\psi_0\left[\frac{k}{2^j}\right] \tag{5-26}$$

$\psi_j(k)$ 是小波函数在 k 处通过尺度化小波基函数 ψ_0 而得，尺度为 j。下一步，小波基与时间序列 $x(i)$ 卷积，N 个数据点获得一组离散小波系数：

$$\omega_j(k) = \sum_{i=1}^{N}\psi_j(k - 2^j i)x(i) \tag{5-27}$$

$N/2$ 小波函数是尺度 1 上的，$N/4$ 是 $j = 2$ 上的，以此类推直至尺度 M 上只获得一个小波系数，尺度总数(M)与数据点个数 N 有关，即 $M = \log_2 N$。原始数据 $x(i)$ 的尺度分量 $x_j(i)$ 如下：

$$x_j(i) = \sum_{k=1}^{N}\omega_j(k)\psi_j(k - 2^j i) \tag{5-28}$$

小波函数源于多分辨分析，其基本思想是将 L^2 中的函数 $x(t)$ 表示为一系列逐次逼近表达式，其中每一个都是 $x(t)$ 经过平滑后的形式，它们分别对应不同的分辨率。多分辨率分析(multi-resolution analysis, MRA)，又称多尺度分析，是建立在函数空间概念基础上的理论，其思想的形成来源于工程。多分辨率特性使得小波变换在分析非平稳的奇异信号时具有不可替代的优势，实质为在不同分辨率下，将信号分层分解，通过对比分析系数特征，提取出我们所需要的信号特征，解决相应的实际问题。

多分辨率分析需要满足以下几个条件：

(1) 一致单调性：对任意 $j \in Z$，$V_j \subset V_{j+1}$，即 $\cdots \subset V_{-1} \subset V_0 \subset V_1 \cdots$；

（2）渐近完全性：$\underset{j\in Z}{I}V_j=\Phi$，close$\{\underset{j\in Z}{U}V_j\}=L^2(R)$；

（3）伸缩完全性：$x(t)\in V_j \Leftrightarrow x(2t)\in V_{j+1}$；

（4）平移不变性：对任意的 $K\in Z$，$\phi_j(2^{-j/2}t)\in V_j \Leftrightarrow \in \phi_j(2^{-j/2}t-k)\in V_j$；

（5）里斯（Riesz）基存在性：存在 $\phi(t)\in V_0$ 使 $\{\phi_j(2^{-j/2}t-k)\mid k\in Z\}$ 构成 V_j 的 Riesz 基。

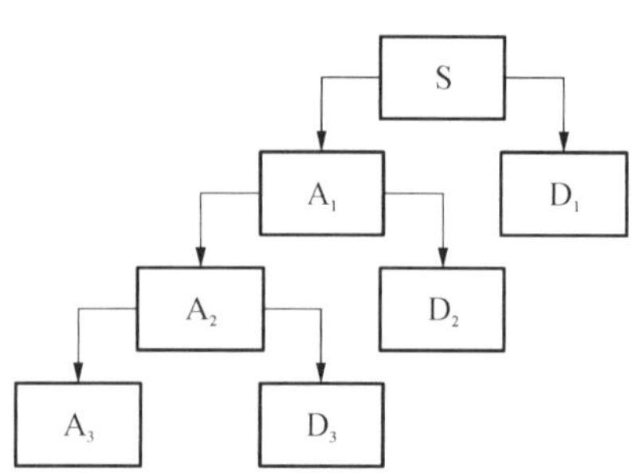

图 5－12　三层多分辨率分解步骤

一维信号的三层多分辨率分解步骤如图 5－12 所示，其中 S 代表原信号；A_1、A_2、A_3 分别代表第一、二、三层分解的低频信号；D_1、D_2、D_3 分别代表第一、二、三层分解的高频信号；存在 $S=D_1+D_2+D_3+A_3$，进而可以根据工程需要对信号的低频或高频部分分别分析。

3. 分解算法

对于 $f(t)\in L^2(R)$，其频谱为 $f(\omega)$，然而在实际工程中的频谱是有限的，只要选择足够大的 j 使得 $f(t)\in V_{j+1}$，$f(t)$ 就可用 V_{j+1} 展开：

$$f(t)=\sum_n c_{j+1,\,n}\varphi_{j+1,\,l}(t) \tag{5-29}$$

式中，$c_{j+1,\,n}$ 为尺度空间 V_{j+1} 中的参数值，表达式为 $c_{j+1,\,n}=<f,\ \varphi_{j+1,\,n}>$，$\varphi_{j+1,\,l}(t)$ 为尺度空间 V_{j+1} 中关于时间 t 的函数。

由于 $V_{j+1}=V_j\oplus W_j$，即 $V_j\perp W_j$，进而：

$$f(t)=\sum_n c_{j,\,k}\varphi_{j,\,k}(t)+\sum_k d_{j,\,k}\Psi_{j,\,k}(t) \tag{5-30}$$

式中，$\sum_n c_{j,\,k}\varphi_{j,\,k}(t)$ 是信号 $f(t)$ 在较低频率处的特征量；$\sum_k d_{j,\,k}\Psi_{j,\,k}(t)$ 是信号 $f(t)$ 在较高频率处的特征量，从而得到低频系数 $c_{j,\,k}$ 以及高频系数 $d_{j,\,k}$：

$$c_{j,\,k}=<f,\ \varphi_{j,\,k}>=\sum_n c_{j+1,\,n}\bar{h}_{j-2k} \tag{5-31}$$

$$d_{j,\,k}=<f,\ \Psi_{j,\,k}>=\sum_n c_{j+1,\,n}\bar{g}_{j-2k} \tag{5-32}$$

由式（5－31）和式（5－32）可知，可由大的空间 V_{j+1} 中的系数 $c_{j+1,\,k}$ 得到小的子空间 V_j 和 W_j 中的系数 $c_{j,\,k}$、$d_{j,\,k}$，分解过程如图 5－13 所示。

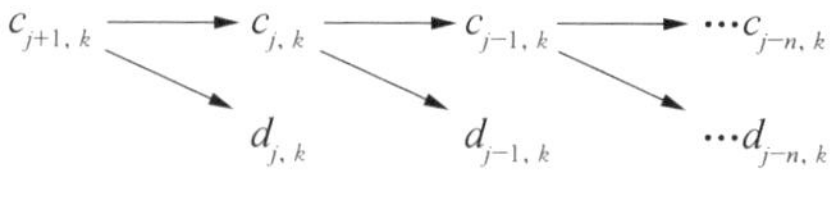

图 5－13　Mallat 分解过程

4. 重构算法

Mallat 分解是由大的空间 V_{j+1} 中的系数 $c_{j+1,\,k}$ 求解得到子空间系数 $c_{j,\,k}$ 和 $d_{j,\,k}$ 的过程，相反，重构是根据 $c_{j,\,k}$ 和 $d_{j,\,k}$，经分析计算得到 $c_{j+1,\,k}$ 的过程，将式（5－31）、式（5－32）代入式（5－30），进一步分析得到：

$$f(t)=\sum_k c_{j,k}\Big[\sum_l h_{l-2k}\varphi_{j+1,l}(t)\Big]+\sum_k d_{j,k}\Big[\sum_l g_{l-2k}\varphi_{j+1,l}(t)\Big]$$
$$=\sum_l\Big(\sum_k c_{j,k}h_{l-2k}+\sum_k d_{j,k}g_{l-2k}\Big)\varphi_{j+1,l}(t)$$

$l\rightarrow k,\ k\rightarrow n$，进一步得到：

$$c_{j+1,k}=\sum_n c_{j,n}h_{k-2n}+\sum_n d_{j,n}g_{k-2n} \tag{5-33}$$

由式(5－33)可见 Mallat 的重构算法是根据 $c_{j,k}$ 和 $d_{j,k}$，经分析计算得到 $c_{j+1,k}$ 的过程，如图 5－14 所示。

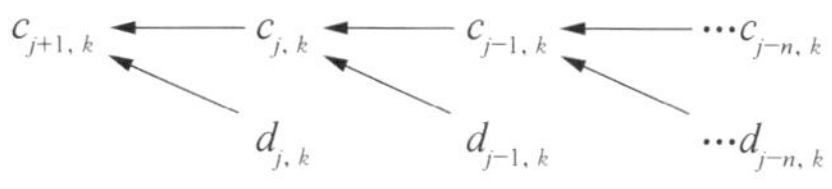

$$c_{j+1,k}\leftarrow c_{j,k}\leftarrow c_{j-1,k}\leftarrow\cdots c_{j-n,k}$$
$$d_{j,k}\quad d_{j-1,k}\quad\cdots d_{j-n,k}$$

图 5－14　Mallat 重构过程

5.3.2　应用实例

文献[155]在研究不同旋涡发生体对涡街流量传感器测量范围的影响时使用热线风速仪测量流体流速并使用小波分析的方法进行数据处理。选取 Mexican hat 为小波母函数，它是实小波变换，并且能够在小波能谱中对正负振荡的峰值进行有效捕捉，正好适用于笔者研究的近似正弦的周期性涡街信号。

根据流动相似性准则，只分析 3 种旋涡发生体在来流速度为 5.657 m/s 时的情况，分别对压力信号 U、流向速度分量 v_x、展向速度分量 v_y 以及速度与流向方向夹角 $\tan\theta=\dfrac{v_y}{v_x}$ 进行小波变换，共分解 15 个尺度，如表 5－4 所示。

表 5－4　小波变换尺度值

尺度序号	尺度值 a	尺度序号	尺度值 a
1	2.5	9	64.07
2	3.75	10	96.11
3	5.625	11	144.16
4	8.438	12	216.2
5	12.66	13	324.4
6	18.99	14	486.5
7	28.48	15	729.8
8	42.71	—	—

以其中某一旋涡发生体为例，图 5－15 给出了前述已经得到的信号较强位置（r=150 mm）和信号较弱位置（r=50 mm）的 U、v_x、v_y 和 $\tan\theta=\dfrac{v_y}{v_x}$ 的小波数等值线图，截取了其中 2 000 个点进行分析。

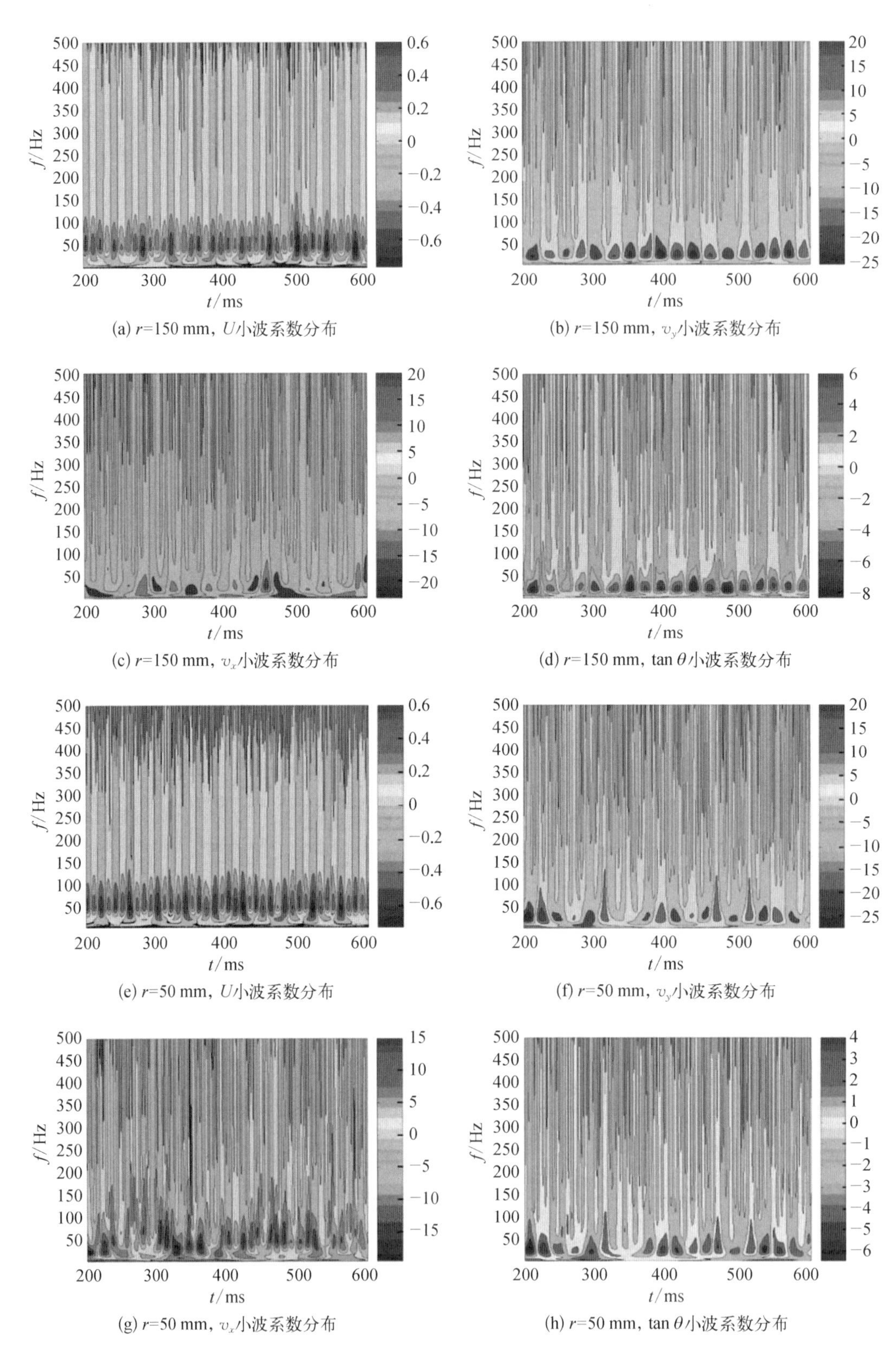

(a) r=150 mm，U小波系数分布

(b) r=150 mm，v_y小波系数分布

(c) r=150 mm，v_x小波系数分布

(d) r=150 mm，tan θ小波系数分布

(e) r=50 mm，U小波系数分布

(f) r=50 mm，v_y小波系数分布

(g) r=50 mm，v_x小波系数分布

(h) r=50 mm，tan θ小波系数分布

图 5-15　小波系数等值线

根据能量最大准则，对各个尺度的小波能量进行比较，其中能量最大的尺度即为涡街有用信号所在的频段。图 5-16 给出了不同旋涡发生体在含有涡街信号的尺度下，各参数小波能量随检测点位置的变化情况。图 5-16 得到的结果与文献中采用 FFT 方法得到的信号强度随位置变化规律完全一致，且速度和压力信号都具有相同的变化规律。

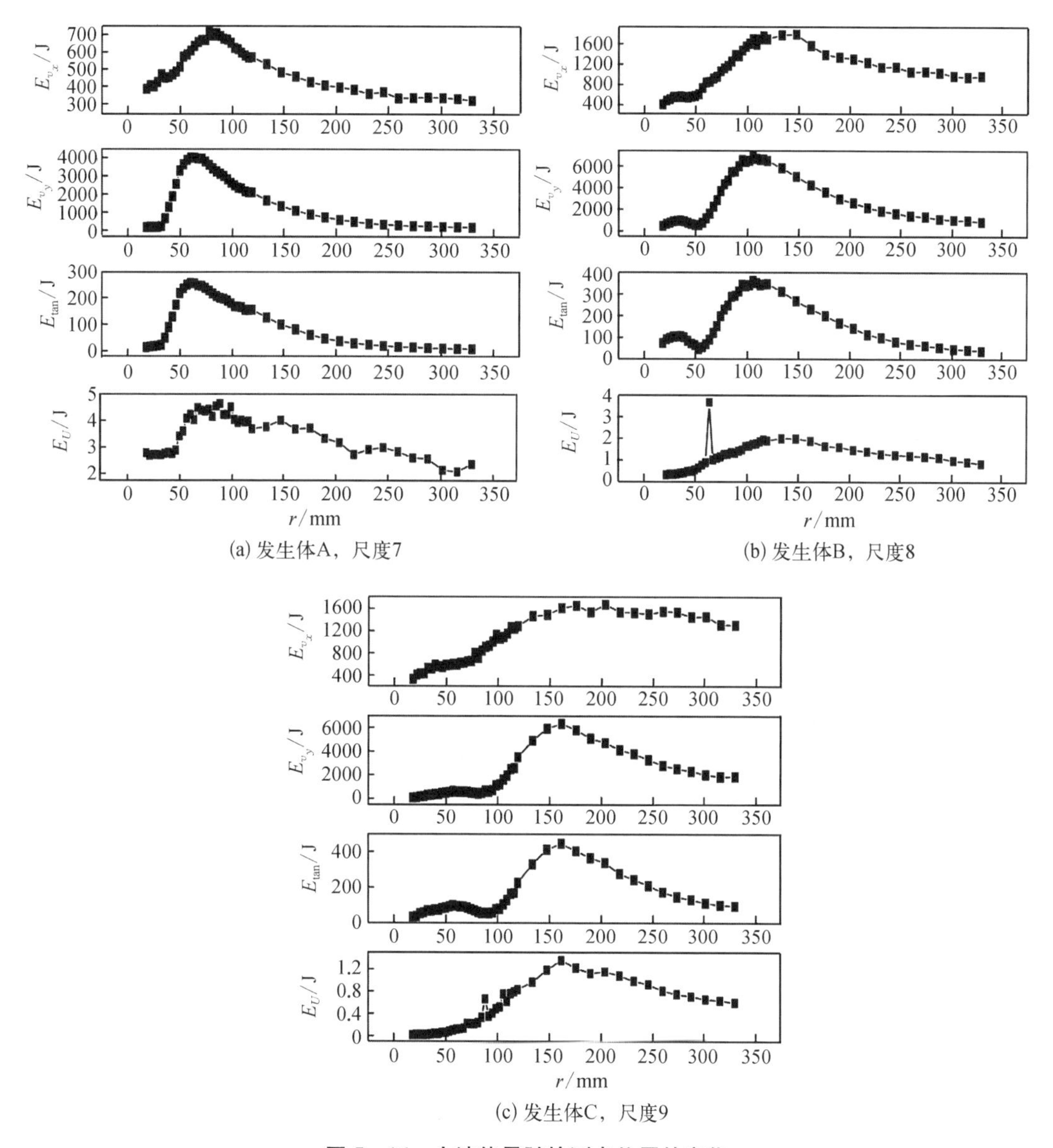

图 5-16 小波能量随检测点位置的变化

文献[156]在对折边固定阀塔板流场的实验研究中利用热线风速仪并采用小波分析对两相流信号进行数据处理。首先对热线风速仪采集的信号进行小波多尺度分析，得到不同尺度 a 的小波系数，然后将小波系数重构得到各个尺度重构后的信号，对各尺度信号的能量进行分析。如图 5-17 所示，得到信号分别在 $j=1,\ 2,\ 3,\cdots,17$ 尺度下的信号。

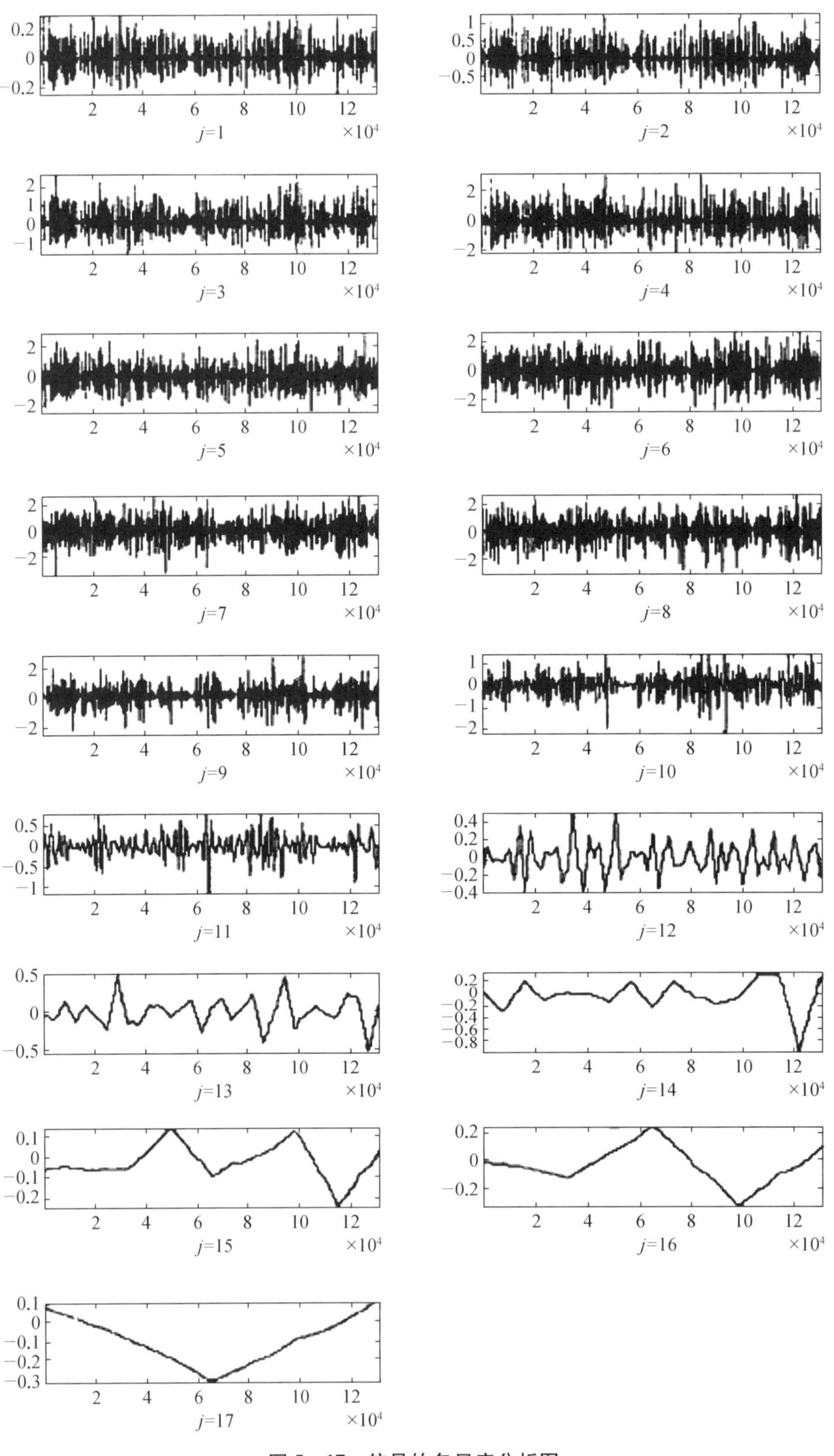

图 5-17 信号的多尺度分析图

5.4　方差分析

方差分析(analysis of variance, ANOVA),又称变异数分析或 F 检验,是 R. A. Fisher 发明的,用于两个及两个以上样本均数差别的显著性检验。方差分析是推断两组或多组资料的总体均数是否相同,检验两个或多个样本均数的差异是否有统计学意义,推断各因素对试验结果影响程度的一种有效方法。由于各种因素的影响,研究所得的数据呈现波动状。造成波动的原因可分成两类,一类是不可控的随机因素;另一类是研究中施加的对结果形成影响的可控因素。方差分析的基本思想是:通过分析研究不同来源的变异对总变异的贡献大小,从而确定可控因素对研究结果影响力的大小。根据数据设计类型的不同,方差分析有单因素方差分析和双因素方差分析两种[157, 158]。

5.4.1　基本原理

用来研究一个控制变量的不同水平是否对观测变量产生了显著影响,由于仅研究单个因素对观测变量的影响,称为单因素方差分析。其基本原理为:在观测变量总离差平方和中,如果组间离差平方和所占比例较大,则说明观测变量的变动主要是由控制变量引起的,可以主要由控制变量来解释,控制变量给观测变量带来了显著影响;反之,如果组间离差平方和所占比例小,则说明观测变量的变动不是主要由控制变量引起的,不可以主要由控制变量来解释,控制变量的不同水平没有给观测变量带来显著影响,观测变量值的变动是由随机变量因素引起的。

单因素方差分析的基本步骤如下:

(1) 提出原假设:H_0——无差异;H_1——有显著差异;

(2) 选择检验统计量:方差分析采用的检验统计量是 F 统计量,即 F 值检验;

(3) 计算检验统计量的观测值和概率 P 值:该步骤的目的就是计算检验统计量的观测值和相应的概率 P 值;

(4) 给定显著性水平,并做出决策。

在完成上述单因素方差分析的基本分析后,可得到关于控制变量是否对观测变量造成显著影响的结论,接下来还应做其他几个重要分析,主要包括方差齐次性检验、多重比较检验、先验对比检验和趋势检验。

1. *方差齐次性检验*

方差齐次性检验是对控制变量不同水平下各观测变量总体方差是否相等进行检验。控制变量不同水平下观测变量总体方差无显著差异是方差分析的前提要求。如果没有满足这个前提要求,就不能认为各总体分布相同。一般采用方差同质性检验方法,假设各水平下观测变量总体的方差无显著差异。

2. *多重比较检验*

单因素方差分析的基本分析只能判断控制变量是否对观测变量产生了显著影响。如果控制变量确实对观测变量产生了显著影响，进一步还应确定控制变量的不同水平对观测变量的影响程度如何。多重比较检验利用了全部观测变量值，实现对各个水平下观测变量总体均值的逐对比较。一般采用最小显著性差异（least significant difference，LSD）法和S－N－K法。

3. 先验对比检验

在多重比较检验中，如果发现某些水平与另外一些水平的均值差距显著，如有五个水平，其中 X_1、X_2、X_3 与 X_4、X_5 的均值有显著差异，就可以进一步分析比较这两组总的均值是否存在显著差异，即 $\frac{1}{3}(X_1+X_2+X_3)$ 与 $\frac{1}{2}(X_4+X_5)$ 是否有显著差异。这种事先指定各均值的系数，再对其线性组合进行检验的分析方法称为先验对比检验。通过先验对比检验能够更精确地掌握各水平间或各相似性子集间均值的差异程度。

4. 趋势检验

当控制变量为定序变量时，趋势检验能够分析随着控制变量水平的变化，观测变量值变化的总体趋势是怎样的，是呈现线性变化趋势，还是呈二次、三次等多项式变化。通过趋势检验，能够帮助人们从另一个角度把握控制变量不同水平对观测变量总体作用的程度[159]。

当影响试验指标的因素不止一个而是多个时，要分析因素对试验指标影响是否显著，这就要用多因素方差分析才能获得问题的解决。为用来研究两个及两个以上控制变量是否对观测变量产生显著影响，即称为多因素方差分析。

主要功能有：

（1）能够分析多个因素对观测变量的独立影响；

（2）能够分析多个控制因素的交互作用能否对观测变量的分布产生显著影响，进而最终找到利于观测变量的最优组合；

（3）多因素方差分析还有均值检验；

（4）对控制变量相互作用的图形分析的功能[159]。

5.4.2 应用实例

文献[160]采用方差分析法检测压气机气动失稳先兆。压气机压力信号为 $p(t)$，数据采样频率为 F_S，$p(t)$ 在 F_S 下的离散序列为 $p(n)$。用一个长度为 N 的窗口截取数据，同时用一个宽度为 ΔN 的滑块对压力信号进行分段滑动，数据窗口每滑动一次，对数据窗内的数据计算一次方差，形成一个方差序列 $D(n)$。方差计算公式为

$$\bar{p}=\frac{1}{N}\sum_{j=1}^{N}p_{(j)} \tag{5-34}$$

$$D(n)=\frac{1}{N}\sum_{j=1}^{N}\left[p_{(j)}-\bar{p}\right]^2 \tag{5-35}$$

式中,N 为数据点的个数。从该公式可以看出,压力信号的方差反映了一定时间内动态压力围绕其静态分量(平均值)的波动量的大小。这里 N 取 500 点, ΔN 取 50 点。

图 5－18 给出了换算转速为 70%时无量纲出口总压与其方差对比图,图 5－19 是其局部放大图。对图 5－19 进行详细分析发现,在 8.36 s 以前,压力信号的方差较小,波动不大,说明压气机流场比较稳定;8.435 s 时压力信号的方差是 0.109, 8.44 s 时方差陡增,达到 2.115,紧接着压力信号的方差迅速增大,在压力坍塌后,压气机严重失稳时达到最大。8.48 s 时,出口总压信号整体坍塌,以 8.44 s 方差跃升时的幅值作为阈值,可以在失稳前 0.04 s 检测到失稳先兆信号。对同一状态的其他组数据的分析也表明了这一点,只是时间上略有差异。

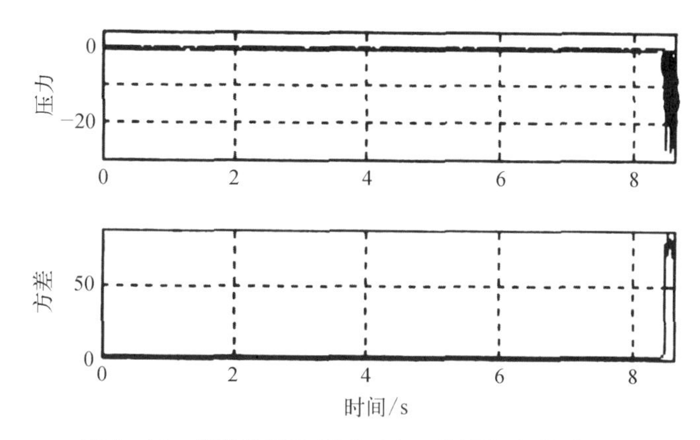

图 5－18　换算转速为 70%时出口总压与方差对比图

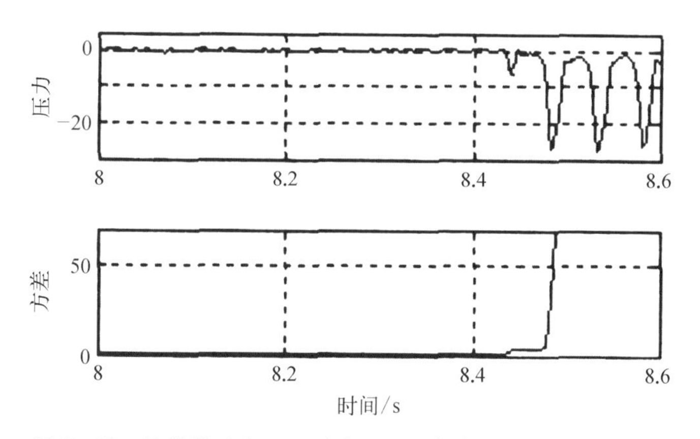

图 5－19　换算转速为 70%时出口总压与方差对比局部放大图

由于压气机气动失稳实行主动控制时,实时性要求比较高,所以算法越简单、计算工作量越小,对气动失稳信号的捕捉越有利。因此在原研究方法的基础上,将方差分析法进行改进。用 $(p_{\max} - p_{\min})^2$ 替代 $[p_{(j)} - \bar{p}]^2$, 则由(5-35)式可以得到:

$$D'(n) = \frac{1}{N}\sum_{j=1}^{N} (p_{\max} - p_{\min})^2 = (p_{\max} - p_{\min})^2 \tag{5-36}$$

但这样就丢失了均值的信息。为了不丢失均值的信息,令

$$D''(n)=\left(\frac{p_{\max}-p_{\min}}{\bar{p}}\right)^2 \tag{5-37}$$

式中，$p_{\max}$、$p_{\min}$ 分别为滑块 ΔN 内的极大值和极小值；$\bar{p}$ 为数据窗口 N 内数据的均值。进一步简化计算，令 $\bar{p}$ 代表滑块 ΔN 内数据的均值，即

$$\bar{p}=\frac{1}{\Delta N}\sum_{j=1}^{\Delta N}p_{(j)} \tag{5-38}$$

并开平方，得到：

$$D'''(n)=\frac{p_{\max}-p_{\min}}{\bar{p}} \tag{5-39}$$

式(5－39)表示一段时间内，信号的极大值减去极小值所得之差与其均值的比。改进的方差法计算量明显减少，其难点在于滑块 ΔN 的长度的选取。这里取 ΔN 为 100 点，对换算转速为 70%时出口总压信号的处理结果如图 5－20 所示。从图 5－20 可以看出 $D'''(n)$ 在 8.37 s 以前，变化很小；到 8.37 s 时，突然增大到 3 927 提前 0.11 s 检测到失稳。

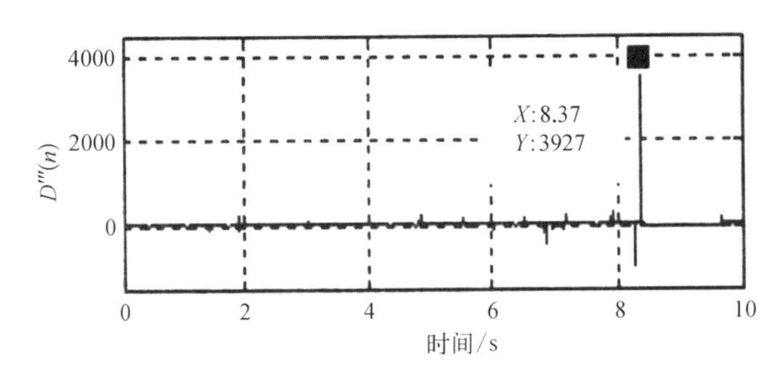

图 5－20　换算转速为 70%时出口总压信号的改进方差法处理结果图

5.5　时频分析

时频联合域分析(joint time-frequency analysis, JTFA)，即时频分析，通过对时变非平稳信号提供时域与频域的联合分布信息，从而清楚地描述出时间和频率的相互变化关系，成为现代信号分析的一个选择热点[161]。在传统的信号处理上，常使用傅里叶变换及其反变换进行时频分析。但是其作为一种信号的整体变换，不具备时间和频率的定位功能，更适用于平稳信号的分析。而现实中采集的信号多为非平稳信号，由于其频率随时间变化较大，因此分析方法必须能够准确地反映出信号的局部时变频率特性，若使用传统的方法则很难对信号进行更好的分析，因此需要把整体谱推广到局部谱中。时频分析方法是将一维时域信号映射到二维时频平面，全面地反映信号的时频联合特征，通过设计时间和频率的联合函数，从而描述信号在不同时间和频率的能量密度与强度。目前常用的时频分析方法有短时傅里叶变换、维格纳-威尔分布、希尔伯特-黄(Hilbert－Huang)变换等[162]。

5.5.1　基本原理

短时傅里叶变换通过把长的非平稳随机信号看成是一系列短时随机平稳信号的叠加,从而对信号进行分析处理。在信号处理的过程中,首先在时域用窗函数对信号进行"一段段"地截取,并对截取的局部信号进行傅里叶变换,即在 t 时刻得到该段信号的傅里叶变换,然后不断地移动 t,就可得到不同时间的傅里叶变换,获取时间—频率的信号分析结果。对连续信号 $x(t)$ 进行短时傅里叶变换如下公式所示:

$$\mathrm{STFT}(t,\ \omega) = \int_{-\infty}^{+\infty} w(t-\tau)x(\tau)\mathrm{e}^{-\mathrm{j}\omega t}\mathrm{d}\tau \tag{5-40}$$

式中, $w(t)$ 是窗口函数。通过在时间轴上改变 τ 来不断移动窗函数,进而对信号进行分段分析得到其时间—频率局部特征。同时,选择的窗函数不同,也将得到不同的傅里叶变换结果。为了便于处理,通常把信号进行离散化处理,如下公式所示[132]:

$$\mathrm{STFT}(m,\ n) = \sum_{k=-\infty}^{\infty} x(k)w(kT-mT)\mathrm{e}^{-\mathrm{j}2\pi(nFk)} \tag{5-41}$$

维格纳-威尔分布是一种常用的时频分析方法[163]。由于是由空间坐标与角量坐标构成的函数,因此能够对光束特性提供完整的描述,同时还能对信号进行更多的分析。维格纳分布可以看作是对信号的中心协方差函数进行傅里叶变换,得到信号的瞬时功率谱密度特征。

设信号为 $x(t)$, 其 WVD 定义如下公式所示:

$$W(t) = \frac{1}{2\pi}\int s^{*}\left(t-\frac{1}{2}\tau\right)s\left(t+\frac{1}{2}\tau\right)\mathrm{e}^{-\mathrm{j}\tau\omega}\mathrm{d}\tau \tag{5-42}$$

WVD 具有良好的分辨率,尤其是对单一成分,并且瞬时频率变化不为 2 次式以上的情况,同时 WVD 还具有很好的数学运算性质,可用于分析随机程序。然而在计算过程中,维格纳分布函数需要更多的时间去进行计算,如果信号时间越长,则需要计算的时间也会随之更久。

将信号进行维格纳分布后,其在时间、频率两个坐标轴上的总积分即为信号的能量 E,如下公式所示:

$$\begin{aligned} E &= \frac{1}{2\pi}\int_{-\infty}^{+\infty} W(t,\ f)\mathrm{d}t\mathrm{d}f = \frac{1}{2\pi}\int_{-\infty}^{+\infty} |X(f)|^{2}\mathrm{d}f \\ &= \frac{1}{2\pi}\int_{-\infty}^{+\infty} |x(t)|^{2}\mathrm{d}t \end{aligned} \tag{5-43}$$

从式(5-43)可以看出,WVD 具有明确的物理意义,它反映了信号能量在时域和频域中的分布,能充分描述信号的能量密度分布。对有限长离散信号 $x(n)$, 其 WVD 如下公式所示:

$$W(n,\ \omega)=2\sum_{k=-L}^{L}x(n+k)x^{*}(n-k)\mathrm{e}^{-\mathrm{j}2k\omega} \tag{5-44}$$

对于离散信号来说 L 取值不同,序列 $x(n+k)x^{*}(n-k)$ 的长度也会随之发生变化,因此可采用不同的方法进行处理,从而提高求取离散信号 WVD 的速度。

HHT 分析法由经验模态分解(empirical mode decomposition, EMD)和希尔伯特谱分析(Hilbert spectrum analysis, HAS)两部分构成[164]。其处理非平稳信号的基本过程首先使用 EMD 将采集到的各类信号分解为满足相应条件的若干固有模态函数(intrinsic mode function, IMF);然后对每一阶的 IMF 分量进行希尔伯特变换,得到相应的希尔伯特谱;最后将这些分量的希尔伯特谱进行汇总,即可得到原信号的希尔伯特谱。

经验模态分解往往被称为是一个“筛选”过程。这个筛选过程依据信号特点自适应地把任意一个复杂信号分解为一列固有模态函数。它满足如下两个条件:

(1) 信号极值点的数量与零点数相等或相差 1;

(2) 信号的由极大值定义的上包络和由极小值定义的下包络的局部均值为 0。

EMD 筛选过程如下:

(1) 对输入信号 $x(t)$,求取极大值点 $x(t_i)$ 和极小值点 $x(t_j)$;

(2) 对极大值点和极小值点采用三次样条函数插值构造信号上下包络 $x_u(t)$、$x_l(t)$ 计算上、下包络的均值函数;

(3) 考察是否满足 IMF 条件,如果满足则转到下一步,否则对 h_1 进行前两步操作,求得 m_{11},依次下去,直到第 k 步满足 IMF 条件,则求得第一个 IMF;

(4) 得到第一个残留,对作如同上述三步操作,得到 c_2 以及以此类推;

(5) 直到 r_n 为单调信号或者只存在一个极点为止。

希尔伯特谱分析,即在对信号进行 EMD 的基础上进行希尔伯特变换(Hilbert transform, HT),得到时间-频率-能量的分布状态,以及希尔伯特边际谱。首先对全部 $imf_i(t)$ 分别进行希尔伯特变换,并构造出其各自的解析函数如下公式所示:

$$Z_i(t)=imf_i(t)+jh_n(t) \tag{5-45}$$

省略余项 $r_n(t)$,希尔伯特时频谱可以表达为

$$H(\omega,\ t)=\mathrm{Re}\sum_{i=1}^{n}a_i(t)\mathrm{e}^{\mathrm{j}\int\omega_i(t)\mathrm{d}t} \tag{5-46}$$

在三维空间中,希尔伯特谱通过较高的精度把信号幅值描述为时—频联合分布的形式,表明了瞬时振幅在时间—频率平面上的分布特点。基于希尔伯特谱,可定义边际谱如公式:

$$H(\omega)=\int_{-\infty}^{\infty}H(\omega,\ t)\mathrm{d}t \tag{5-47}$$

基于上节中的原信号 $x(t)$,通过 EMD 分解得到 IMF 分量,然后通过希尔伯特变换得到原信号 $x(t)$的希尔伯特谱图、希尔伯特边际谱图。

5.5.2　应用实例

文献[165]采用热线风速仪对低速风洞进行流场湍流度测量,针对湍流信号通常受噪声干扰的问题,在湍流度值处理中引入了经验模式分解(EMD)自适应滤波和 HHT 时频谱分析方法。采用 EMD 方法测得低湍流风洞的湍流度值,在流场速度 30~100 m/s 的范围内小于 0.05%。采用 HHT 方法完成了脉动速度信号的时频分析,分析发现开口风洞试验段的脉动速度 HHT 时频谱有突出的低频信号。

采用 EMD 自适应滤波、高通惯性滤波和频域 BP 方法进行信号处理的低湍流风洞试验段等速为 90 m/s 时的脉动速度幅值谱如图 5-21 所示;采用 3 种方法获得的脉动速度时域数据如图 5-22 所示。从图 5-21 可见,3 种信号处理方法在 0.5~40 Hz 之间的处理结果接近,由于 40 Hz 以下的幅值比 40 Hz 以上的幅值大 1~2 个数量级,因此,这 3 种信号处理方法获得的结果也基本接近(图 5-22),但是,高频部分的处理对测量结果略有影响,EMD 自适应滤波结果比 0.5~40 Hz 的 BP 结果更接近于高通惯性滤波结果。

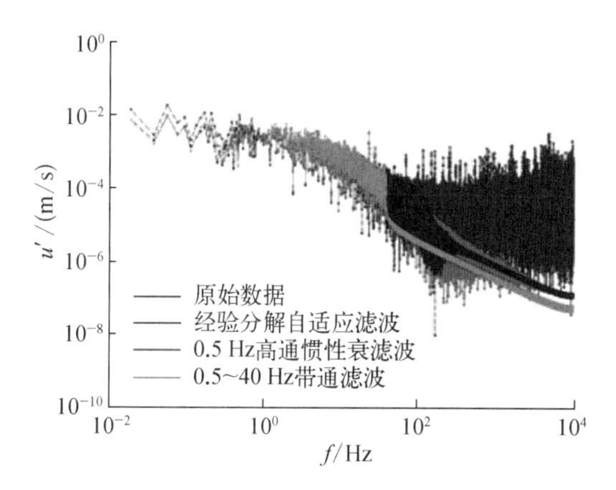

图 5-21　低湍流风洞试验段脉动速度幅值谱比较

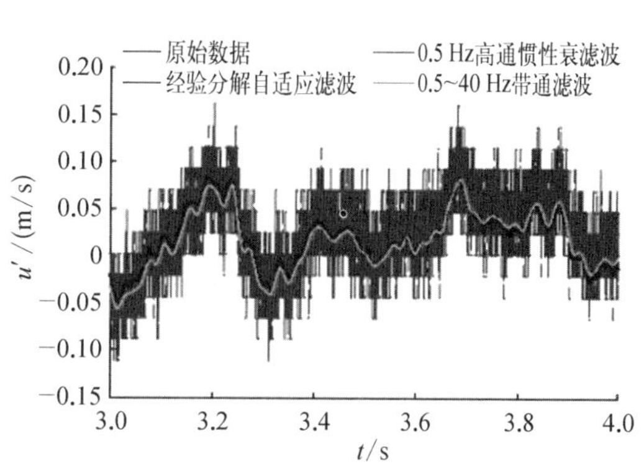

图 5-22　脉动速度时域数据比较

原始数据的所有 IMF 分量进行变换获得的 0~200 Hz 信号的低湍流风洞试验段 90 m/s 风速 HHT 时频谱如图 5-23 所示:从图中可见,在 100 Hz 以下,气流脉动速度的频率和幅值随时间呈现一定的连续变化。在 100~200 Hz 之间,这种连续变化逐渐变成离散状态。EMD 自适应滤波器在 100~200 Hz 之间根据高斯白噪声的特点,确定了分解重构的 IMF 级数 m 并进行滤波。从图 5-21 的 FFT 幅值谱也可见,EMD 滤波获得的信号幅值在 100 Hz 以后逐渐衰减。

图 5-24 是常规低速风洞 90 m/s 风速时的 0~200 Hz 脉动速度 HHT 时频谱,图 5-25 是开口风洞试验段 90 m/s 风速的 0~200 Hz 脉动速度 HHT 时频谱。由图可见,常规低速风洞脉动速度的幅值和频率变化在 50~200 Hz 范围内,比低湍流风洞试验段略丰富些。开口风洞试验段脉动速度幅值较大,而且主要是 50 Hz 以下的低频信号,这种信号一般是开口射流中的大涡结构引起的低频压力脉动和动压波动,在时频图中显示的幅值较为突出,是开口风洞调试和优化的重要指标。

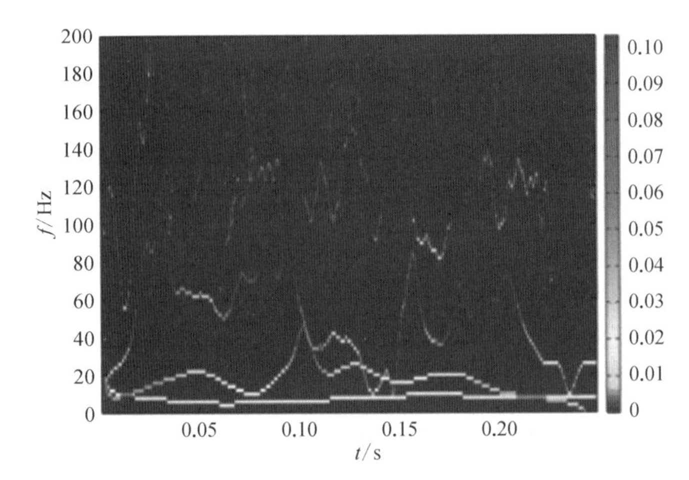

图 5-23　低湍流风洞试验段脉动速度 0~200 Hz 信号 HHT 时频谱

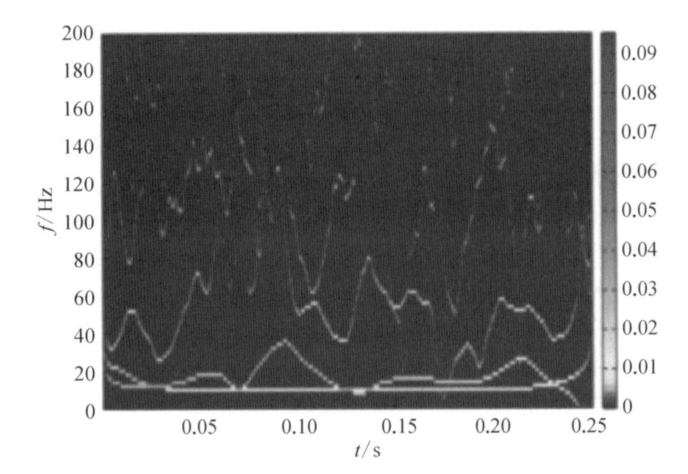

图 5-24　常规低速风洞试验段脉动速度 0~200 Hz 信号 HHT 时频谱

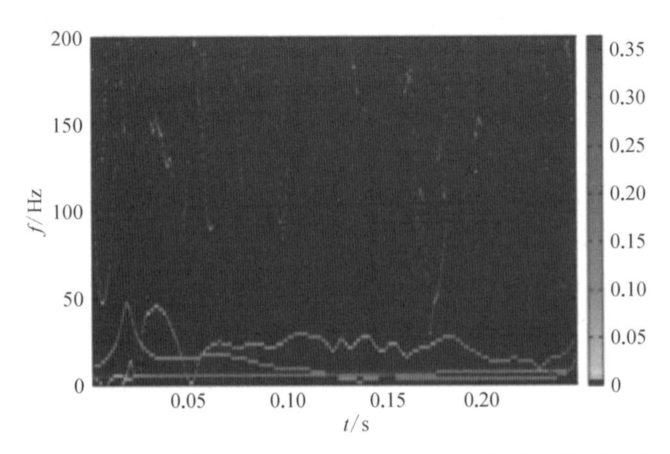

图 5-25　开口风洞试验段脉动速度 0~200 Hz 信号 HHT 时频谱

本章结合一些应用实例，介绍了动态信号处理的频谱分析、相关分析、小波分析、方差分析和时频分析方法。它们在不同的应用场景处理不同实际问题时有各自的优缺点。根据不同方法的性质特点及信号处理的实际条件，选取合适的动态信号处理方法，有利于准确、快速地分析动态测量结果。

思考题

1. 常见的动态信号处理方法有哪几种？其基本原理是什么？

2. 频谱分析法的特点是什么？这种分析方法适用于哪些场景？

3. 基本小波函数具有哪些性质？尺度因子 a 和平移因子 b 的变化是怎样影响信号频谱变化的？

4. 对于单因素方差分析，后续的检验工作有哪几种？其各自的特点分别是什么？

第6章

热线探针的维修和实验

热线探针根据传感部分的不同，有热线(hot-wire)、和热膜(hot-film)，其中，常用的热线探针是可以由用户自己借助维修设备进行维修的。在自行维修的情况下，热线的使用成本和有效使用时间都会有较大的改善。

为了有助于掌握热线风速仪的基本使用技能，本章还设计了比较基础的测量实验，以供选择。

*本章内容所涉及的热线系统，以丹麦丹迪公司产品为例进行叙述。

6.1 热线探针的维修

热线探针的传感部分是焊接在探针支杆顶端 5 μm 的金属丝，一般情况下，探针的损坏通常是这 5 μm 的金属丝的断裂，支杆和探针体的其他结构是完好的，在这种情况下，只需要将原先已经损坏的金属丝除去，重新焊接新的金属丝，就可以完成探针的维修。

维修时，小心地打磨掉丝叉上原有的焊点，将拉直的替换金属丝放置在支杆顶端，用一支银针将金属丝顶在其中的一个支杆上，在银针、金属丝和支杆上构建通电回路，由于银针、金属丝和支杆的接触端的接触电阻一般大于回路的其他地方，当能量合适的时候，会将一部分银融化，将金属丝熔接在支杆的顶端。在一支支杆顶端完成焊接后，按照相同的方式，完成其他支杆的焊接，最后清理掉支杆外侧多余的金属丝即可。由于探针尺寸的原因，热线探针的焊接是在通常是在显微镜下进行的。

6.1.1 维修设备

要完成上述过程的维修，需要相应的维修设备配合调整金属丝和银针位置的调整。维修设备一般包括调整架，探针安装座，电源和显微镜，另外还需要替换原有损坏金属丝的替换热丝等材料。

1. 调整架

图 6-1 是调整架的结构，调整架的主体位于一个金属平台之上，调整架的 C_1、C_2 和 C_3 可以进行水平、俯仰和左右方向的旋转，C_1 和 C_2 的旋转一般用来调整观察位置。在探

针头部具有特殊结构时，C_3 与探针座 S 相配合进行调整，保证合适的观察和焊接位置。例如当维修一维斜丝或二维探针时，金属丝与探杆成 45°，需要调整 C_3 成 45°，使丝处于水平位置以利于焊接。

图 6－1　调整架

C_1 不仅可以进行调整架水平方向的旋转，也是整个调整架的支撑。C_2 位于 C_1 的上方，通过手柄 CL 调整俯仰。C_3 位于 C_2 的左端，可以进行左右的旋转调整。C_1、C_2、C_3 组合成一个整体。

在 C_3 上安装有替换金属丝的调整机构。调整机构的头部有两个压头 WH，相距大约 10 mm，维修金属丝压于两个压头之间并绷直，用于焊接。压头 WH 位于伸缩杆的伸出端，通过调整伸出长度使替换金属丝位于探针的上方，替换金属丝的供丝端在伸缩杆的固定端，替换金属丝一般绕在一个丝滚上，维修时，将替换丝滚 R 安装在供丝端，将金属丝拉出，压在两压头之间，转动供丝端的丝滚，将金属丝拉直。调整机构可以通过调整螺纹的旋钮 W_1、W_2 和 W_3 进行伸缩、升降和前后的调整，将替换金属丝放置在探针支杆的顶端。

在调整架 C_2 部分的上方，是焊接银针 E 的固定和调整机构。银针 E 是金属丝与探针支杆焊接的焊剂，银针端部的银在电流作用下融解，将金属丝与支杆熔接在一起。图 6－1 中，银针上的黑色导线用于构建焊接线路。银针的位置通过调整螺纹的 E_1、E_2 和 E_3 旋钮，进行抬放、伸缩和前后的调整。

探针座 S 的安装孔位于 C_3 上，不同的探针类型需要配合使用不同的探针座，探针座 S 与 C_3 安装后，成为一个整体。维修时，待维修探针插在探针座上，探针接插端与探针座进行接插导通，作为焊接的一极，在探针座上有引线 P，与电源和探针支杆相连通，构建焊接电路。

平台上除了调整架之外还有显微镜的安装座 B 和连接焊接电源的导线 PL。显微镜安装座用于体视显微镜的安装，安装后，维修架和探针座 S 周围的部分位于显微镜的视场之内，热线的维修在显微镜的观察下进行。维修架上的引线有两根，其中一个经 C_1 上的转换开关与探针座 S 相连，另一根与银针 E 相连。两根引线的接线端接于焊接电源的正负极。构成电源负极-银针-金属丝-探针杆-探针座-转换开关-电源正极的焊接回路。

2. 探针安装座

由于不同的探针具有不同的头部形式，除了热线用于传感的金属丝与探针体的角度可以由 C_3 部分进行调整适配，其他的适配需要由探针座配合完成，例如图 6－2 中，探针座 P_1 是最基本的形式，探针向上插在探针座上，用于维修 55P01 等基本型探针，对于 55P13 等头部有弯转的探针需要用到 P_2，预置角度，使探针安装后，维修部分向上，利于金属丝的放置和

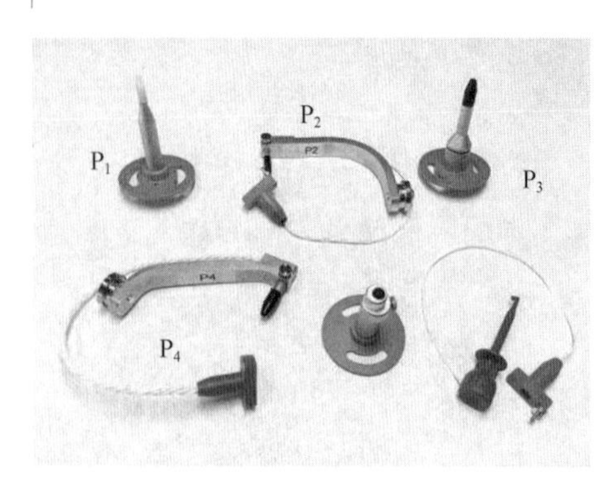

图 6-2　探针座

安装。二维探针,相应用到 P_3 和 P_4,其结构形式与 P_1 和 P_2 类似,只是探针座引线不同,一维探针座 P_1 和 P_2 有两个引线,对应接插探针的两个支杆,二维探针座内有四个引线,对应接插二维探针的四个支杆。

探针类型多种多样,不同形式的探针需要与之匹配的安装座。具体的匹配情况,需要参考探针的使用手册。

3. 电源

热线维修电源用于提供焊接的能量,将作为焊剂的银针融化,把热丝和探针针杆熔接在一起。其工作方式和供电能力是为了满足焊接要求,与一般电源的工作方式是不同的。进行热线的焊接维修时,其焊接方式类似钎焊,焊接过程类似于点焊。在特定时间内释放具有预设能量的焊接脉冲,熔融焊接,熔接热丝和针杆,焊接过程是短时放电熔接过程,一般放电脉冲的时长为几百微秒,释放的能量有几十到两三百毫焦。放电时间和放电能量调整不合理,都有可能造成焊接失败。能量过大,可能造成探杆灼伤或金属飞溅,能量过小,可能造成脱焊和虚焊。焊接时间决定了能量释放强度,需要与焊接能量协调设置。

焊接过程中,由于回路电阻的存在,只有一部分能量释放在焊接点真正用于焊接。这个比例与焊点处的接触电阻有比较大的关系。接触电阻越大,其在焊接电路中的占比也越大,释放在焊接点的能量比例也越大,相应的,需要电源提供的能量水平就越小。接触电阻的大小与许多因素相关,例如探针针杆顶部焊接位置的大小,银针顶部的大小(通俗地讲是针碰针部分尖还是不尖),银针和针杆及金属丝接触压力等,都会影响接触电阻。因此焊接经验在焊接能量和焊接时间的选择中起到很大的作用。

图 6-3 是电源的外观,电源内部有储电电容器和控制电路。在焊接开始前,将调整架上的引线插入电源的输出端,构成焊接回路。电源上的两个旋钮分别调整焊接能量和焊接时间。焊接时按动焊接按钮触发焊接。电源将在预设时间内,输出预设的焊接能量。焊接能量是电源提供的总能量,并不是焊点利用的能量,焊接时间和焊接能量是独立调节的,焊接时间越长,单位时间内的焊接能量就越小。

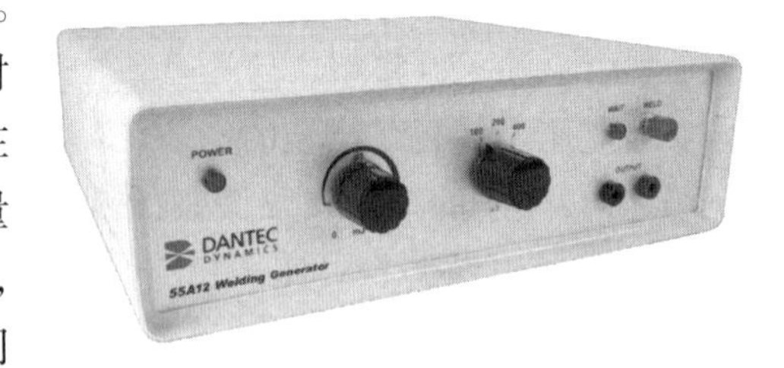

图 6-3　电源

4. 体视显微镜

体视显微镜是对观察对象进行立体成像的显微镜(图 6-4),是维修系统的观察设备,放大倍数一般是 15~100 倍。与一般的显微镜不同,体视显微镜的照明系统一般在载物台上方,和物镜在同一侧,它的观察景深也比一般的显微镜要大。在热线维修时,调整热丝而导致位置变化时,大景深可以提供调整范围内的清晰视野,不必频繁调节显微镜。

在与维修调整架配合使用时，体视显微镜的调整立柱与调整架的安装立柱连接成一体，调整架的探针座正好处于体视显微镜的正下方。在体视显微镜的物镜上，可以安装环状照明灯，对待维修的探针进行照明。

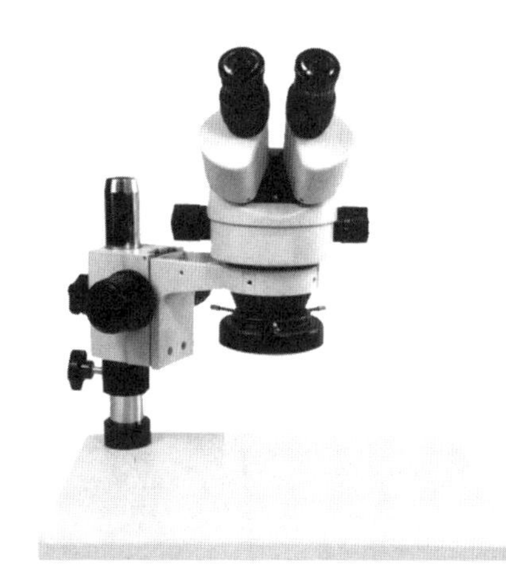

图 6－4　体视显微镜

5. 热丝

维修是将已经破损的热丝除去，将新的替换热丝焊接在支杆顶端。替换用的热丝，根据所维修的探针不同，有两种，一种是普通热线探针用的，5 μm 的钨丝，另一种是镀金探针使用的，成组提供的替换丝。替换热丝的电特性与热线工作时，电桥的平衡调节有关，替换热丝的使用通常根据厂家的推荐说明使用，在原厂商处购买。

6.1.2　维修的一般方法

1. 焊接准备

除了以上介绍的热线探针维修系统，在维修中还会用到一些辅助工具(图 6－5)，包括：

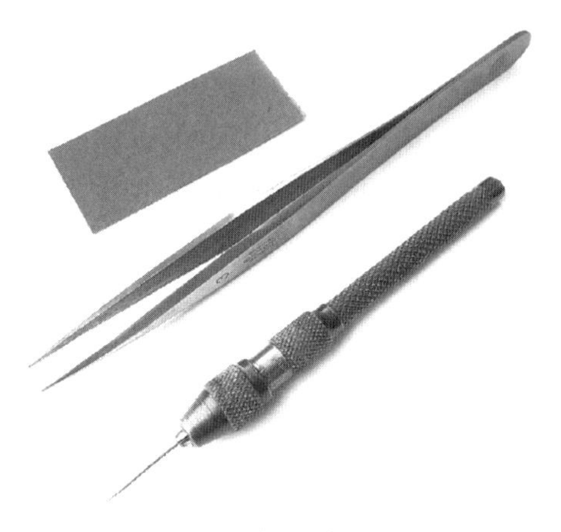

图 6－5　部分辅助工具

(1) 镊子，用来夹持、牵引和调整热丝，也会用来与其他工具配合对探针支杆进行修正。镊子的端部和边缘必须是圆滑的，防止对热丝的破坏；

(2) 锥子，一般选择 5 cm 长的，用来对探针支杆进行修正调整；

(3) 砂纸，一般用来去除针杆顶端损害的热丝，和对银针进行抛光，通常选择 400 目和 600 目的砂纸，磨料为氧化铝或金刚砂；

(4) 脱脂棉，用于对维修部位的清洁；

(5) 丙酮，去污用的清洁剂。

探针热丝的损坏一般是振动或流体中的粒子撞击造成的，也可能是焊接不牢固，在测试时发生松脱，一旦这种情况发生，前一种情况热丝电阻为无穷大，后一种情况热丝电阻会急剧增大并且伴有大幅波动，这些情况将导致热线的电桥不能平衡，在仪器上的电桥失衡指示灯将点亮。对于热丝探针，就要进行修复和重新校准才能继续使用。

热线探针在修复前，要检查探针结构是否有改变，如果仅仅是热丝的断裂和松脱，重新焊接就可以了。但是如果探针是由于和其他壁面等碰撞而损坏的，探针端部的支杆发生弯曲或变形，则需要用对支杆进行恢复，才能重新焊接热丝。对支杆的修复和准直需要用到注射器针头和镊子，小心地掰或捋，使支杆恢复形状，并且以探针轴线为中心对称。支杆之间的间距也要与探针手册中的数据相吻合。

探针体和针杆的形状没有损坏，或者经修复之后，还需要对焊接部位进行抛光和清洁，以利于焊接。一般的做法是用细砂纸小心地打磨支杆端部，打磨面垂直于银针的下压方向，在焊接部位打磨出一个平台。图 6－6 是焊接面的形式，如果探针的热丝是垂直于支杆的，则打磨后的焊接面是在支杆顶端垂直于支杆的，如果探针的热丝是斜丝，与支杆成 45°，则打磨后的平面也在支杆顶端与支杆成 45°。在所有的焊接部位完成打磨后，用脱脂棉蘸取丙酮，对支杆进行清洗，去除打磨碎屑和测试中沾染的灰尘等污染物。

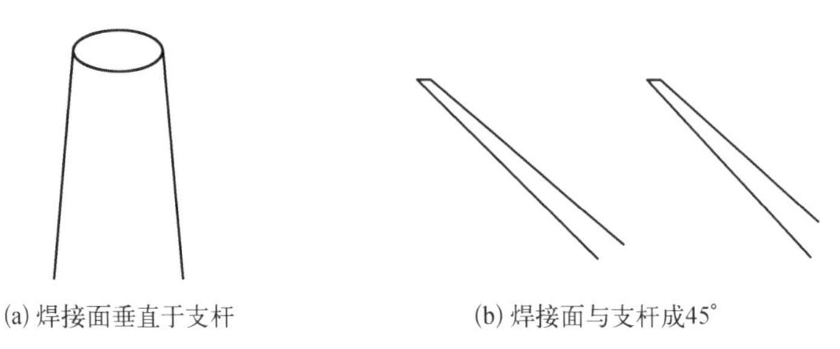

(a) 焊接面垂直于支杆　　(b) 焊接面与支杆成45°

图 6－6　打磨后的焊接面

为保证焊接顺利进行，焊接时与支杆顶在一起的银针也要进行打磨和清洁。打磨、清洁所用的工具和方法与打磨支杆时类似，不同的是，银针端部一般打磨成椭球形，其形状类似于鸡蛋的小头，既不是平台，也不是针尖。

对探针和银针进行打磨和清洁之后，就可以进行热丝的焊接。焊接开始前，首先要根据要修复的探针型号，选择合适的探针座，安装在调整架上，连接探针座电路和保持架的电源。之后要把安装了探针座的保持架、体视显微镜和电源组装在一起，要修复的探针安装在探针座上。安装之后，给热丝预留的位置，也就是支杆的焊接位置应该是水平的，将转换开关放置在要焊接的支杆一侧。

2. 定位热丝

组装了焊接结构之后，就可以进行替换热丝的定位了。对于一般的替换热丝，通常是成卷提供的。将热丝卷从包装盒中取出，安装在图 6－7 中调整架的 R 位置，用镊子把热丝小心地拽出来，用手压住热丝夹头的压片的手柄 1 和 2，将其打开，把热丝压在压片之下。压片有左右两个，相距大约 12 mm，两个压片都要将热丝压住，旋转热丝卷，将两个压片间的替换热丝拉直。压片间的热丝就是焊接所用的热丝。调整手柄 3，可以将替换热丝调整水平。

热丝 5 μm 的直径接近肉眼观察的极限，即使仔细观察也只能看见热丝卷筒圆柱部分，卷有替换热丝时微微发黑的痕迹，甚至卷筒的颜色都不会发生明显改变，操作时需要特别小心，防止热丝被损坏。

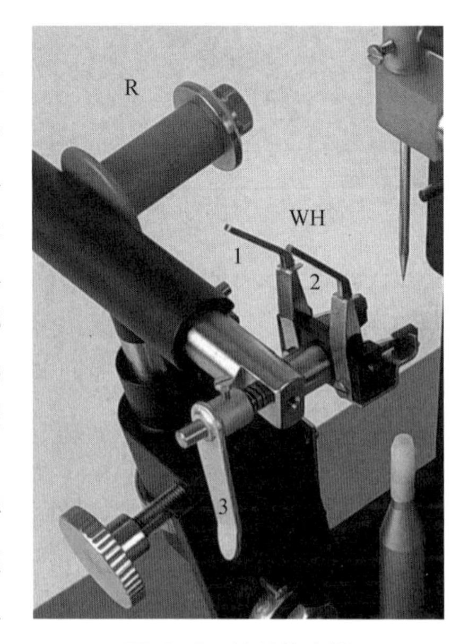

图 6－7　热丝的安装

之后的焊接操作都是在体视显微镜下进行的。通过调整 W_1、W_2、W_3，调整热丝的左右、高低和前后位置，通过 E_1、E_2、E_3 调整银针的上下、左右和前后位置，使探针、热丝和银针都位于显微镜的视野之内，为了获得尽可能大的视域范围，显微镜的放大倍数一般先调到最小。为了便于观察，调整架可以以 C_1 和 CL 为中心线进行旋转，将待维修部分调整到视野中央，并从不同角度进行观察。图 6－8 是显微镜视野下的示意情况。

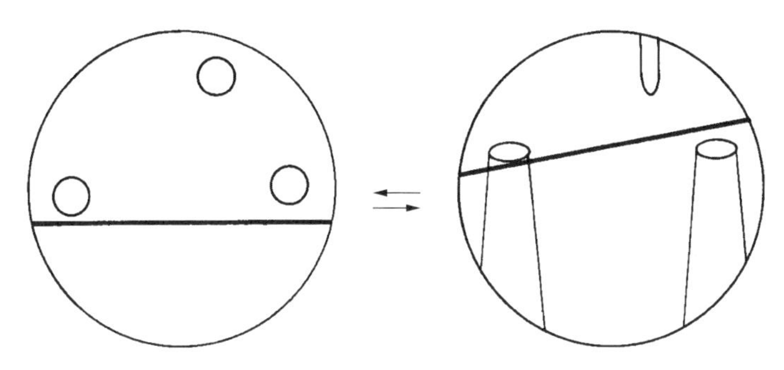

图 6－8　调整架旋转前后的视域

调整 W 的各个旋钮，调整的目的是使热丝位于要焊接的支杆顶端，在调整过程中，随着热丝距目标位置越来越近，可以逐渐增大显微镜放大倍数，以观察更细致的位置细节。当然，放大倍数的提高的同时，视域也越来越小。热丝最终是放置在两个支杆的顶端的。调整中，热丝与探针两个支杆顶端的连线应该平行，如果不平行，如图 6－9 所示，需要旋转探针座，进行调整。

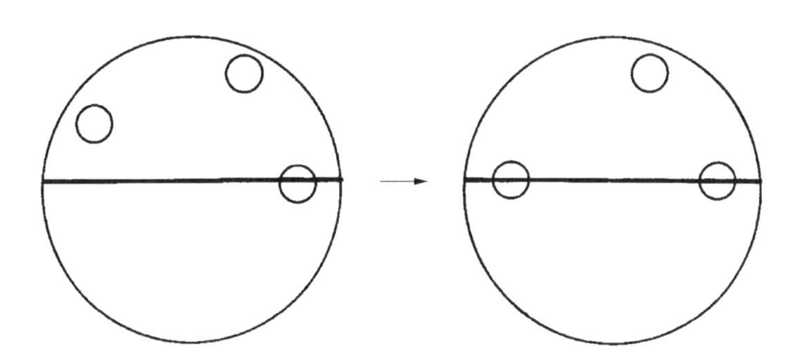

图 6－9　调整热丝与支杆连线的水平

为便于观察，可以反复使调整架以 C_1 和 CL 为轴进行旋转，如图 6－10 所示，让热丝处于显微镜不同的视角下，进行观察和调整。最终，如图 6－11 展示的那样，将热丝放置在探针支杆顶端的中心。

3. 定位银针

热丝放置到位后，调整 E 的各个旋钮，调整的目的是使银针在支杆上方压住热丝，图 6－12 是银针与热丝和支杆的相对位置示意，银针的端部在热丝方向位于支杆外侧约 1/3 平台直

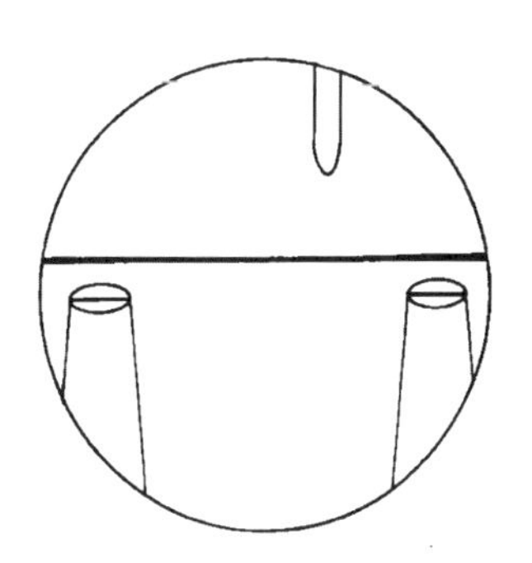

图 6－10　调整中热丝、探针和银针的相对位置

径处,并压住热丝。为保证焊接时有足够大的接触电阻,银针的压力不宜太大,一般是刚好压到热丝,但不要压紧。实际操作中,可以微微旋转探针座,看看热丝是否还可以移动,如果不能移动,说明压得太紧了。

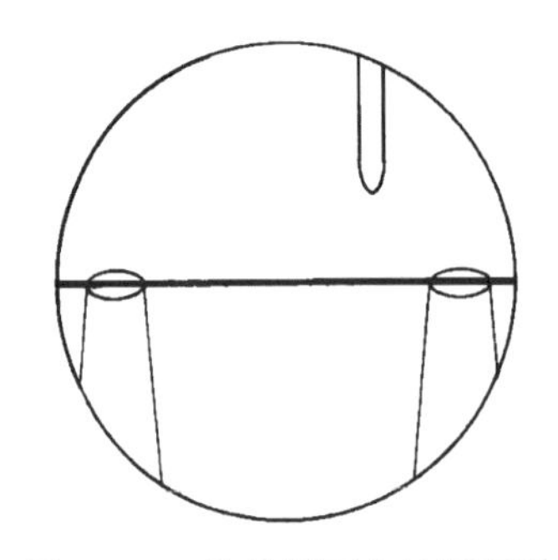
图 6-11 热丝放置在针杆顶端

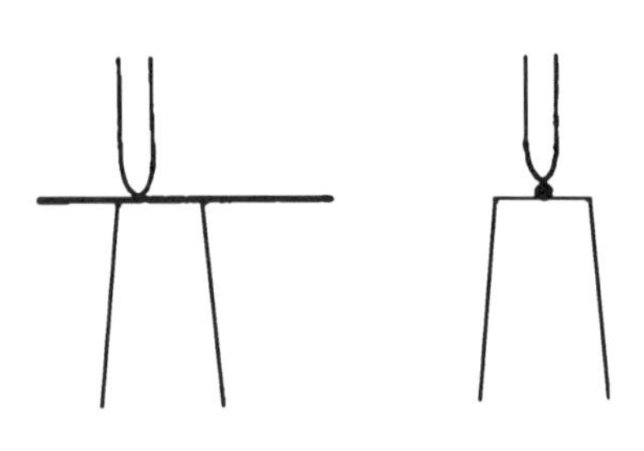
图 6-12 银针的位置

银针的压紧程度与焊接能量、焊接时间的选择密切相关,表 6-1 中是丹麦丹迪公司针对其热线产品推荐的设置值。由于手工操作的差异性,这些数值只是参考,具体的数值与操作经验有很大的关系。

表 6-1 焊 接 参 数

探针类型	热　　丝	焊接能量/mJ	焊接时间/μs	银针压力
普通探针	普通热丝	100	100	中等
镀金探针	镀金热丝	第 1 次: 100 第 2 次: 200	第 1 次: 100 第 2 次: 200	中等
高温探针	普通热丝	200	100	中等
小探针	普通热丝	100	100	中等

4. 焊接和检查

根据探针类型按照推荐值选择焊接能量和放电时间,再一次检查转换开关位于焊接支杆一侧,按动电源上的焊接键,即可进行放电焊接。如果焊点质量符合预期,可将银针位置从支杆外侧移动到距支杆内侧 1/3 顶端直径处,进行同一个支杆的第二个焊点的焊接。每个支杆进行两个焊点的焊接后,焊接已足够可靠,可以将银针移动到另一个支杆,并将焊接能量提高约 25%,在另一个支杆上完成两次焊接。提高能量是为了补偿焊接在第一个支杆上的热丝产生的额外导热损失。在进行第二个支杆的焊接前,一定注意要将电路转换开关转换到要焊接的支杆一侧,否则焊接电流将通过热丝和第一个支杆构成回路,将热丝烧毁。图 6-13 展示了一个良好的焊点情况。

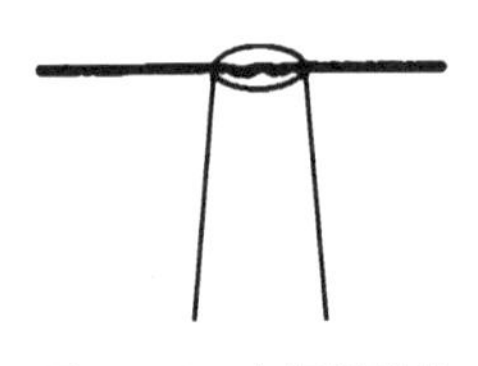
图 6-13 良好的焊接

对于镀金探针，采用镀金热丝进行维修，每个焊点必须焊接两次。在第一次焊接之后，要调整银针压力，再进行第二次焊接。

焊接之后，需要将两个支杆外侧的热丝断开，取出探针。断开的方式可以是剪刀或放电烧断。放电烧断的具体做法是将银针移动到所焊接的支杆外侧，并与热丝接触，焊接转换开关也位于这个支杆一侧，通过电源放电，电流经过银针，热丝和支杆，将支杆外侧热丝烧断，与支杆断开。用同样的方法烧断另一支杆外侧的热丝，即可取出探针。同样需要特别注意的是，在将银针移动到另一侧支杆后，一定要将转换开关拨动到相应的支杆侧再进行放电，防止支杆之间的热丝被烧毁。

为保证焊接成功，有一些关键点值得特别注意：

（1）银针不能有油性污染，焊接前要进行抛光和清洁；

（2）打磨、抛光后，焊接前要进行焊接部位的清洁；

（3）使用纯丙酮进行待维修探针的清洁，如果清洁中丙酮被污染，要及时更换；

（4）焊接前要保证转换开关在正确的方向；

（5）焊接中电极可能会粘在支杆上，原因一般包括：焊接能量太大；热丝被污染，不干净；焊接的接触电阻过大；银针与热丝和支杆同时接触，而不是压在热丝上；

（6）在进行第二个支杆焊接时，热丝被烧毁，是因为转换开关没有正确转换。

6.1.3　配合具体探针安装座的维修操作

除了上述通用的常规操作，针对每一种探针和与之匹配的探针座，有具体的安装和调整操作。以下是针对常用热线探针及其探针座的使用方法。

1. 直一维探针和探针座

直的一维热线探针，是最基本的热线探针形式，图6－14是与其配套的探针座安装在

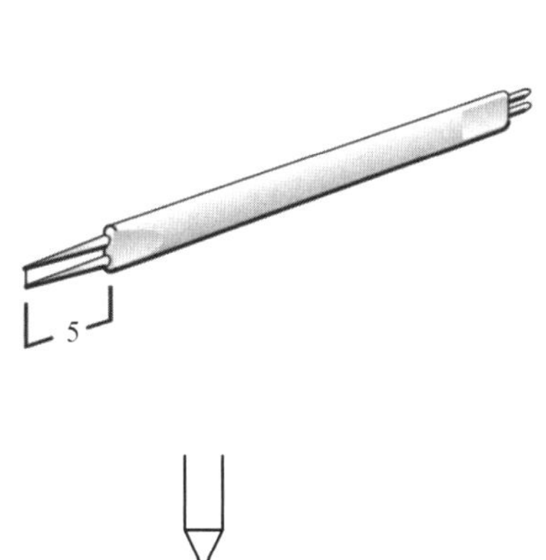

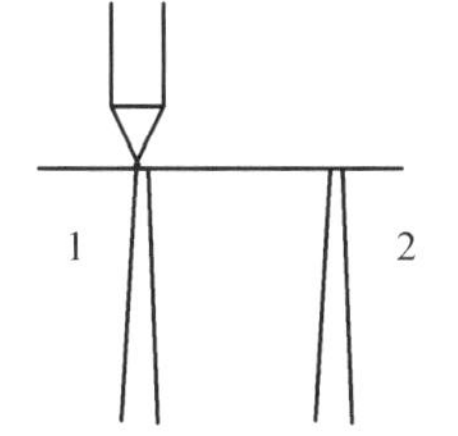

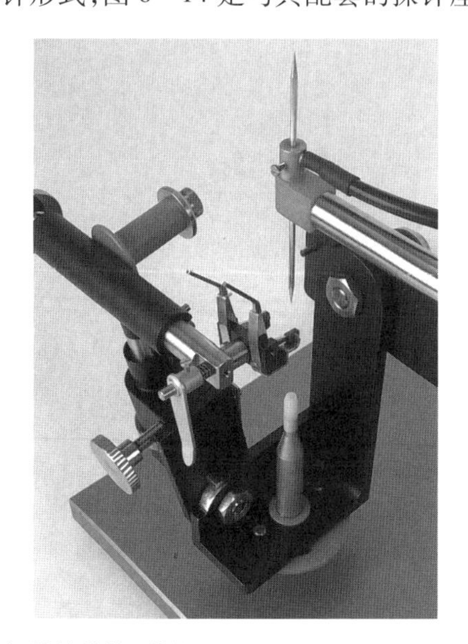

图6－14　直一维热线探针的维修（单位：mm）

调整架上的情况，探针座伸入调整架 C_3 部分的安装孔，靠张紧力固定。安装座底部是较大的盘形结构，可以带动安装座和探针旋转，调整与探针顶部焊点与热丝的平行。焊接时，银针配合转换开关，依次对两个支杆进行焊接。

对于单斜丝探针，如图 6－15 所示，热丝与探针轴线成 45°，可将调整架 C_3 部分偏转 45°，与热丝方向相一致，保持焊接时热丝处于水平位置。

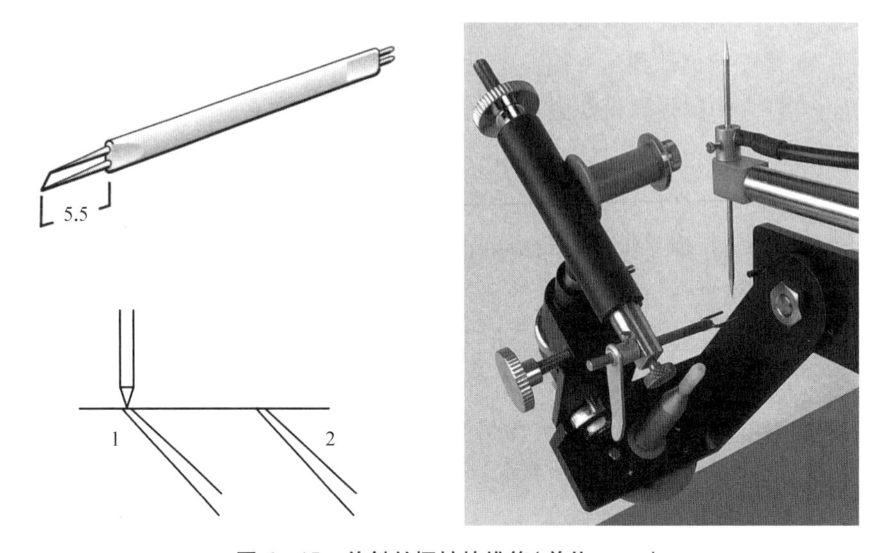

图 6－15　单斜丝探针的维修（单位：mm）

2. 90°一维探针和探针座

90°一维探针的头部与轴线成直角，为了保证热丝在调整架上处于水平位置，所使用的探针座也带有 90°弯转，以补偿探针头部的弯转。其在调整架上的安装位置如图 6－16 所示，探针安装方向平行于水平方向。由于此时热丝方向是与探针平行的，热丝也平行于水平方向。

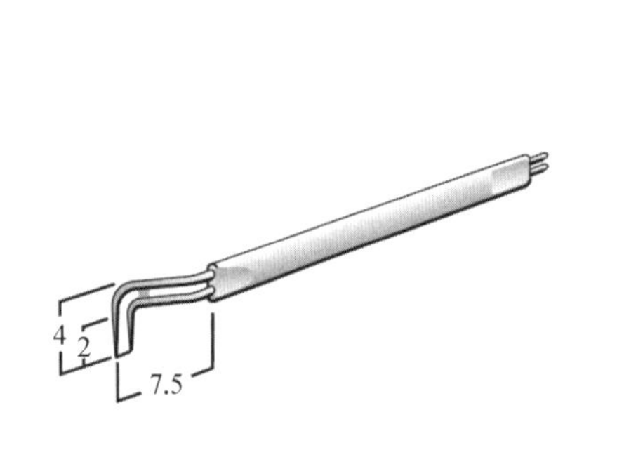

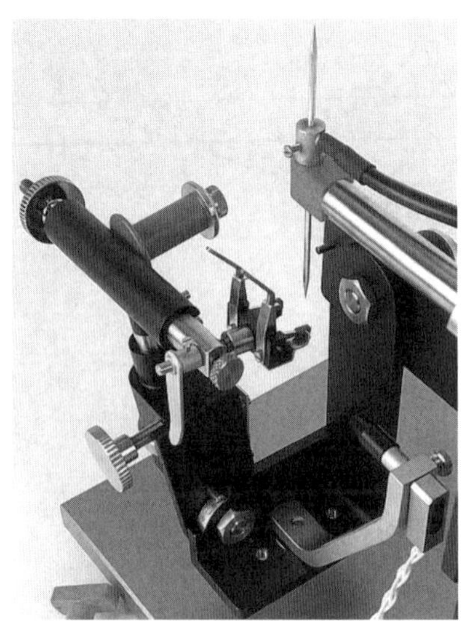

图 6－16　90°一维探针的维修（单位：mm）

3. 直二维探针和探针座

对于直的二维热线探针,即 X 形热线探针,其头部有两根热丝,分别与探针轴线成 +45° 和 −45°。所使用的探针座和维修方法与单斜丝的类似,如图 6 - 17 所示,相当于单斜丝维修两次。所不同的是,探针座有 4 个插孔,以适应探针的 4 个插针。但是这 4 个插针只有两个是与电源联通的,即所维修的两个支杆所对应的插孔。在维修完一根热丝后,需要将探针拔下,旋转 180° 再插入探针座,进行另外一根热丝的维修。

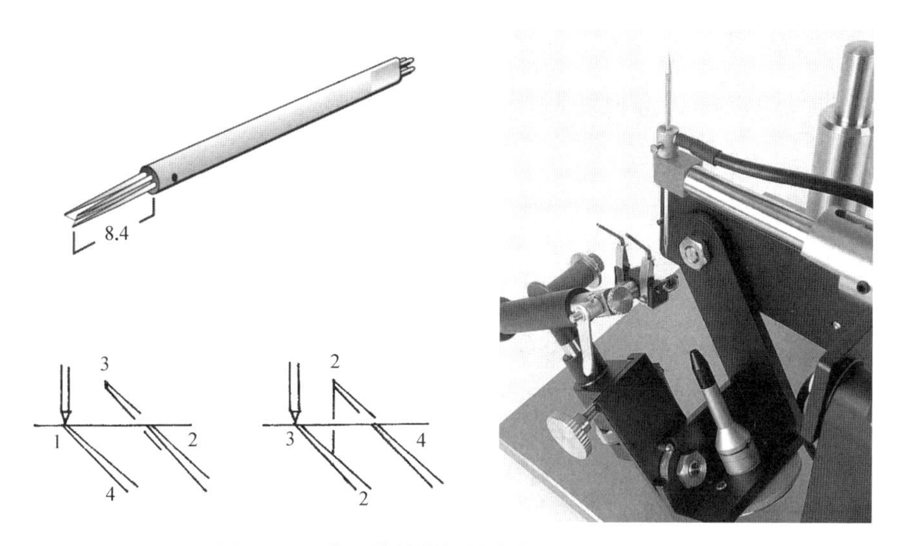

图 6 - 17　直二维热线探针的维修(单位: mm)

4. 90° 二维探针和探针座

90° 二维探针的维修过程与直二维探针的维修过程类似,其所使用的探针座与 90° 一维探针的安装座在结构形式上类似,只是在与探针的接插上与二维探针的 4 个插针相适应。具体方式如图 6 - 18 所示。

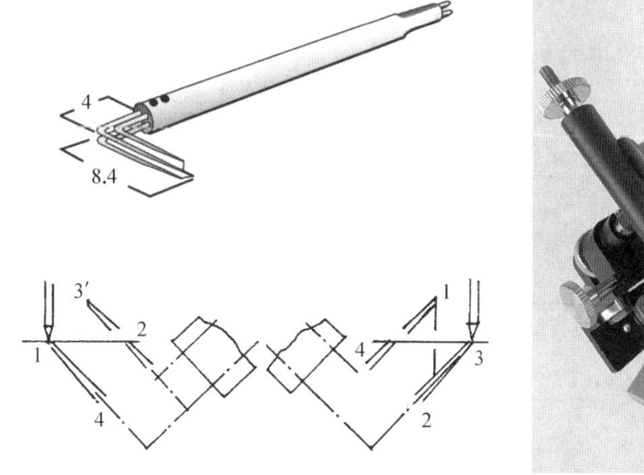

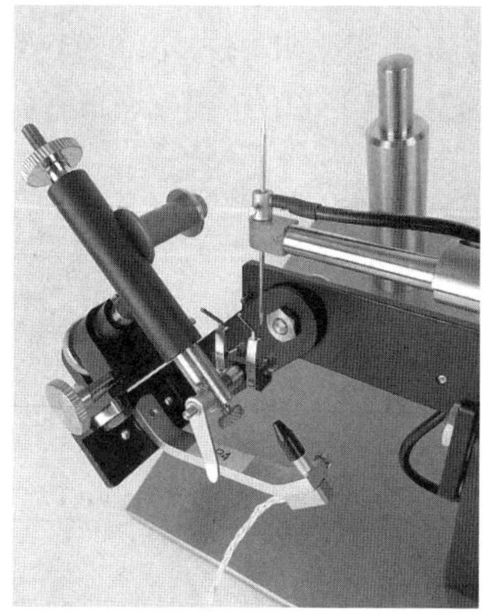

图 6 - 18　90° 二维探针的维修(单位: mm)

6.2 热线测量基础实验

在不同的学科，不同的领域，甚至同一领域针对不同的问题，热线测试系统和测试方法都有具体的不同，但是关于一些使用原则和操作流程又有相同的地方。热线基础实验的目的，是在理论学习的基础上，通过实际操作，掌握简单热线测试系统的建立、测量和数据获取方法。这些流程和方法是比较基础的，也是大多数测试任务中都要涉及的。

6.2.1 热线风速仪探针选择和测量系统建立实验

1. 实验目的

（1）了解热线探针的类型和适用范围；

（2）掌握热线探针的选用原则；

（3）了解热线风速仪测量系统的构成；

（4）掌握热线风速仪测量系统的建立方法。

2. 实验原理

热线风速仪不是一种开机即可使用的测速仪器。使用前必须根据被测流场的特点选择合适的测量探针，并根据选择的探针建立测量系统，进行系统标定。

在气体动力学测量中，常用的热线探针可分为单丝探针、双丝探针和三丝探针。测量中应根据被测流场的特点选用，每一类探针中有多种不同的结构，或适应不同的流场品质，或适应不同的安装条件，或用于不同的测试目的。

1）单丝探针

常用的单丝探针结构如图 6－19 所示，热丝与探针轴线垂直，用于一维流动的测量。在图 6－19 所示的三种单丝结构中，(a) 图为小型探针，具体结构为丝叉顶端焊接 1.25 mm 的热丝，通常用于低湍流度一维流场的测量；(b) 图镀金探针支杆之间距离较宽，热丝两端镀金，通常用于较高湍流度一维流场的测量；为克服热丝探针强度较差的缺点，可采用热膜探针，如图(c) 所示，其结构与镀金探针类似，不同在于原本焊接热丝的部分

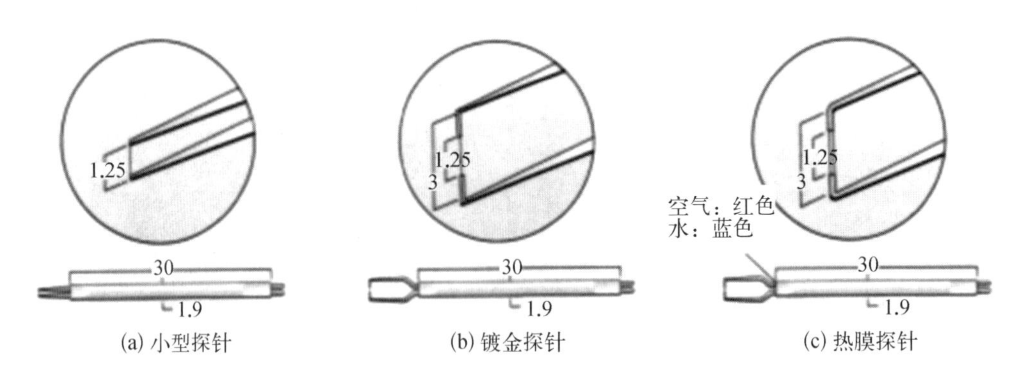

(a) 小型探针　(b) 镀金探针　(c) 热膜探针

图 6－19　单丝探针（单位：mm）

被一根镀膜石英丝代替,以提高强度。石英丝直径和强度均大于热丝,传感部分为其镀膜,但这种探针的热惯性大,相同流体中探针频响小于热丝。热膜探针的支杆根部有色标,标示测量介质。

上述三种单丝探针都有 5 种结构形式,图 6－20 展示的是小型单丝探针的几何特征,其中(a)为基本型,使用时应使来流正对热丝,与针杆平行。在内流研究中,这种探针需要较大的安装空间,为解决这一问题,可选用(c)或(d)的 90°探针。(b)图所示的斜丝探针提供了单丝探针测量二维流场的可能,具体做法是在初始安装位置测量后,探针以针杆为中心旋转 180°再次进行测量,利用两次测量的结果模拟双丝探针。(e)图探针支杆下探,通常称为边界层探针,在壁面附近测量时,该结构可减小针杆对壁面流动的阻塞和扰动,从而获得更高的测量精度。

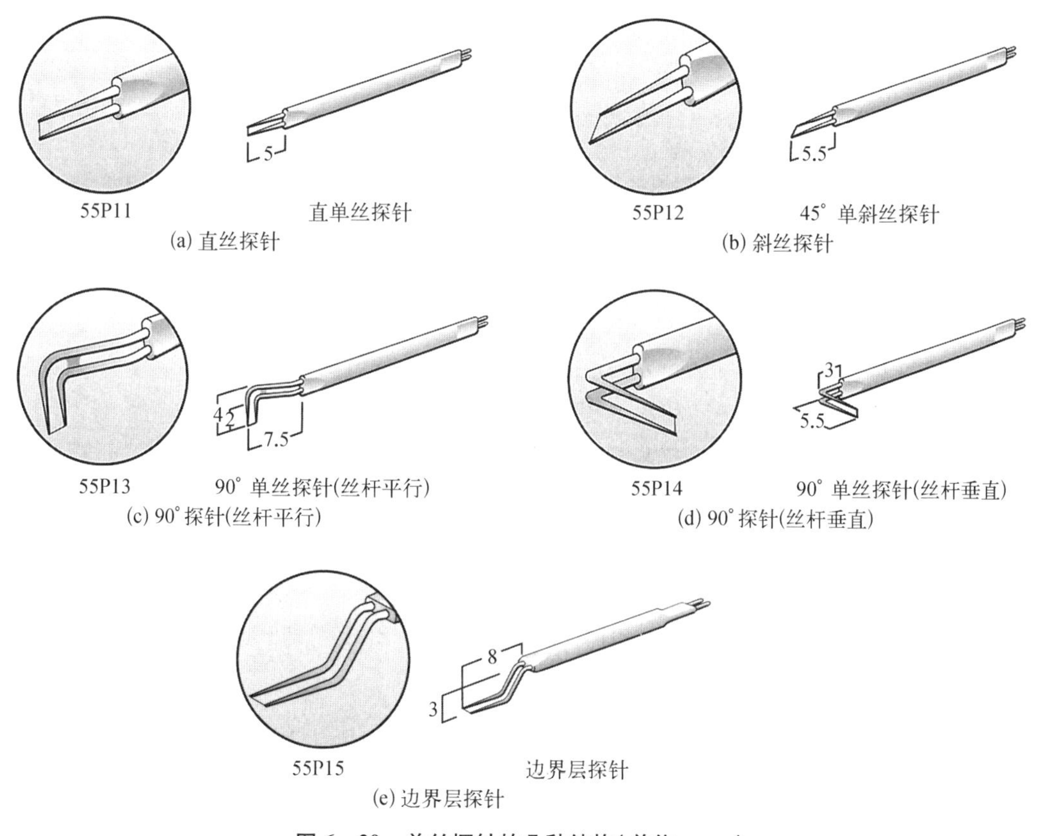

图 6－20　单丝探针的几种结构(单位: mm)

2) 双丝探针

双丝探针一般用来测量二维流场。与单丝探针类似,根据传感部分的不同分为小型探针,镀金探针和热膜探针,其用途和特点也与单丝探针相同。小型探针最为常用,用于中低湍流环境中的二维流场测量。镀金探针用于中高湍流二维流动的测量。热膜探针的强度好于其他两种,但频响较低。图 6－21 展示的镀金探针的几种变形结构,其他两种探针的几何特征与之相同,只是传感部分的尺寸有所区别。

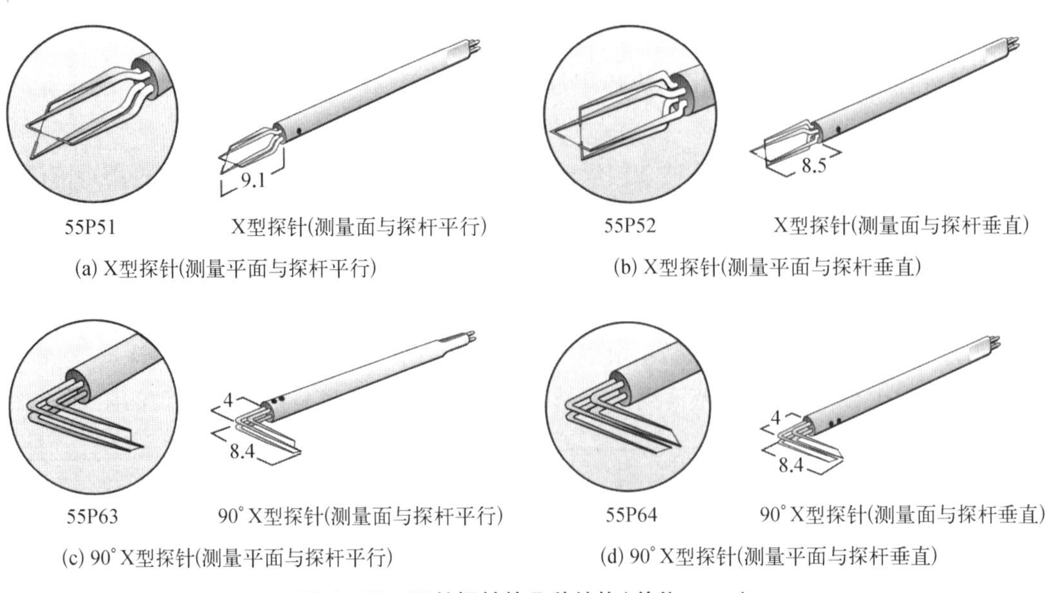

(a) X型探针(测量平面与探杆平行)　(b) X型探针(测量平面与探杆垂直)

(c) 90° X型探针(测量平面与探杆平行)　(d) 90° X型探针(测量平面与探杆垂直)

图 6－21　双丝探针的几种结构(单位：mm)

图 6－21(a)为基本结构,两斜丝分别与针杆成±45°,使用时来流基本正对针杆,测量平面为两斜丝确定的平面,与针杆平行。图 6－21(b)的测量平面与针杆垂直。图 6－21(c)和(d)为(a)(b)两种结构的变形,丝叉带 90°弯转测量平面同样由两斜丝的投影平面确定。

3）三丝探针

三丝探针一般用来测量三维流场,一般也称为三维探针,根据传感部分的不同可分为热丝探针和热膜探针,热丝和热膜探针仅在传感元件上有区别,几何特征相同,三根热丝(热膜)两两垂直并异面。测量范围为针杆前方的锥形区域。三丝探针的几何结构如图 6－22 所示。

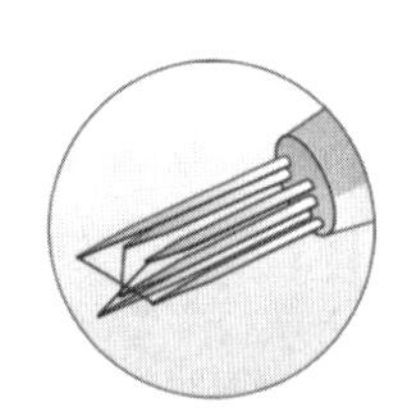
图 6－22　三丝探针

3. 实验器材

热线探针：55P01、55P05、55R01、55P51、55P54、55R51、55R54、55P91、55R91。

探针插座：55H20、55H24。

专用信号线：探针信号线 4 根、控制信号线 1 根、串行信号线 1 根。

热线主机：90N10。

热线模块：90C10、90H02。

控制软件：StreamLine。

计算机及 A/D 卡。

4. 实验步骤

(1) 根据给定流场特征选择探针。

(2) 按下述顺序完成硬件连接：

① 探针→探针插座→探针信号线→热线模块→热线主机→探针信号线→计算机；

② 热线主机→串行信号线→计算机。

（3）运行 StreamLine 软件完成下述工作：

① 建立实验数据库（database）；

② 建立测试任务（Project）；

③ 选择并设置 A/D 卡；

④ 在软件界面完成系统构成和设置；

⑤ 进行硬件初始化；

⑥ 将硬件初始化结果设置为缺省。

（4）保存设置，退出系统。

5. 思考题

（1）热线测速的原理是什么？

（2）二维热线如何测量速度大小和方向？

（3）二维和三维热线测量速度的角度范围极限有多大？

（4）为何热线传感部分要采用 5 μm 的细丝？

6.2.2　热线校准实验

1. 实验目的

（1）掌握热线风速仪速度校准、角度校准方法；

（2）掌握在线分析方法。

2. 实验原理

1）速度校准

给热丝通电，热丝消耗电能，温度升高，其电阻也增加；工作电流越大，温度越高。将热丝置于气流中，使其与气流方向垂直，就发生气流对热丝的跨流强迫对流换热。单位时间内热丝的发热量 $Q=i^2R$，它等于对气流的放热量，根据恒温模式工作原理，可将式（2－10）写为

$$i^2R=(a_0+b_0v^m)(T-T_g) \tag{6-1}$$

$$R=R_0[1+\beta(T-T_0)] \tag{6-2}$$

式中，i 为通过热丝的工作电流；v 为气流速度；m 为热线常数；T 为热丝的工作温度；T_g 为流体有效温度；a_0、b_0 为常数；R 为热丝的工作电阻；R_0 为温度为 T_0 时的电阻；β 为电阻温度系数。

热线采用恒电阻方式工作，即 R 为常数，若气流温度 T_g 不变，则式（6－1）变为

$$i^2=a_1+b_1v^m \tag{6-3}$$

式中，a_1、b_1 为常数。

因为 $i=U/R$，代入式（6－3）得到：

$$U^2=a+bv^m \tag{6-4}$$

式中，U 为热丝两端的电压；a、b 为常数。

由式(6－4)看出热丝的供电电压与速度成非线性关系,同时由于探针结构、加工工艺和热丝在气流中受污染程度的区别,每只探针在使用前必须进行校准以获得电压—速度特性。

2) 角度校准

用于二维或三维流动测量的探针一般应做角度标定。热丝的有效冷却速度 U_{eff} 可用气流速度 U_n、切向速度 U_t、法向速度 U_{bn}、俯仰因子 k 和偏航因子 h 表达:

$$U_{\text{eff}}^2 = U_n^2 + k^2 U_t^2 + h^2 U_{bn}^2 \tag{6-5}$$

在角度校准中让探针对已知流动矢量多次转成不同的倾角,每个位置 U_n、U_t 和 U_{bn} 可通过速度和倾角计算,用探针的电压—速度特性可得到 U_{eff}。由此得到每根丝的每个角度,确定 k 和 h 的一系列方程。StreamLine 软件可自动处理角度标定数据,确定 k 和 h 的值。实际中 k 和 h 都随角度和气流速度的变化而变化,但研究表明在不同速度和角度下 k^2 和 h^2 基本在平均值附近±0.015 的范围内变动。因此可在测量范围的中等速度下进行角度校准,在整个角度和速度范围内使用 k^2 和 h^2 平均值。由此带来的速度误差不会超过±2%。

3. 实验器材

热线探针:55P51。

探针插座:55H24。

专用信号线:探针信号线(55A1863)、控制信号线、串行信号线。

热线主机:90N10。

热线模块:90C10、90H02。

校准风洞:90H10。

控制软件:StreamLine。

计算机及 A/D 卡。

4. 实验步骤

(1) 选择 55P51 二维热线探针。

(2) 按下述顺序完成硬件连接:

① 探针→探针插座→探针信号线→热线模块 90C10→热线主机→探针信号线→计算机;

② 热线主机→串行信号线→计算机;

③ 校准风洞→热线模块 90H02。

(3) 给校准风洞供气,气源压力 0.6~0.8 MPa。

(4) 按照探针手册的规定在校准风洞上安装探针。

(5) 运行 StreamLine 软件,打开实验一中建立的实验数据库,进入 Project。

(6) 运行速度校准(Velocity Calibration),按照屏幕提示输入校准速度范围和插值点数,进行自动校准。

(7) 运行角度校准(Directional Calibration),按照屏幕提示输入校准角度范围,气流速度和插值点数。

(8) 在软件自动调整气流速度完成后,按屏幕提示变化探针倾角,完成校准。

(9) 设置数据转化文件。

(10) 启动在线分析功能(Online Analysis),检查校准结果。

5. 思考题

(1) 使用单斜丝和双丝热线探针的校准内容和步骤是否相同?

(2) 双丝和三丝探针的校准内容和步骤有何区别?

(3) 热丝和热膜探针的校准是否相同?

(4) 热线探针在什么情况下需要重新校准?

(5) 除校准速度和角度外,对其他校准环境参数有无要求?

6.2.3 叶栅流场和湍流分布的热线测量实验

1. 实验目的

(1) 掌握热线测量的实验过程设置方法;

(2) 掌握热线测量方法;

(3) 掌握测量数据处理方法。

2. 实验内容

如图6-23所示,叶栅中存在非常复杂的流动,在叶片前缘,边界层受叶片阻挡后卷起,分别进入吸力面侧和压力面侧。较大的两支,一支沿吸力面向尾缘流动形成吸力面角

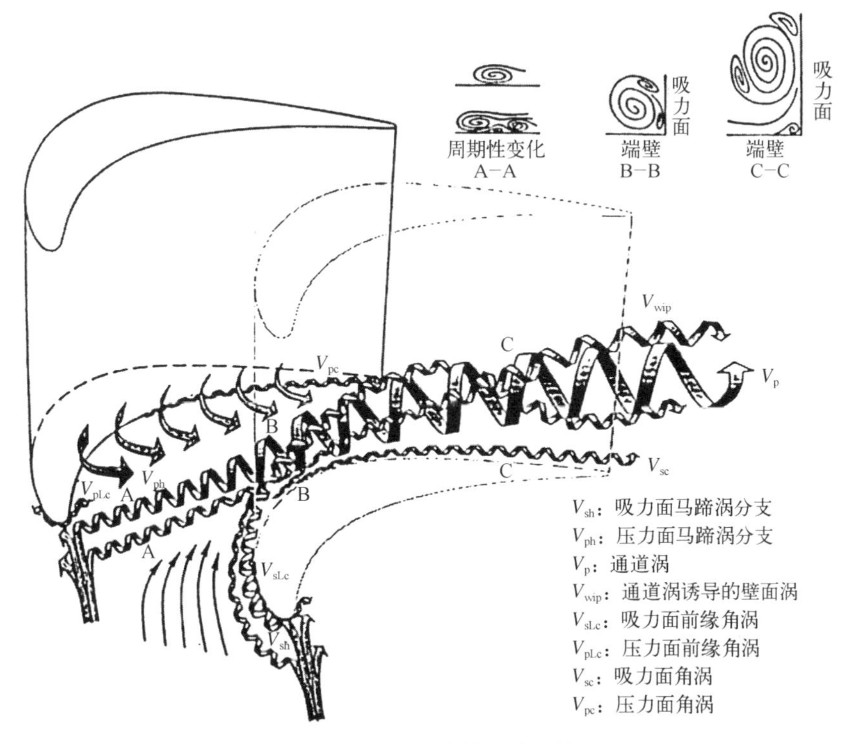

图6-23　叶栅中的流动结构

涡，一支沿压力面向尾缘和相邻叶片吸力面流动并逐渐放大升起，形成压力面马蹄涡。同时由于叶栅吸力面和压力面的压差和叶片的弯转还会形成壁面附近由压力面指向吸力面的流动。

本次实验要求根据大尺寸低速叶栅风洞的实际结构设计测量截面，布置测量点位，测量获得叶栅中的流场和湍流分布。

3. 实验器材

热线探针：55P51。

探针插座：55H24。

专用信号线：探针信号线(55A1863)、控制信号线、串行信号线。

热线主机：90N10。

热线模块：90C10、90H02。

控制软件：StreamLine。

计算机及 A/D 卡。

大尺寸低速叶栅风洞。

4. 实验步骤

(1) 选择 55P54 二维热线探针。

(2) 按下述顺序完成硬件连接：

① 探针→探针插座→探针信号线→热线模块 90C10→热线主机→探针信号线→计算机；

② 热线主机→串行信号线→计算机；

③ 校准风洞→热线模块 90H02。

(3) 在测试位置安装探针。

(4) 运行 StreamLine 软件，打开实验一中建立的实验数据库，进入测试任务。

(5) 运行测量位置设置(Define Traverse Grid)，设置测量点数和点位。

(6) 运行缺省实验设置(Default Setup)，按照坐标架类型更改实验流程。

(7) 进行测量。

思考题

1. StreamLine 中的测量位置设置对测量有什么影响？

2. 在叶栅测量中可以选用什么形式的探针？

3. 测量流场和湍流分布还可以采取什么方式？利用热线进行测量与这些方式相比有何优缺点？

参考文献 | References

[1] 陈懋章.中国航空发动机高压压气机发展的几个问题[J]. 航空发动机,2006, 32(2): 5-11,37.

[2] Skira C A. Reducing military aircraft engine development cost through modeling and simulation[C]. Paris: RTO AVT Symposium on Reduction of Military Vehicle Acquisition Time and Cost through Advanced Modelling and Virtual Simulation, 2002.

[3] Slotnick J, Khodadoust A, Alonso J, et al. CFD vision 2030 study: A path to revolutionary computational aerosciences[R]. NASA/CR-2014-218178,2014.

[4] 李清华,安利平,徐林,等.高负荷轴流压气机设计与试验验证[J]. 航空学报,2017, 38(9): 161-171.

[5] Brouckaert J F, Van W N, Farkas B, et al. Unsteady pressure measurements in a single stage low pressure axial compressor: Tip vortex flow and stall inception[C]. Orlando: ASME Turbo Expo 2009: Power for Land, Sea, and Air, 2009.

[6] 沈熊.激光多普勒测速技术及应用[M].北京: 清华大学出版社,2004.

[7] 孙渝生.激光多普勒测量技术及运用[M].上海: 上海科学技术文献出版社,1995.

[8] 王昊.轴流压气机叶顶区域非定常流动及旋转不稳定性研究[D].上海: 上海交通大学,2020.

[9] 盛森芝,徐月亭,袁辉靖.热线热膜流速计[M].北京: 中国科学技术出版社,2003.

[10] 李鹏.微风速下热线风速仪校准方法的研究[D].保定: 河北大学,2017.

[11] Bruun H H. Hot-wire anemometry, principles and signal analysis[M]. Oxford: Oxford University Press, 1995.

[12] 戴昌晖,等.流体流动测量[M].北京: 航空工业出版社,1992.

[13] Stainback P C, Nagabushana K A. Review of hot-wire anemometry techniques and the range of their applicability for various flows [J]. Electronic Journal of Fluids Engineering, Transactions of the ASME, 1993,167: 1-54.

[14] Comte-Bellot G. The hot-wire and the hot-film anemometers[R]. Brussels: von Karman Institute Lecture Series 73 on Measurement of Unsteady Fluid Dynamic Phenomena, 1975.

[15] Boussinesq J. An equation for the phenomena of heat convection and an estimate of the

cooling power of fluids[J]. Journal de Mathematiques, 1905, 1: 285 - 332.

[16] King L V. On the convection of heat from small cylinders in a stream of fluid: Determination of the convection constants of small platinum wires with applications to hot-wire anemometry[J]. Philosophical Transactions of the Royal Society of London series A, 1914, 214(509 - 522): 373 - 432.

[17] 钟志鹏.基于 STM32 高频响热线风速仪的研制[D].南京: 南京理工大学,2016.

[18] Dryden H L, Kuethe A M. The measurement of fluctuations of air speed by the hot-wire anemometer[R]. NACA - TR - 320, 1929.

[19] Ziegler M. The construction of a hot wire anemometer with linear scale and negligible lag [M]. Amsterdam: Noord-Hollandsche Uitgeversmaatschappij, 1934.

[20] Weske J R. A hot-wire circuit with very small time lag[R]. NACA - TN - 881, 1943.

[21] Laurence J C, Landes L G. Auxiliary equipment and techniques for adapting the constant-temperature hot-wire anemometer to specific problems in air-flow measurements [R]. NACA - TN - 2843, 1952.

[22] Freymuth P. Frequency response and electronic testing for constant-temperature hot-wire anemometers[J]. Journal of Physics E: Scientific Instruments, 1977, 10(7): 705.

[23] Fingerson L M. Parameter for comparing anemometer response[R]. Rolla: Symposia on Turbulence in Liquids, 1971.

[24] Kovasznay L S G. The hot-wire anemometer in supersonic flow[J]. Journal of the Aeronautical Sciences, 1950, 17(9): 565 - 572.

[25] Kovasznay L S G. Turbulence in supersonic flow[J]. Journal of the Aeronautical Sciences, 1953, 20(10): 657 - 674.

[26] Rose W C, McDaid E P. Turbulence measurement in transonic flow[J]. AIAA Journal, 1977, 15(9): 1368 - 1370.

[27] Sandborn V A. A review of turbulence measurements in compressible flow[R]. NASA - TMX - 62337, 1974.

[28] Baldwin L V, Sandborn V A, Laurence J C. Heat transfer from transverse and yawed cylinders in continuum, slip, and free molecule air flows[J]. Journal of Heat Transfer, Transaction of ASME, 1960, 82: 77 - 86.

[29] Vagt J D. Hot-wire probes in low speed flow[J]. Progress in Aerospace Sciences, 1979, 18: 271 - 323.

[30] Kovasznay L S G. Turbulence measurements[J]. Applied Mechanics Reviews, 1959, 12 (6): 375 - 380.

[31] Owen F K, Fiore A W. Turbulent boundary layer measurement techniques[R]. NASA STI/Recon Technical Report, 1986.

[32] Laufer J. New trends in experimental turbulent research[J]. Annual Review of Fluid

Mechanics, 1975, 7: 307 - 326.

[33] Olivari D. Hot wire techniques: Conditional sampling and intermittency[R]. Brussels: von Karman Institute for Fluid Dynamics, Lecture Series - 3, Measurements and Predictions of Complex Turbulent Flows, 1980.

[34] Ardonceau P. Turbulence measurements in supersonic flows[R]. Brussels: von Karman Institute for Fluid Dynamics, Lecture Series - 3, Measurements and Predictions of Complex Turbulent Flows, 1980.

[35] Kovasznay L S G, Favre A, Buchhave P, et al. Proceedings of the dynamic flow conference on dynamic measurements in unsteady flow[C]. Baltimore: Proceedings of the Dynamic Flow Conference, 1978.

[36] Stock D E, Sherif S A, Smits A J. The heuristics of thermal anemometry[C]. Toronto: The 1990 Spring Meeting of the Fluids Engineering Division, 1990.

[37] Stock D E. Symposium on thermal anemometry[C]. Cincinnati: The 1987 ASME Applied Mechanics, Bioengineering, and Fluids Engineering Conference, 1987.

[38] Comte-Bellot G, Charnay G, Sabot J. Hot-wire and hot-film anemometry and conditional measurements: A report on Euromech 132[J]. Journal of Fluid Mechanics, 1981, 110: 115 - 128.

[39] 杜钰锋,林俊,马护生,等.可压缩流体恒温热线风速仪校准方法[J].航空学报, 2017, 38(6): 6 - 13.

[40] Sandborn V A. Resistance temperature transducers[M]. Fort Collins: Metrology Press, 1972.

[41] Perry A E. Hot-wire anemometry[M]. Oxford: Clarendon Press, 1982.

[42] Lomas C G. Fundamentals of hot-wire anemometry[M]. Cambridge: Cambridge University Press, 1986.

[43] Goldstein R J. Fluid mechanics measurements[M]. New York: Hemisphere Publishing Corporation, 1983.

[44] Hinze J O. Turbulence[M]. New York: McGraw-Hill Book Company, 1975.

[45] Smolyakov A V, Tkachenko V M. The measurement of turbulent fluctuations: An introduction of hot-wire anemometry and related transducers[M]. New York: Springer-Verlag, 1983.

[46] Bradshaw P. An introduction to turbulence and its measurement[M]. New York: Pergamon Press, 1971.

[47] Blackwelder R F. Hot-wire and hot-film anemometers[M]//Emrich R J. Methods of experimental physics: Fluid dynamics, Vol. 18, Part A. New York: Academic Press Inc., 1981.

[48] Corrsin S. Turbulence: Experimental methods[M]//Truesdell C. Handbook of Physics.

Berlin: Springer Berlin Heidelberg, 1963.

[49] Kovasznay L S G. Methods to distinguish between laminar and turbulent flow[M]// Ladenburg R W, Lewis B, Pease R N, et al. Physical measurements in gas dynamics and combustion. Princeton: Princeton University Press, 1954.

[50] 庄永基,盛森芝.主电桥预移相模型恒温热线(膜)流速计动态响应方程的解析解[J].气动实验与测量控制,1992(3): 45-52.

[51] 庄永基,盛森芝.预移相型恒温热线(膜)流速计的动态响应方程[J].气动实验与测量控制,1992(1): 49-56.

[52] Watmuff J H. An investigation of the constant-temperature hot-wire anemometer[J]. Experimental Thermal and Fluid Science, 1995, 11(2): 117-134.

[53] Smits A J, Muck K. Constant temperature hot-wire anemometer practice in supersonic flows[J]. Experiments in Fluids, 1983, 1: 83-92.

[54] Ligeza P. Constant-bandwidth constant-temperature hot-wire anemometer[J]. Review of Scientific Instruments, 2007, 78(7): 075104.

[55] Britcher C P, White R, Bledsoe J, et al. Studies of a hot wire anemometer with digital feedback[C]. Washington, D.C.: 32nd AIAA Aerodynamic Measurement Technology and Ground Testing Conference. 2016.

[56] Sivakami V, Vasuki B. Modified design and analysis of constant voltage hot wire anemometer[C]. Kannur: 2019 2nd International Conference on Intelligent Computing, Instrumentation and Control Technologies (ICICICT), 2019.

[57] Inasawa A, Takagi S, Asai M. Improvement of the signal-to-noise ratio of the constant-temperature hot-wire anemometer using the transfer function[J]. Measurement Science and Technology, 2020, 31(5): 055302.

[58] Daniel F, Peyrefitte J, Radadia A D. Towards a completely 3D printed hot wire anemometer[J]. Sensors and Actuators A: Physical, 2020, 309: 111963.

[59] Ligeza P, Jamróz P, Ostrogórski P. Reduction of electromagnetic interferences in measurements of fast-changing air velocity fluctuations by means of hot-wire anemometer [J]. Flow Measurement and Instrumentation, 2021, 79(1): 101945.

[60] Ligeza P, Jamróz P. A hot-wire anemometer with automatically adjusted dynamic properties for wind energy spectrum analysis[J]. Energies, 2022, 15(13): 4618.

[61] 李庆,马大为,乐贵高.脉冲热线风速仪的研制[J].气动实验与测量控制,1996(4): 62-67.

[62] 陆青松,王元.热线风速仪制作的初步研究[J].南京建筑工程学院学报(自然科学版), 2002(3): 62-66.

[63] 张万路.热线风速仪在线测量的修正模型[J].计量技术,2004(5): 27-28.

[64] 韦青燕,张天宏.高超声速热线/热膜风速仪研究综述及分析[J].测试技术学报,

2012, 26(2): 142 - 149.

[65] 韦青燕,张天宏.基于 Multisim 的恒压型热线风速测量系统电路仿真分析[J].传感技术学报,2015(4): 462 - 468.

[66] 王鑫,杨颖,马云驰,等.应用热线风速仪对熔喷流场的温度速度同步测量方法[J].实验流体力学,2016, 30(1): 91 - 96.

[67] 杜钰锋,林俊,马护生,等.可压缩流湍流度变热线过热比测量方法[J].航空学报,2017, 38(11): 63 - 74.

[68] 马护生,时培杰,李学臣,等.可压缩流体热线探针校准方法研究[J].空气动力学学报,2019, 37(1): 55 - 60.

[69] 朱博,熊波,吴巍,等.定/变热线过热比跨超声速流场湍流度测量[J].航空动力学报,2022,37(9): 1815 - 1823.

[70] 朱博,廖达雄,陈振华,等.跨声速流场扰动模态与湍流度精细测量[J].航空学报,2023, 44(4): 129 - 140.

[71] Nagata K, Sakai Y, Inaba T, et al. Turbulence structure and turbulence kinetic energy transport in multiscale/fractal-generated turbulence[J]. Physics of Fluids, 2013, 25(6): 065102.

[72] Borodulin V I, Kachanov Y S. Experimental evidence of deterministic turbulence[J]. European Journal of Mechanics B: Fluids, 2013, 40: 34 - 40.

[73] Stefano G D, Vasilyev O V. A fully adaptive wavelet-based approach to homogeneous turbulence simulation[J]. Journal of Fluid Mechanics, 2012, 695: 149 - 172.

[74] 西北工业大学.航空发动机气动参数测量[M].北京: 国防工业出版社,1980.

[75] Kaifuku K, Khine S M, Houra T, et al. Response compensation scheme for constant-current hot-wire anemometry based on frequency response analysis[C]. Honolulu: ASME/JSME 2011 8th Thermal Engineering Joint Conference, 2011.

[76] Sarma G R. Flow rate measuring apparatus: United States 5074147[P], 1991 - 12 - 24.

[77] Kegerise M A, Spina E F. A comparative study of constant-voltage and constant-temperature hot-wire anemometers Part I: The static response[J]. Experiments in Fluids, 2000, 29(2): 154 - 164.

[78] Kegerise M A, Spina E F. A comparative study of constant-voltage and constant-temperature hot-wire anemometers: Part Ⅱ - The dynamic response[J]. Experiments in Fluids, 2000, 29(2): 165 - 177.

[79] Finn E J. How to measure turbulence with hot-wire anemometers: A practical guide[M]. Skovlunde: Dantec Dynamics, 2002.

[80] 韦青燕,张天宏,沈杰,等.恒温型热线风速测量系统动态特性分析及试验验证[J].仪器仪表学报,2015,36(10): 2265 - 2272.

[81] 盛森芝,庄永基,刘宗彦.一种新型热线热膜流速计[J].实验流体力学,2009,23(1):

89－93.

[82] Klages H. Directional sensitivity of cylindrical hot-film probes in liquids[C]. Baltimore: Proceedings of the Dynamic Flow Conference 1978 on Dynamic Measurements in Unsteady Flows, 1978.

[83] Champagne F H, Sleicher C A, Wehrmann O H. Turbulence measurements with inclined hot wires, Part Ⅰ: Heat transfer experiments with inclined hot wire[J]. Journal of Fluid Mechanics, 1967, 28: 153－175.

[84] Jorgensen F E. Directional sensitivity of wire and fiber film probes [J]. DISA information, 1971(11): 31－37.

[85] Chew Y T, Ha S M. The directional sensitivities of crossed and triple hot-wire probes [J]. Journal of Physics E: Scientific Instruments, 1988, 21(6): 613.

[86] 周兴华,周建和.用热线测量近壁区的流速分布[J].气动实验与测量控制,1996, 10(1): 20－24.

[87] Hutchins N, Choi K S. Accurate measurements of local skin friction coefficient using hot-wire anemometry[J]. Progress in Aerospace Sciences, 2002, 38(4－5): 421－446.

[88] Durst F, Zanoun E S, Pashtrapanska M. In situ calibration of hot wires close to highly heat-conducting walls[J]. Experiments in Fluids, 2001, 31(1): 103－110.

[89] Chew Y T, Khoo B C, Li G L. An investigation of wall effects on hot-wire measurements using a bent sublayer probe [J]. Measurement Science and Technology, 1998, 9(1): 67.

[90] Krishnamoorthy L V, Wood D H, Antonia R A, et al. Effect of wire diameter and overheat ratio near a conducting wall[J]. Experiments in Fluids, 1985, 3: 121－127.

[91] 张军,张俊龙,雷红胜,等.基于隐式温度修正的二维热线风速仪校准方法[J].空气动力学学报,2020, 38(1): 43－47.

[92] Lundström H. Investigation of heat transfer from thin wires in air and a new method for temperature correction of hot-wire anemometers [J]. Experimental Thermal and Fluid Science, 2021, 128: 110403.

[93] Kawashima K, Nakanishi S. Experimental consideration regarding influence of hot-wire contamination on flow-speed measurement [J]. Japanese Journal of Applied Physics, 1975, 14(10): 1639.

[94] 林其勋,张长生,夏允庆,等.论热线风速仪在涡喷部件非定常流测量中的应用[J].工程热物理学报,1982 (2): 203－208.

[95] 李亚平,林其勋,杜琴芳,等.热线风速计测量中污染误差的消除方法[J].航空学报,1988(10): 525－528.

[96] Halco R E. Combined simultaneous flow visualization/hot-wire anemometry for the study of turbulent flows[J]. Journal of Fluids Engineering, 1980, 102(2): 174－182.

[97] Hösgen C, Behre S, Hönen H, et al. Analytical uncertainty analysis for hot-wire measurements[C]. Seoul: Turbo Expo: Power for Land, Sea, and Air, 2016.

[98] 项效镕,刘波,王庆伟,等.小型轴流压气机静叶排出口尾迹流动特性[J].航空学报, 2009, 30(11): 2045 - 2051.

[99] 林其勋.轴流压气机非定常流及端壁边界层测量中的热线技术[J].气动实验与测量控制,1991(3): 87 - 90.

[100] Lepicovsky J, Braunscheidel E P. Measurement of flow pattern within a rotating stall cell in an axial compressor[C]. Barcelona: ASME Turbo Expo 2006: Power for Land, Sea, and Air, 2006.

[101] Meyer R, Knobloch K, Linden J. Hot-wire measurements in a high speed counter rotating turbo fan rig[C]. Glasgow: ASME Turbo Expo 2010: Power for Land, Sea, and Air, 2010.

[102] Brandstetter C, Streit J A. An advanced axial-slot casing treatment on a tip-critical transonic compressor rotor Part 1: Unsteady hot wire and wall pressure measurements [C]. Lappeenranta: 10th European Conference on Turbomachinery Fluid Dynamics and Thermodynamics, 2013.

[103] Brandstetter C, Wartzek F, Werner J, et al. Unsteady measurements of periodic effects in a transonic compressor with casing treatments[J]. Journal of Turbomachinery, 2016, 138(5): 051007.

[104] Takata H, Tsukuda Y. Stall margin improvement by casing treatment-Its mechanism and effectiveness[J]. Journal of Engineering for Power, 1977, 99(1): 121 - 133.

[105] Smith G D J, Cumpsty N A. Flow phenomena in compressor casing treatment[J]. ASME Journal of Engineering for Gas Turbines and Power, 1984, 106(3): 532 - 541.

[106] Fernández Oro J M, Argüelles Díaz K M, Rodríguez Lastra M, et al. Converged statistics for time-resolved measurements in low-speed axial fans using high-frequency response probes[J]. Experimental Thermal and Fluid Science, 2014, 54: 71 - 84.

[107] 崔骊水,李鹏,邱丽荣,等.微风速标准装置的建立和热线风速仪校准方法的实验研究[J].计量学报,2018,39(3): 289 - 293.

[108] 李鹏,崔骊水,李金海,等.热线风速仪微风速(0.1~1 m/s)下的校准实验研究校准实验研究[J].计量技术,2016(9): 3 - 7.

[109] Lee T, Budwig R. Two improved methods for low-speed hot-wire calibration[J]. Measurement Science and Technology, 1991, 2(7): 643 - 646.

[110] 陶文铨.传热学[M].北京: 高等教育出版社,2019.

[111] Yang S M, Zhang Z Z. An experimental study of natural convection heat transfer from a horizontal cylinder in high Rayleigh number laminar and turbulent region[C]. Brighton: Proceedings of the 10th International Heat Transfer Conference, 1994.

[112] Collis D C, Williams M J. Two-dimensional convection from heated wires at low Reynolds numbers[J]. Journal of Fluid Mechanics, 1959, 6: 357-384.

[113] Mahajan R L, Gebhart B. Hot-wire anemometor calibration in pressurised nitrogen at low velocities[J]. Journal of Physics E: Scientific Instruments, 1980, 13: 1110-1118.

[114] Ligrani P M, Bradshaw P. Subminiature hot-wire sensors: Development and use[J]. Journal of Physics E: Scientific Instruments, 1987, 20(3): 323-332.

[115] van der Hegge Zijnen B G. Modified correlation formulae for the heat transfers by natural and by forced convection from horizontal cylinders[J]. Applied Scientific Research, Section A, 1956, A6: 129-140.

[116] Hatton A P, James D D, Swire H W. Combined forced and natural convection with low-speed air flow over horizontal cylinders[J]. Journal of Fluid Mechanics, 1970, 42: 17-31.

[117] Jackson T W, Yen H H. Combining forced and free convective equations to represent combined heat transfer coefficients for a horizontal cylinder[J]. ASME Journal of Heat and Mass Transfer, 1971, 93: 247-248.

[118] Christman P J, Podzimek J. Hot-wire anemometer behavior in low velocity-air flow[J]. Journal of Physics E: Scientific Instruments, 1981, 14(1): 46-51.

[119] Cowell T A, Heikal M R. The calibration of constant temperature hot-wire anemometer probes at low velocities [C]. Glasgow: 2nd UK National Conference on Heat Transfer, 1988.

[120] Paul J, Steimle F. New results from measurements with hot-wire anemometers at low velocities and superimposed convection[C]. Belgrade: IIF-IIR Commission, 1977.

[121] Kohan S, Schwarz W. Low speed calibration formula for vortex shedding from cylinders [J]. Physics of Fluids, 1973.

[122] Aydin M, Leutheusser H J. Very low velocity calibration and application of hot-wire probes[J]. Disa Information, 1980, 25: 17-18.

[123] Manca O, Mastrullo R, Mazzei P. Calibration of hot-wire probes at low velocities in air with variable temperature[J]. Dantec Information, 1988, 6: 6-8.

[124] Bruun H H, Farrar B, Watson I. A swinging arm calibration method for low velocity hot-wire probe calibration[J]. Experiments in Fluids,1989: 7: 400-404.

[125] White F M. Viscous fluid flow[M]. New York: MeGraw-Hill, 1984.

[126] Williamson C H K. Oblique and parallel modes of vortex shedding in the wake of a circular cylinder at low Reynolds numbers[J]. Journal of Fluid Mechanics, 1989, 206: 579-627.

[127] Tritton D J. Experiments on the flow past a circular cylinder at low Reynolds numbers

[J]. Journal of Fluid Mechanics, 1959, 6: 547 - 567.

[128] Berger E, Wille R. Periodic flow phenomena[J]. Annual Review of Fluid Mechanics, 1972, 4: 313 - 340.

[129] Nishioka M, Sato H. Measurements of velocity distributions in the wake of a circular cylinder at low Reynolds numbers [J]. Journal of Fluid Mechanics, 1974, 65: 97 - 112.

[130] Roshko A. On the development of turbulent wakes from vortex streets [R]. TN - 2913, 1954.

[131] Konig M, Eisenlohr H, Eckelmann H. The fine structure in the Strouhal-Reynolds number relationship of the laminar wake of a circular cylinder[J]. Physics of Fluids, 1990, A2: 1607 - 1614.

[132] Hammache M, Gharib M. A novel method topromote parallel vortex shedding in the wake of circular cylinders[J]. Physics of Fluids, 1989, A1: 1611 - 1614.

[133] Eisenlohr H, Eckelmann H. Vortex splitting and its consequence in the vortex street wake of cylinders at low Reynolds numbers [J]. Physics of Fluids, 1989, A2: 189 - 192.

[134] Yue Z, Malmström T G. A simple method for low-speed hot-wire anemometer calibration [J]. Measurement Science and Technology, 1998, 9 (9): 1506 - 1510.

[135] Schubauer G B. Effect of humidity in hot-wire anemometry[J]. Journal of Research, 1935: 575 - 578.

[136] Lindahl P F, Sonnegård F. Luftfuktiheters inverkan påen varmtrådsanemometer[R]. Stockholm: KTH Royal Institute of Technology, 1994.

[137] Durst F, Noppenberger S, Still M, et al. Influence of humidity on hot-wire measurements[J]. Measurement Science and Technology, 1996, 7: 1517 - 1528.

[138] Almqvist P, Legath E. Varmtrådsanemometern vid lågaluftastigheter [J]. Teknisk Tidskrift, 1964, 34: 909 - 910.

[139] Malmström T G, Ünal N. Riktningsberroende på grund av egenkonvektion hos varmtrådsancmometrar[R]. Stockholm: KTH Royal Institute of Technology, 1971.

[140] Benabed A, Limam K, Janssens B, et al. Experimental investigation of the airflow generated by the human foot tapping using the hot-wire anemometry[J]. Journal of Building Physics, 2020, 44(2): 121 - 136.

[141] Blasius H. Grenzschichten in flussigkeiten mit kleiner reibung [J]. Zeitschrift fürAngewandte Mathematik und Physik, 1908, 56: 1 - 37.

[142] Benabed A. Contribution à l'étude de la remise en suspension de particules générée par le pas humain au sein d'une ambiance du bâtiment [D]. Bruxelles: École Royale Militaire, 2017.

[143] Benabed A, Limam K, Janssens B. Experimental investigation of the flow field generated by idealized human foot tapping[J]. Science and Technology for the Build Environment, 2019, 26(2): 229-236.

[144] Benabed A, Limam K, Janssens B. Human foot tapping-induced particle resuspension in indoor environments: Flooring hardness effect[J]. Indoor and Build Environment, 2019, 29(2): 230-239.

[145] 吴蔚.带无叶扩压器的高速离心压气机非稳定特征分析[D].上海: 上海交通大学,2020.

[146] 李亮.叶尖射流对压气机稳定性影响研究[D].南京: 南京航空航天大学,2013.

[147] 李秋实,李志平,陆亚钧.对旋轴流风扇级间非定常速度场实验研究[J].自然科学进展,2001(9): 76-81.

[148] 李爽.风力机翼型动态失速的模型及流动控制机制研究[D].北京: 中国科学院大学(中国科学院工程热物理研究所),2021.

[149] 杨艾兵,张锡恩,郭利.相关原理在测试领域的应用分析[J].科学技术与工程,2007(13): 3249-3251.

[150] 夏虹,宿成基,龚世璋,等.相关流速测量分析系统的设计与实验研究[J].核动力工程,1994(4): 334-337,369.

[151] 徐苦安.相关流量测量技术[M].天津: 天津大学出版社,1988.

[152] 杨爱玲,郭荣伟.埋入式进气道流场的雷诺应力测量和频谱分析[J].空气动力学学报,1999(1): 81-87.

[153] 张凯.基于小波变换的时频分析方法研究及模块实现[D].成都: 电子科技大学,2022.

[154] 续立强.基于小波分析的输电线路故障定位研究[D].济南: 齐鲁工业大学,2021.

[155] 郑丹丹,张涛,姜楠.风洞中涡街流量传感器压电探头位置的试验分析[J].天津大学学报,2008(8): 895-903.

[156] 崔觉剑.折边固定阀塔板流场的实验研究和数值模拟[D].杭州: 浙江工业大学,2007.

[157] 中国科学院数学研究所统计组.方差分析[M].北京: 科学出版社,1977.

[158] 李学远.基于方差分析的故障测距算法的研究[D].重庆: 重庆大学,2007.

[159] 贾俊平,何晓群,金勇进.统计学[M].北京: 中国人民大学出版社,2015.

[160] 刘勃,雷勇.压气机气动失稳先兆检测快速算法的研究[J].测控技术,2009,28(11): 23-25.

[161] Ahrabian A, Looney D, Stanković L, et al. Synchrosqueezing-based time-frequency analysis of multivariate data[J]. Signal Processing, 2015, 106: 331-341.

[162] 张盼. HHT时频分析法在风机故障诊断中的应用研究[D].西安: 西安科技大学,2019.

[163] 杨杰,徐静影,职如昕,等.基于魏格纳-威尔分布的脉冲干扰效果评估方法[J].北京理工大学学报,2018,81(7):103-109.

[164] 王立岩,东升,宏男. HHT 的非线性振动系统参数识别研究[J].工程力学,2017,34(1):28-32,44.

[165] 朱博,彭强,汤更生.一种基于 EMD 的低湍流度信号处理分析方法[J].实验流体力学,2016,30(5):74-79.